11－075职业技能鉴定指导书

职业标准·试题库

热工仪表及控制装置试验

（第二版）

电力行业职业技能鉴定指导中心　编

电力工程　热工仪表
及自动装置专业

中国电力出版社
CHINA ELECTRIC POWER PRESS

内 容 提 要

本《指导书》是按照劳动和社会保障部制定国家职业标准的要求编写的，其内容主要由职业概况、职业技能培训、职业技能鉴定和鉴定试题库四部分组成，分别对技术等级、工作环境和职业能力特征进行了定性描述；对培训期限、教师、场地设备及培训计划大纲进行了指导性规定。本《指导书》自1999年出版后，对行业内职业技能培训和鉴定工作起到了积极的作用，本书在原《指导书》的基础上进行了修编，补充了内容，修正了错误。

试题库是根据《中华人民共和国国家职业标准》和针对本职业（工种）的工作特点，选编了具有典型性、代表性的理论知识（含技能笔试）试题和技能操作试题，还编制有试卷样例和组卷方案。

本《指导书》是职业技能培训和技能鉴定考核命题的依据，可供劳动人事管理人员、职业技能培训及考评人员使用，亦可供电力（水电）类职业技术学校和企业职工学习参考。

图书在版编目（CIP）数据

热工仪表及控制装置试验：11-075 / 电力行业职业技能鉴定指导中心编. —2版. —北京：中国电力出版社，2014.6（2020.4重印）
（职业技能鉴定指导书. 职业标准试题库）
ISBN 978-7-5123-5423-4

Ⅰ. ①热… Ⅱ. ①电… Ⅲ. ①火电厂–热工仪表–职业技能–鉴定–习题集②火电厂–电气控制装置–职业技能–鉴定–习题集 Ⅳ. ①TM621-44②TM571.2-44

中国版本图书馆 CIP 数据核字（2014）第 000504 号

中国电力出版社出版、发行
（北京市东城区北京站西街 19 号 100005 http://www.cepp.sgcc.com.cn）
三河市百盛印装有限公司印刷
各地新华书店经售
*
2002 年 1 月第一版
2014 年 6 月第二版 2020 年 4 月北京第十一次印刷
850 毫米×1168 毫米 32 开本 10.375 印张 264 千字
印数 19501—20500 册 定价 50.00 元

电力职业技能鉴定题库建设工作委员会

第一版编审人员

编写人员 王志银 李 蒐 石 玲

陈岁社

审定人员 邹贤尔 黄桂梅 徐学勤

第二版编审人员

编写人员（修订人员）

郑 飞 巩增远 黄庆勇

审定人员 孙建国 杨向东 徐东升

说 明

为适应开展电力职业技能培训和实施技能鉴定工作的需要，按照劳动和社会保障部关于制定国家职业标准，加强职业培训教材建设和技能鉴定试题库建设的要求，电力行业职业技能鉴定指导中心统一组织编写了电力行业职业技能鉴定指导书（以下简称《指导书》）。

《指导书》以电力行业特有工种目录各自成册，于1999年陆续出版发行。

《指导书》的出版是一项系统工程，对行业内开展技能培训和鉴定工作起到了积极作用。由于当时历史条件和编写力量所限，《指导书》中的内容已不能适应目前培训和鉴定工作的新要求，因此，电力行业职业技能鉴定指导中心决定对《指导书》进行全面修编，在各网省电力（电网）公司、发电集团和水电工程单位的大力支持下，补充内容，修正错误，使之体现时代特色和要求。

《指导书》主要由职业概况、职业技能培训、职业技能鉴定和鉴定试题库四部分内容组成。其中，职业概况包括职业名称、职业定义、职业道德、文化程度、职业等级、职业环境条件、职业能力特征等内容；职业技能培训包括对不同等级的培训期限要求，对培训指导教师的经历、任职条件、资格要求，对培训场地设备条件的要求和培训计划大纲、培训重点、难点以及对学习单元的设计等；职业技能鉴定的依据是《中华人民共和国国家职业标准》，其具体内容不再在本书中重复；鉴定试题库是根据《中华人民共和国国家职业标准》所规定的范围和内容，以实际技能操作为主线，按照选择题、判断题、简答题、计算题、绘图题和论述题六种题型进行选题，并以难易程度组合排列，同时汇集了大量电力生产建设过程中具有普遍代表性和典型性的实际操作试题，构成了各工种的技能鉴定试题库。试题库的深度、广度涵盖了本职业技能鉴定的全部内容。题库之后还附有试卷样例和组卷方案，为实施鉴定命题提供依据。

《指导书》力图实现以下几项功能：劳动人事管理人员可根据《指导书》进行职业介绍，就业咨询服务；培训教学人员可按照《指导书》中的培训大纲组织教学；学员和职工可根据《指导书》要求，制订自学计划，确立发展目标，走自学成才之路。《指导书》对加强职工队伍培养，提高队伍素质，保证职业技能鉴定质量将起到重要作用。

本次修编的《指导书》仍会有不足之处，敬请各使用单位和有关人员及时提出宝贵意见。

电力行业职业技能鉴定指导中心

2008 年 6 月

目　录

1 职业概况

1.1 职业名称

热工仪表及控制装置试验（11–075）。

1.2 职业定义

指从事火电建设热工仪表及控制装置试验的人员。

1.3 职业道德

热爱本职工作，刻苦钻研技术，遵守劳动纪律，爱护工具、设备，安全文明生产，诚实团结协作，艰苦朴素，尊师爱徒。

1.4 文化程度

中等专业以上技术学校毕（结）业。

1.5 职业等级

本职业按照国家规定的资格设为初级(国家五级)、中级(国家四级)、高级（国家三级)、技师（国家二级)、高级技师（国家一级）五个技术等级。

1.6 职业环境条件

各种仪表及装置做现场二次校验时为室内作业。分部试运，整机组试运期间有一定的噪声及灰尘，偶尔有高空作业。

1.7 职业能力特征

能利用眼看、耳听、鼻嗅分析判断热工仪表及控制装置运行中的异常情况，并能正确处理；具有领会理解和应用技术文件（图纸、资料、说明书）的能力；具有用精练语言进行联系、交流工作的能力；能准确而有目的地运用数学进行运算；具有凭思维想象几何形体的能力，懂得三维物体的二维表现方法并具有识图能力。

2 职业技能培训

2.1 培训期限

2.1.1 初级工：累计不少于 500 标准学时。

2.1.2 中级工：在取得初级职业资格的基础上累计不少于 400 标准学时。

2.1.3 高级工：在取得中级职业资格的基础上累计不少于 400 标准学时。

2.1.4 技师：在取得高级职业资格的基础上累计不少于 500 标准学时。

2.1.5 高级技师：在取得技师职业资格的基础上累计不少丁 350 标准学时。

2.2 培训教师资格

2.2.1 具有中级以上专业技术职称的工程技术人员和技师可担任初、中级工培训教师。

2.2.2 具有高级专业技术职称的工程技术人员和高级技师可担任高级工、技师和高级技师的培训教师。

2.3 培训场地设备

2.3.1 具备本职业（工种）基础知识培训的教室和教学设备。

2.3.2 具有控制系统仿真功能的仿真机。

2.3.3 本工种实际操作所需的场地设备。

2.4 培训项目

2.4.1 培训目的：通过培训达到《职业技能鉴定规范》对本职

业的知识和技能要求。

2.4.2 培训方式：以自学和脱产相结合的方式，进行基础知识讲课和技能训练。

2.4.3 培训重点：

（1）热工仪表及控制装置的基本原理、识图和绘图等。

（2）热工仪表及控制装置单体校验（压力表、变送器、流量表、基地调节仪、热电阻、热电偶、料位计、差压开关、温度开关、气动执行机构、电动执行机构、单回路调节器等）。

（3）热工仪表及控制装置系统调试及投运（磨煤机程控、化水程控、吹灰程控、排污程控、火焰检测、热工巡测、DAS、SCS、CCS、FSSS、DEH 等）。

（4）机组整套启动时热控系统调试（机炉大连锁、DEH、FSSS 等）。

2.5 培训大纲

本职业技能培训大纲内容，以模块技能培训方法（MES）基本思路进行编写，其结构模式为模块（MU）——学习单元（LE）。其学习目标及内容见表 1，职业技能模块及学习单元对照选择见表 2，学习单元名称见表 3。

表 1　热工仪表及控制装置试验培训大纲

模块序号及名称	单元序号及名称	学习目标	学习内容	学习方式	参考学时
MU1 热工仪表及控制装置试验工职业道德	LE1 热工仪表及控制装置试验工职业道德及计量规范	通过对本单元的学习，了解热控仪表试验工的职业道德规范，并能自觉遵守行为规范准则和有关计量法规的规定	1. 热爱祖国，热爱本职工作 2. 刻苦学习，钻研业务技术 3. 爱护设备，标准工器具 4. 遵守纪律，文明施工 5. 计量法规的内容	自学	2

续表

模块序号及名称	单元序号及名称	学习目标	学习内容	学习方式	参考学时
MU2 数字电路及微机应用	LE2 数字电路分析	通过本单元的学习，了解并掌握数字电路的基础知识，以便更好地识别热工仪表及控制装置的逻辑电路	1. 逻辑与、或、非运算电路及其逻辑符号、真值表达式 2. D/A 和 A/D 转换器、采样保持器的工作原理及原理图	自学	2
	LE3 微机管理及应用	通过本单元的学习，了解和熟悉微机的基本原理和操作，便于在生产实际中广泛地应用	1. 基本操作及技能 2. 微机管理 3. 熟悉相关计算机设备的原理和作用	结合实际讲解与自学	10
MU3 识图和绘图	LE4 热工仪表及控制装置原理及接线图的识别	通过本单元的学习，能根据仪表使用说明书中的接线图，完成单体校验的回路连接；能根据接线图完成盘装仪表的二次接线；能根据仪表的工作原理图绘制接线图	1. 国标《机械制图》的有关规定和三视图的投影规律 2. 有关热工仪表及控制设备原理图、接线图和简单施工图的识图知识 3. 热工仪表及控制装置的安装使用说明书、设计技术资料、原理图及接线图	讲课	10
	LE5 热工仪表及控制系统图及施工图的识别	通过本单元的学习，能看懂热工仪表及控制系统图；根据接线图和设备使用说明书，能完成设备校验回路接线；根据设备清册能完成热工仪表及控制装置的编号	1. 火电厂热工仪表及控制系统图 2. 热工仪表及控制系统的原理图、接线图和施工图 3. 热工信号、简单热工保护原理图、方框图及接线图 4. 电动执行机构的控制原理图	讲课	20

续表

模块序号及名称	单元序号及名称	学习目标	学习内容	学习方式	参考学时
MU3 识图和绘图	LE6 热工保护装置原理图的识别	通过本单元的学习，能看懂热工保护装置的方框图、原理图及逻辑图；看懂热控专业复杂的施工图及有关设计及厂家的技术资料	1. 炉膛安全保护、汽轮机保护等热工仪表及控制装置的方框图、原理图及逻辑图 2. 热力设备布置图和热力系统图及本专业复杂的施工图 3. 热工仪表及控制常用加工件的三视图及其绘制方法	讲课	20
	LE7 DCS计算机组态图及控制原理图的识别	通过本单元的学习，能正确识别DAS、MCS、SCS、FSSS、DEH等计算机组态图及控制原理图；能正确识别较复杂的热控设备装配图及绘制各部件的三视图	1. DAS（数据采集系统）、MCS（模拟量控制系统）、SCS（顺序控制系统）、FSSS（炉膛安监控系统）、DEH（汽轮机数字电液调节控制系统）的计算机组态图及逻辑控制图 2. 较复杂热控设备装配图的识图方法及绘制方法	讲课 自学	40
MU4 相关工种知识和技能	LE8 安全用电常识和触电急救方法	通过本单元的学习，了解安全用电常识和触电急救法，并能做好安全工作	1. 安全用电知识 2. 电源的“接零”、“接地”保护原理 3. 防触电措施 4. 触电急救方法	自学	2
	LE9 钳工初步知识及技能	通过本单元学习，能掌握工件的锉、锯、凿、钻孔、攻丝等	1. 学习钳工的基本知识 2. 学习工件的锉、锯、凿、钻孔、攻丝等基本操作方法及要领	自学	1

续表

模块序号及名称	单元序号及名称	学习目标	学习内容	学习方式	参考学时
MU4 相关工种知识和技能	LE10 锅炉、汽轮机及其辅助设备	通过本单元的学习，能熟悉热力系统概况和锅炉、汽轮机的工作原理、运行方式及冷热态的变化特点	1. 《中华人民共和国职业技能鉴定规范（电力行业）锅炉设备及运行专业》的相关内容 2. 《中华人民共和国职业技能鉴定规范（电力行业）汽轮机设备及运行专业》相关内容 3. 热力系统概况	自学	6
MU5 材料及常用工器具	LE11 常用材料及设备	通过本单元的学习，熟悉热工仪表及控制常用材料及设备的名称规范及用途；掌握一般标准仪器仪表的选择、使用及维护	1. 常用金属材料的名称型号及规格 2. 电线、电缆及补偿导线的名称、型号和规格 3. 识别测温元件、变送器、执行机构、阀门等常用热工仪表及控制设备的名称、型号规格 4. 一般标准仪器仪表的选择使用及维护	讲课 自学	3
	LE12 标准仪器仪表及试验设备的使用与维护	通过本单元的学习，能掌握较为复杂的标准仪器仪表及试验设备的使用与维护	1. 数字电压表、电位差计、直流单双臂电桥、数字频率仪、多功能信号发生器、数字压力表、热电偶校验装置、示波器、保护装置试验台等仪器仪表及试验设备的型号、规格、准确度等级、使用方法和注意事项 2. 标准仪器仪表及试验设备使用的技术要求及维护和保养 3. 新型标准仪器、仪表的使用、维护方法及注意事项	自学	10

续表

模块序号及名称	单元序号及名称	学习目标	学习内容	学习方式	参考学时
MU6 热工仪表及控制装置的工作原理和单体校验	LE13 测量元件的单体校验	通过本单元的学习，了解测量原理，掌握测温元件（热电偶、热电阻）、流量及物位测量装置等检测仪表的校验方法	1. 热电偶、热电阻的检查校验 2. 流量测量装置（孔板、喷嘴）参数校对，流量与差压的计算 3. 物位检测元件（探头）的检查校验 4. 温度、压力、流量、物位测量原理	讲课 自学	5
	LE14 显示仪表及变送器的单体校验	通过本单元的学习，了解工作原理，掌握显示仪表及变送器的校验方法，盘装仪表的安装和接线要求	1. 压力表、动圈仪表、电容式变送器等单体校验的技术要求、校验方法和简单故障排除法 2. 盘装仪表的安装和接线 3. 校验记录的填写、误差计算及对检定结果的判断方法 4. 各种显示仪表工作原理	自学	10
	LE15 开关量仪表的单体校验	通过本单元的学习，了解工作原理，掌握压力开关、温度开关等开关量仪表的校验方法，开关量仪表的安装和接线要求	1. 压力开关、温度开关、流量开关等单体校验的技术要求、校验方法和简单故障排除法 2. 开关量仪表的安装和接线要求 3. 校验记录的填写、误差计算及对检定结果的判断方法 4. 各种开关量仪表的工作原理	自学	10

续表

模块序号及名称	单元序号及名称	学习目标	学习内容	学习方式	参考学时
MU6 热工仪表及控制装置的工作原理和单体校验	LE16 分析仪表及保护装置的单体校验	通过本单元的学习，了解和掌握分析仪表的工作原理及组成、调试方法、投入方法及故障排除。了解热工信号、保护装置等单体调试的方法、步骤及注意事项	1. 氧量、氢纯度、工业电导仪等化学分析仪表、智能化仪表的单体校验，常见故障分析及排除 2. 汽轮机监视装置及其一次元件、前置放大器调试的技术要求、校验条件、校验项目、校验方法和注意事项 3. 热工信号、连锁保护及辅机保护装置的回路调试方法、步骤及注意事项 4. 各类分析仪表的原理	自学	15
	LE17 自动程控及大型巡测装置的单体调试	通过本单元的学习，了解和掌握单回路调节器的原理、组成、调试方法、故障处理；掌握热控单项系统程控装置的工作原理、系统组成、调试方法、投入运行及其注意事项	1. 自动调节的概念、系统组成、原理、调试方法、步骤及注意事项 2. 锅炉排污、吹灰、磨煤机、凝结水处理程控等系统的单体调试、远方操作，以及调试方法和故障处理 3. 大型巡测系统（893 网络）组成、工作原理、调试方法、注意事项及常见故障排除方法	讲课 自学	30
MU7 热工仪表及控制装置的系统调试	LE18 一般测量仪表的系统调试	通过本单元的学习，掌握压力和温度一次仪表及二次仪表系统联调方法，温度仪表线路电阻测量、计算及配置方法	1. 压力一次仪表和二次仪表的系统调试及常见故障的排除 2. 温度元件和二次仪表的系统调试及常见故障的排除 3. 压力仪表与其取样不在同一水平面安装时的高度差修正方法	自学	15

续表

模块序号及名称	单元序号及名称	学习目标	学习内容	学习方式	参考学时
MU7 热工仪表及控制装置的系统调试	LE19 热工仪表及控制装置的系统调试	通过本单元的学习，了解和掌握热工仪表及控制装置系统调试方法、步骤及注意事项	1. 热工测量仪表及控制装置系统调试时误差的产生原因、常见故障、排除方法 2. 智能变送器（如1151系列）及其二次仪表的系统调试方法、故障原因分析及排除 3. 流量、液位测量仪表的系统调试及常见故障排除 4. 电动、气动、液动执行机构及电磁阀系统的调试方法、步骤及注意事项 5. 熟悉热工仪表及控制装置系统调试的技术规范及验收标准，掌握记录报告的填写内容和要求	自学	20
	LE20 保护和程控装置的系统调试	通过本单元的学习，了解和掌握热工保护与顺序控制装置系统的调试方法、步骤及注意事项	1. 汽轮机监视仪表的工作原理、系统组成、安装调试方法及注意事项 2. 检测汽轮机轴瓦温度、推力瓦温度等测温元件的安装方法、步骤、注意事项及配合程序 3. 各顺序程控装置及重要保护装置的工作原理及调试方法 4. 热工仪表及控制事故记录和追忆装置的调试方法、步骤、运行维护及注意事项 5. 重要保护装置（锅炉、汽轮机、风机、空气预热器、给水泵等）的系统静态调试、模拟动态试验方法及注意事项	讲课 自学	20

续表

模块序号及名称	单元序号及名称	学习目标	学习内容	学习方式	参考学时
MU7 热工仪表及控制装置的系统调试	LE21 整套机组热工保护连锁及自动装置的系统调试	通过本单元的学习，了解和掌握机组热工保护连锁及自动装置的原理、误动作原因，以及故障处理	1. 热工连锁、保护、顺序控制装置误动作原因分析及处理方法 2. 机炉大连锁原理及系统调试方法，编写处理故障的相应措施 3. 掌握FSSS、DEH及危急跳闸装置（ETS）的连锁原理、系统调试及相应故障的排除方法 4. 机组系统调试措施方案的编制要求	自学	10
MU8 热工仪表及控制装置的投运及维护	LE22 一般测量仪表的投运及维护	通过本单元的学习，掌握常规测量仪表的投运方法、操作步骤及注意事项	1. 压力仪表的投入方法、操作步骤及注意事项 2. 热电偶冷端补偿原理、补偿方法，热电阻二线制、三线制接线的方法及特点 3. 温度仪表的投入方法、操作步骤及注意事项	自学	10
	LE23 热工仪表及控制装置的系统投运及维护	通过本单元的学习，了解和掌握热控仪表的系统投运方法	1. 流量及液位测量仪表的投入方法、操作步骤及注意事项 2. 智能仪表的参数整定、投运 3. 配合整套机组试运的仪表投运注意事项	自学	10
	LE24 信号连锁及保护装置的投运	通过本单元的学习，了解和掌握热工信号、连锁保护的投运方法以及故障处理	1. 热工连锁、保护装置的系统投运条件及注意事项 2. 汽轮机监视装置、一次元件及前置放大器的现场安装、联调、系统投运 3. 辅机的连锁保护装置投运 4. 炉膛火焰监视仪表的系统调试、投运	自学	8

续表

模块序号及名称	单元序号及名称	学习目标	学习内容	学习方式	参考学时
MU8 热工仪表及控制装置的投运及维护	LE25 程控及自动装置的投运	通过本单元的学习，了解和掌握热工程控系统及自动装置的投运方法及故障处理	1. 热工程控及自动装置的投运条件、注意事项 2. 热控分项系统程控和自动装置的投运及故障原因分析、排除 3. 基地调节仪表的调试投入方法、步骤及故障处理 4. 了解热力系统运行工况及其工况下的热工参数	讲课自学	15
MU9 工业计算机的调试	LE26 配合厂家进行工业计算机硬件及外围设备调试	通过本单元的学习，了解和熟悉计算机原理、可编程控制器（PLC）的基本原理，以及配合厂家调试计算机的基本方法和要求	1. 计算机系统受电前的检查、受电方法及注意事项 2. 计算机系统硬件检查项目、方法及步骤；I/O通道的试验项目、试验方法及注意事项 3. 模拟量控制系统开环试验方法及静态参数整定方法 4. 顺序控制系统、炉膛安全监控系统的模拟试验及其注意事项	讲课自学	20
MU10 新型仪表及新技术	LE27 新型仪表及新技术应用	通过本单元的学习，了解和掌握新型热工仪表及控制装置及其新技术、新工艺	1. 新型热工试验标准仪器、仪表、设备的工作原理、系统组成、使用方法及维护方法 2. 热控专业新技术、新工艺及其应用 3. 热控专业新型材料及应用	自学	3

续表

模块序号及名称	单元序号及名称	学习目标	学习内容	学习方式	参考学时
MU11 机组的分部试运	LE28 热力设备分部试运的程序和要求	通过本单元的学习，了解和掌握热力设备分部试运的程序和要求，为机组的整套启动打下良好的基础	1. 分部试运的条件及内容 2. 配合分部试运的热控调试项目、内容及调试程序 3. 分部试运的组织机构和试运有关规定要求	现场实际学习	4
	LE29 配合机组试运行的有关各项调试工作	通过本单元的学习，了解和掌握机组试运期间，需要参与、配合的调试工作	1. 配合厂家进行计算机系统及其他设备的调试投运工作 2. 配合调试指挥单位进行有关热工连锁保护投入 3. 配合试运指挥部的工作，与其他相关部门、工地协调解决设备运行中出现的问题	现场实际学习	4
MU12 校验记录和调试资料整理	LE30 仪表校验记录整理	通过对仪器仪表校验记录的整理，进一步加强对计量规范、校验项目的认识	1. 校验记录的分类及内容 2. 校验记录的填写要求	结合实际整理	2
	LE31 竣工资料整理	通过对调试资料的整理，进一步熟悉调试项目，加深对调试技术资料的理解	1. 资料管理和档案管理的有关知识 2. 调试竣工资料的项目分类 3. 调试竣工资料的整理要求	结合实际整理	2

续表

模块序号及名称	单元序号及名称	学习目标	学习内容	学习方式	参考学时
MU13 施工计划及总结	LE32 施工预算及调试总结	通过本单元的学习，可以更好地总结施工技术和经验，更合理地安排调试工期	1. 热控专业分项系统的调试工作计划及施工预算的编制方法、要求 2. 热控专业分项系统调试总结的编制方法、要求 3. 专业技术论文的编写要求	自学	4
MU14 质量安全与施工技术管理	LE33 质量管理	通过本单元的学习，了解和掌握热控专业质量验收项目、质量评定标准及质量控制点	1. DL 5190.4—2012《电力建设施工技术规范　第 4 部分：热工仪表及控制装置》的要求，质量验收项目，质量验评表 2. 热控仪表调试的质量控制点及质量控制方法	自学	4
	LE34 安全管理	通过本单元的学习，了解和掌握热工仪表及控制装置调试的安全措施及有关规程规定	1. 热工仪表及控制装置校验、系统调试及投运的安全施工措施、注意事项 2. 与热控专业有关的安全规程及规范的学习 3. 热机工作票、电气第二种工作票及停/送电联系单的填写要求	自学	4
	LE35 施工技术管理	通过本单元的学习，了解和掌握热控专业正常施工程序及施工要求	1. 班组管理和施工技术管理的基本知识 2. 分项系统调试作业指导书及施工技术措施编制方法 3. 热控专业设备缺陷单、工程联系单、竣工验收资料的填写方法及联系渠道	自学	4

表 2　　职业技能模块及学习单元对照选择表

模块		MU1	MU2	MU3	MU4	MU5	MU6	MU7	MU8	MU9	MU10	MU11	MU12	MU13	MU14
内容		热工仪表及控制装置试验工职业道德	数字电路及微机应用	识图和绘图	相关工种知识和技能	材料及常用工器具	热工仪表及控制装置的工作原理和单体校验	热工仪表及控制装置的系统调试	热工仪表及控制装置的投运及维护	工业计算机的调试	新型仪表及新技术	机组的分部试运	校验记录和调试资料整理	施工计划及总结	质量安全与施工技术管理
参考学时		1	12	90	9	13	70	75	43	20	3	8	4	4	12
适用等级		初级 中级 高级 技师 高级技师	初级 中级 高级 技师 高级技师	初级 中级 高级 技师 高级技师	初级 中级 高级	初级 中级 高级	初级 中级 高级 技师 高级技师	初级 中级 高级 技师 高级技师	初级 中级 高级	技师 高级技师	技师 高级技师	中级 高级 技师	初级 中级	高级 技师	技师 高级技师
LE学习单元选择	初级	1	3	4	8，9	11	13，14	18	22				30		
	中级	1	3	4，5	10	12	13，14，15	19	23			28	31		
	高级	1	3	4，5，6	10	12	16，17	20	23，24，25			28		32	
	技师	1	2，3	6，7			16，17	21	24，25	26	26	29		32	33，34，35
	高级技师	1	2、3	6、7			17	21		27	27				33，34，35

表 3 学习单元名称表

单元序号	单 元 名 称	单元序号	单 元 名 称
LE1	热工仪表及控制装置试验工职业道德及计量规范	LE19	热工仪表及控制装置的系统调试
LE2	数字电路分析	LE20	保护和程控装置的系统调试
LE3	微机管理及应用	LE21	整套机组热工保护连锁及自动装置的系统调试
LE4	热工仪表及控制装置原理及接线图的识别	LE22	一般测量仪表的投运及维护
LE5	热工仪表及控制系统图及施工图的识别	LE23	热工仪表及控制装置的系统投运及维护
LE6	热工保护装置原理图的识别	LE24	信号连锁及保护装置的投运
LE7	DCS 计算机组态图及控制原理图的识别	LE25	程控及自动装置的投运
LE8	安全用电常识和触电急救方法	LE26	配合厂家进行工业计算机硬件及外围设备调试
LE9	钳工初步知识及技能	LE27	新型仪表及新技术应用
LE10	锅炉、汽轮机及其辅助设备	LE28	热力设备分部试运的程序和要求
LE11	常用材料及设备	LE29	配合机组试运行的有关各项调试工作
LE12	标准仪器仪表及试验设备的使用与维护	LE30	仪表校验记录整理
LE13	测量元件的单体校验	LE31	竣工资料整理
LE14	显示仪表及变送器的单体校验	LE32	施工预算及调试总结
LE15	开关量仪表的单体校验	LE33	质量管理
LE16	分析仪表及保护装置的单体校验	LE34	安全管理
LE17	自动程控及大型巡测装置的单体调试	LE35	施工技术管理
LE18	一般测量仪表的系统调试		

3 职业技能鉴定

3.1 鉴定要求

鉴定内容和考核双向细目表按照本职业（工种）《中华人民共和国职业技能鉴定规范·电力行业》执行。

3.2 考评人员

考评人员是在规定的工种（职业）、等级和类别范围内，依据国家职业技能鉴定规范和国家职业技能鉴定试题库电力行业分库试题，对职业技能鉴定对象进行考核、评审工作的人员。

考评人员分考评员和高级考评员。考评员可承担初、中、高级技能等级鉴定；高级考评员可承担初、中、高级技能等级和技师、高级技师资格考评。其任职条件是：

3.2.1 考评员必须具有高级工、技师或者中级专业技术职务以上的资格，具有15年以上本工种专业工龄；高级考评员必须具有高级技师或者高级专业技术职务的资格，取得考评员资格并具有1年以上实际考评工作经历。

3.2.2 掌握必要的职业技能鉴定理论、技术和方法，熟悉职业技能鉴定的有关法律、法规和政策，有从事职业技术培训、考核的经历。

3.2.3 具有良好的职业道德，秉公办事，自觉遵守职业技能鉴定考评人员守则和有关规章制度。

鉴定试题库

4

4.1 理论知识（含技能笔试）试题

4.1.1 选择题

下列每题都有4个答案，其中只有1个正确答案，将正确答案填在括号内。

La5A1001 火力发电厂热力生产过程是将（**C**）转换成电能。
（A）蒸汽的温度；（B）蒸汽的压力；（C）燃料的化学能；（D）热能。

La5A2002 国际单位制中的基本单位有（**B**）。
（A）2个；（B）7个；（C）8个；（D）9个。

La5A2003 交流电路中视在功率的单位是（**C**）。
（A）焦耳；（B）瓦特；（C）伏安；（D）乏。

La5A2004 热力学温度的符号是（**B**）。
（A）°K；（B）K；（C）℃；（D）℉。

La5A2005 压力测量采用的国际单位是（**D**）。
（A）atm；（B）kgf/cm^2；（C）bar；（D）Pa。

La5A2006 目前我国采用的温标是（**D**）。
（A）摄氏温标；（B）华氏温标；（C）IPTS-68 温标；

（D）ITS–90 温标。

La5A2007 **数字 0.0520 中的有效数字有（C）位。**

（A）5；（B）4；（C）3；（D）2。

La5A2008 **下列数字为三位有效数字的是（A）。**

（A）0.0170；（B）0.1070；（C）3.090；（D）5010。

La5A3009 **阻值分别为 6Ω和 3Ω的两只电阻，串联及并联后的电阻值分别为（D）。**

（A）9Ω和 3Ω；（B）2Ω和 9Ω；（C）3Ω和 9Ω；（D）9Ω和 2Ω。

La5A3010 **两个电阻值均为 *R* 的电阻并联，此并联支路的等效电阻值为（C）。**

（A）1*R*；（B）2*R*；（C）$\frac{1}{2}R$；（D）$\frac{1}{R}$。

La5A3011 **R_1 和 R_2 为两个串联电阻，已知 $R_1=4R_2$，若 R_1 上消耗的功率为 1W，则 R_2 上消耗功率为（C）。**

（A）5W；（B）20W；（C）0.25W；（D）4W。

La5A3012 **共射极晶体管放大电路输入信号与输出信号电压相位差等于（C）。**

（A）0°；（B）90°；（C）180°；（D）270°。

La5A3013 **几个串联环节的等效环节的放大系数，等于各串联环节各自的放大系数的（B）。**

（A）代数和；（B）乘积；（C）算术和；（D）代数差。

La5A3014　体积流量的单位名称是（B）。

（A）每秒立方米；（B）立方米每秒；（C）每立方米秒；（D）立方米秒。

La5A3015　直接用于测量的计量器具称为（C）。

（A）计量基准器具；（B）计量标准器具；（C）工作计量器；（D）测量计量器具。

La5A3016　1bar 相当于（B）MPa。

（A）0.01；（B）0.1；（C）1；（D）10.2。

La5A3017　1kgf/cm^2 等于（B）mH_2O。

（A）9.806 65；（B）10；（C）10.332；（D）103.32。

La5A3018　精确度用来反映仪表测量（A）偏离真值的程度。

（A）误差；（B）结果；（C）方法；（D）处理。

La5A3019　仪表的准确度等级是按仪表的（B）划分。

（A）基本误差；（B）允许误差；（C）引用误差；（D）附加误差。

La5A3020　有一测温仪表，精确度等级为 0.5 级，测量范围为 400～600℃，该表的允许误差是（C）。

（A）±3℃；（B）±2℃；（C）±1℃；（D）±0.5℃。

La5A3021　将 10.70 修约到小数点后一位（取偶数）（C）。

（A）10.4；（B）10.6；（C）10.8；（D）10.7。

La5A3022　将 377.5 修约到个位数为 5 的倍数是（C）。

（A）370；（B）375；（C）380；（D）385。

La5A3023　摄氏温度与热力学温度的关系为（A）。

（A）$T = t+273.15$；（B）$t = T+273.15$；（C）$T = t-273.15$；（D）$T=273.15-t$。

La5A3024　热电偶输出电压与（C）有关。

（A）热电偶两端温度；（B）热电偶热端温度；（C）热电偶两端温度和电极材料；（D）热电偶两端温度、电极材料及长度。

La5A3025　锅炉尾部顺烟流方向安排的次序是（C）。

（A）过热器、空气预热器、省煤器；（B）空气预热器、过热器、省煤器；（C）过热器、省煤器、空气预热器；（D）省煤器、过热器、空气预热器。

La5A3026　电子计算机用屏蔽控制电缆的额定电压为（A）。

（A）300/500V；（B）220/500V；（C）220/380V；（D）110/500V。

La5A3027　控制电缆的使用电压为交流（C）及以下，或直流1000V及以下。

（A）750V；（B）1000V；（C）500V；（D）250V。

La5A4028　单相半波整流电路中的二极管所承受的最大反向电压值为变压器二次绕组电压的（D）倍。

（A）$\sqrt{2}$；（B）1；（C）1.11；（D）$2\sqrt{2}$。

La5A4029　旋转速度（转速）的单位转每分（r/min）是（B）。

（A）国际单位制的基本单位；（B）国家选定的非国际单位制单位；（C）国际单位制中具有专门名称的导出单位；（D）国际单位制的辅助单位。

La5A4030　5/8in=（A）mm。

（A）15.875；（B）15.625；（C）16.25；（D）17.17。

La5A4031　1mmH_2O 相当于（C）Pa。

（A）0.098；（B）0.981；（C）9.806；（D）98.06。

La5A4032　由热力学第二定律可知，循环的热效率（B）。

（A）大于 1；（B）小于 1；（C）等于 1；（D）都不是。

La5A4033　水三相点热力学温度为（A）。

（A）273.16K；（B）273.15K；（C）+0.01K；（D）–0.01K。

La5A4034　晶体三极管的两个 PN 结都反偏时，晶体三极管所处的状态是（C）。

（A）放大状态；（B）饱和状态；（C）截止状态；（D）饱和或截止状态。

La5A4035　晶体二极管的正极电位是–10V，负极电位是–5V，则该晶体二极管处于（B）。

（A）零偏；（B）反偏；（C）正偏；（D）导通。

La5A5036　三极管工作在饱和区时（A）。

（A）发射结和集电结都加正向电压；（B）发射结和集电结都是正电位；（C）发射结加正向电压，集电结加反向电压；（D）集电结加正向电压后，发射结加反向电压。

La5A5037　热力学温度的单位是开尔文，定义 1 开尔文是水的三相点热力学温度的（B）。

（A）1/273.15；（B）1/273.16；（C）1/273；（D）1/273.1。

La5A5038　电源电动势是 2V，内电阻是 0.1Ω，当外电路断路时，电路中的电流和端电压分别是（A）。

（A）0A、2V；（B）20A、2V；（C）20A、0V；（D）0A、0V。

La4A1039　热工控制图中，同一个仪表或电气设备在不同类型的图纸上所用的图形符号（D）。

（A）一样；（B）可随意；（C）原则上应一样；（D）按各类图纸的规定。

La4A2040　再热式汽轮机组是将（C）的蒸汽再次加热成具有一定温度的再热蒸汽。

（A）中压缸出口；（B）低压缸中部；（C）高压缸出口；（D）高压缸中部。

La4A3041　运算放大器实质上是一种具有（D）的多级直流放大器。

（A）正反馈、高增益；（B）深度正反馈、低增益；（C）深度负反馈、低增益；（D）深度负反馈、高增益。

La4A3042　运算放大器进行零点调整时，先将输入端短路，再利用调整电位器来调节，使输出电压为（C）。

（A）1V；（B）10V；（C）0V；（D）1.5V。

La4A3043　集成运算放大器的应用电路包括信号运算电路和（C）电路。

（A）信号整理；（B）信号换算；（C）信号处理；（D）信号存储。

La4A3044 差动放大器有差模电压放大倍数 A_{uD} 和共模放大倍数 A_{uC}，性能好的差动放大器应（**B**）。

（A）A_{uD} 等于 A_{uC}；（B）A_{uD} 大而 A_{uC} 要小；（C）A_{uD} 小而 A_{uC} 要大；（D）A_{uD}、A_{uC} 都大。

La4A3045 电容三点式 LC 正弦波振荡器与电感三点式 LC 正弦波振荡器比较，其优点是（**B**）。

（A）电路组成简单；（B）输出波形较好；（C）容易调节振荡频率；（D）输出波形差。

La4A3046 正弦波振荡器中，选频网络的主要作用是（**A**）。

（A）使振荡器产生一个单一频率正弦波；（B）使振荡器输出较大的信号；（C）使振荡器有丰富的频率成分；（D）使振荡器输出较小的信号。

La4A3047 在正弦波振荡器中，放大器的主要作用是（**A**）。

（A）使振荡器满足振幅平衡条件能持续输出振荡信号；（B）保证电路满足相位平衡条件；（C）使振荡器输出较大信号；（D）把外界的影响减弱。

La4A3048 正弦波振荡器中正反馈网络的作用是（**C**）。

（A）让电路满足振幅平衡条件；（B）提高放大器的放大倍数，使输出信号足够大；（C）使某一频率的信号在放大器工作时满足相位平衡条件而产生自激振荡；（D）把外界的影响减弱，使振荡器输出较小的信号。

La4A3049 与电容三点式 LC 振荡器相比，电感三点式 LC 正弦波振荡器的优点是（**C**）。

（A）输出幅度较大；（B）输出波形较好；（C）易于起振，

频率调节方便；（D）电路组成简单。

La4A3050　如图 A-1 所示，A 点的电位为（C）。

（A）140V；（B）90V；（C）60V；（D）50V。

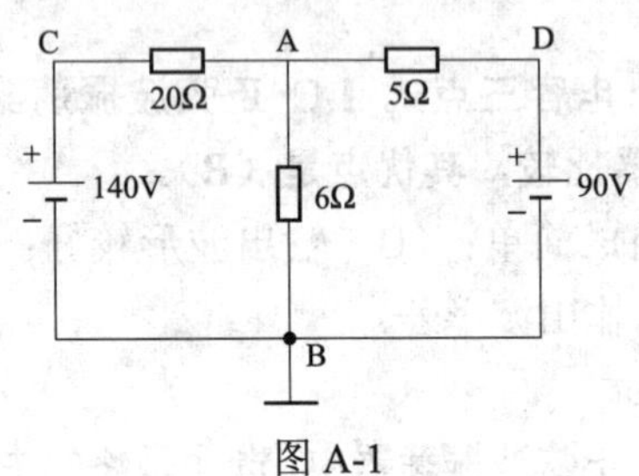

图 A-1

La4A3051　电动执行机构可近似地看成一个（B）调节。

（A）积分；（B）比例；（C）微分；（D）比例积分。

La4A3052　转速表系数（即转速比）就是（A）。

（A）转速表输入轴的转速与表盘指示转速之比；（B）被测对象的实际转速与转速表输入轴转速之比；（C）表盘指示转速与输入轴的转速之比；（D）转速表输入轴转速与被测对象实际转速之比。

La4A3053　运算放大器要进行调零，是由于（B）。

（A）温度的变化；（B）存在输入失调电压；（C）存在偏置电流；（D）开环增益高。

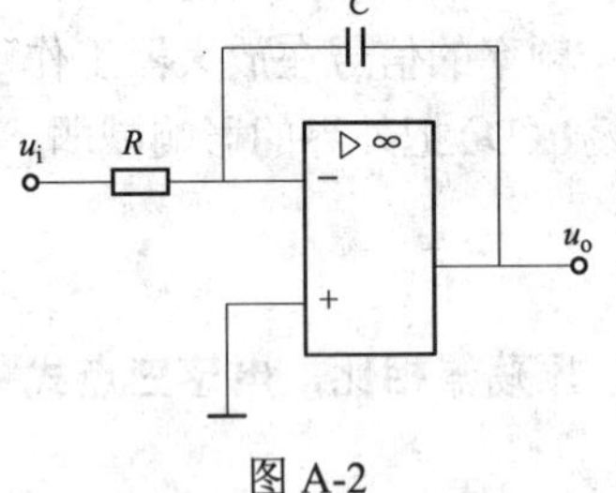

图 A-2

La4A4054　如图 A-2 所示，由运算放大器构成的基本功能线路具有（B）功能。

（A）比例运算；（B）积分运算；（C）微分运算；（D）加法运算。

La4A4055 交流电的有效值，就是与它的热效应相等的直流值。对于正弦交流电来说，有效值和最大值的关系为（**D**）。

（A）$I_m=\sqrt{2}I$、$U_m=\sqrt{3}U$；（B）$I_m=\sqrt{3}I$、$U_m=\sqrt{3}U$；（C）$I_m=\sqrt{3}I$、$U_m=\sqrt{2}U$；（D）$I_m=\sqrt{2}I$、$U_m=\sqrt{2}U$。

La4A5056 Y形连接对称三相负载，每相电阻为**11Ω**，电流为**20A**，则三相负载的线电压为（**D**）。

（A）220V；（B）$\sqrt{2}$×220V；（C）2×220V；（D）$\sqrt{3}$×220V。

La3A2057 可编程序控制器的简称为（**D**）。

（A）DCS；（B）BMS；（C）CRT；（D）PLC。

La3A3058 两个正弦电流的解析式分别是 $i_1=10\sin\left(3.14t+\frac{\pi}{6}\right)$ 和 $i_2=10\sqrt{2}\sin\left(3.14t+\frac{\pi}{4}\right)$，这两个交流电流的（**C**）量相同。

（A）最大值；（B）有效值；（C）周期；（D）初相位。

La3A3059 如图 **A-3** 所示，在一长直导线中通有电流 ***I***，线框 ***abcd*** 在纸面内向右平移，线框内（**B**）。

（A）没有感应电流产生；（B）产生感应电流，方向是 *adcba*；（C）产生感应电流，方向是 *abcda*；（D）不能确定。

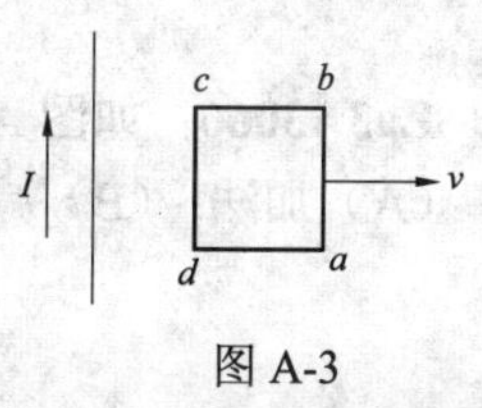

图 A-3

La3A3060 若一通电直导线在匀强磁场中，通过直导线与磁力线的夹角为（**B**）时，导线所受到的电磁力为最大。

（A）0°；（B）90°；（C）30°；（D）60°。

La3A3061 一变压器一次绕组为5000匝，二次绕组为500匝，当一次侧交流电源电压为220V时，则二次侧感应电压为（D）。

（A）55V；（B）44V；（C）33V；（D）22V。

La3A3062 降压变压器必须符合（C）。

（A）$I_1>I_2$；（B）$K<1$；（C）$I_1<I_2$；（D）$N_1<N_2$。

La3A3063 二进制码1101所表示的十进制数为（C）。

（A）11；（B）12；（C）13；（D）14。

La3A3064 二进制数1010对应16进制数为（C）。

（A）12；（B）10；（C）A；（D）22。

La3A3065 以信号 A、B、C 为输入端，L 为输出端构成的或门电路，用逻辑表达式可表示为（A）。

（A）$L=A+B+C$；（B）$L=A\cdot B\cdot C$；（C）$L=A\cdot B+C$；（D）$L=A+B\cdot C$。

La3A3066 如图A-4所示为一（C）电路。

（A）加法；（B）减法；（C）积分；（D）微分。

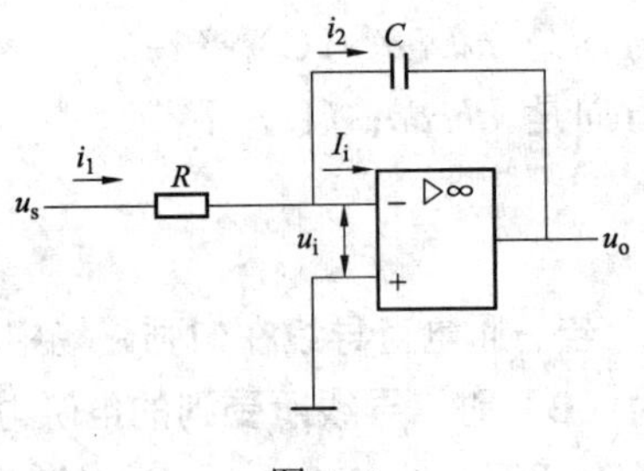

图A-4

La3A3067 有电容元件的交流电路中，电压的幅值与电流的幅值之比为（**B**）。

（A）ωC；（B）$\frac{1}{\omega C}$；（C）$2\omega C$；（D）$\frac{2}{\omega C}$。

La3A4068 交流电路如图A-5所示，电阻、电感和电容两端的电压都是 **100V**，则电路的端电压是（**A**）。

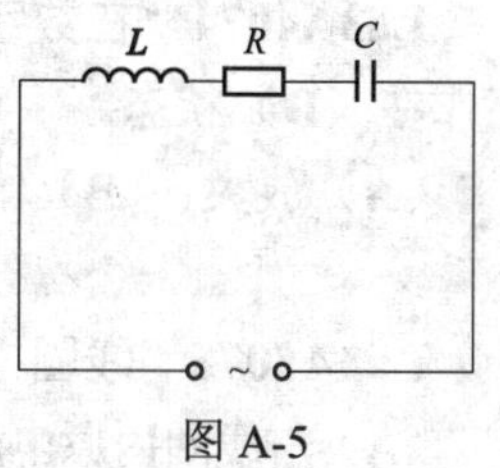

图 A-5

（A）100V；（B）300V；（C）200V；（D）$100\sqrt{3}$ V。

La3A4069 下列说法正确的是（**A**）。

（A）变压器可以改变交流电的电压；（B）变压器可以改变直流电的电压；（C）变压器可以改变交流电压，也可以改变直流电压；（D）变压器除了改变交流、直流电压外，还能改变直流电流。

La3A4070 用开关 A 和 B 串联来控制一灯泡，若用 L 来表示灯泡的状态，则用逻辑表达式可表示为（**B**）。

（A）$L=A+B$；（B）$L=A\cdot B$；（C）$L=\overline{A+B}$；（D）$L=\overline{A\cdot B}$。

La3A4071 逻辑函数式 $F=ABC+\overline{A}+\overline{B}+\overline{C}$ 的逻辑值为（**C**）。

（A）ABC；（B）0；（C）1；（D）$\overline{F}=\overline{A}+\overline{B}+C$。

La3A4072 逻辑代数运算 $A+\overline{A}=1$ 及 $A\cdot\overline{A}=0$ 称为（**D**）。

（A）交换律；（B）结合律；（C）分配律；（D）互补律。

La3A4073　由三极管组成的非门电路，即三极管反向器是利用了三极管的（B）。

（A）电流放大作用；（B）开关作用；（C）电压放大作用；（D）功率放大作用。

La3A4074　在数字电路中，三极管相当于一个开关，通常工作在（D）状态。

（A）放大；（B）饱和；（C）死区；（D）饱和或截止。

La3A5075　线圈中产生的自感电动势总是（C）。

（A）与线圈内原电流方向相同；（B）与线圈内原电流方向相反；（C）阻碍线圈内原电流的变化；（D）上面三种说法都不正确。

La3A5076　逻辑函数式 $E\bar{F}+EF+\bar{E}F$ 化简后的答案是（C）。

（A）EF；（B）$\bar{F}E+\bar{E}F$；（C）$E+F$；（D）$\bar{E}+\bar{F}$。

La3A5077　如图 A-6 所示多匝线圈和电源内阻可忽略，两电阻的阻值都为 R，当 S 断开时，电路中电流 $I_0=E/2R$，现将 S 闭合，线圈中有自感电动势产生，该自感电动势将（D）。

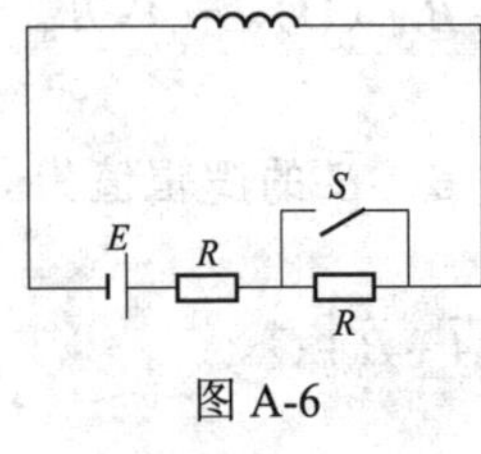

图 A-6

（A）有阻碍电流的作用，最后电流由 I_0 减小到零；（B）有阻碍电流的作用，最后电流总是小于 I_0；（C）有阻碍电流增大的作用，因而电流保持 I_0 不变；（D）有阻碍电流增大的作用，但电流最后还是要增大到 $2I_0$。

La2A1078　输入端和输出端都用（B）的电路简称 TTL 电路。

（A）二极管；（B）三极管；（C）电容器；（D）电感元件。

La2A1079　中央处理单元（CPU）由运算器和（C）组成。

（A）存储器；（B）软件；（C）控制器；（D）输入设备。

La2A2080　如果基本 RS 触发器状态为“1”，则当在 *S* 端加触发脉冲消失后，其输出状态（B）。

（A）恢复触发前的状态；（B）保持现状态；（C）不能确定；（D）不稳定。

La2A2081　电擦除可编程只读存储器的代号为（D）。

（A）ROM；（B）RAM；（C）EPROM；（D）EEPROM。

La2A2082　微型计算机系统包括硬件和软件两大部分，其软件部分包括系统软件和（D）软件。

（A）存储；（B）输入、输出；（C）I/O；（D）应用。

La2A3083　构成计数器的基本电路是（C）。

（A）或非门；（B）与非门；（C）触发器；（D）或门。

La2A3084　外部存储器堆栈的存取规则是（B）。

（A）先进先出；（B）后进先出；（C）同进同出；（D）快进先出。

La2A3085　计算机能直接执行的程序是（C）。

（A）源程序；（B）汇编语言程序；（C）机器语言程序；（D）BASIC 语言程序。

La2A3086　在计算机系统中 DAS 的主要功能是完成（C）。

（A）自动控制；（B）顺序控制；（C）数据采集；（D）燃烧管理。

La2A4087 DAS 输入通道为了保证所需的动态数据，接入了（C）线路。

（A）前置放大器；（B）反混叠滤波器；（C）采样/保持电路；（D）缓冲器。

La1A1088 进口压力仪表常见到压力单位 psi，指的是（B）。

（A）帕斯卡；（B）磅/平方英寸；（C）巴；（D）千帕。

La1A1089 一恒流源的性能较好是指其（B）。

（A）输入电阻大；（B）输出电阻变化范围大；（C）输入电阻小；（D）输出电阻小。

La1A2090 已知 $F=AB+AC$，指出 A、B、C 分别取（B）组值时 $F=1$。

（A）$A=0$，$B=1$，$C=0$；（B）$A=1$，$B=1$，$C=0$；（C）$A=0$，$B=0$，$C=0$；（D）$A=1$，$B=0$，$C=0$。

La1A2091 电阻电容电路放电过程的时间取决于（D）。

（A）电容量大小；（B）电容上的电压 U_c；（C）电阻的大小；（D）电阻 R 和电容 C 的乘积。

La1A3092 测量误差按性质可分为随机误差、系统误差和（B）三类。

（A）基本误差；（B）粗大误差；（C）综合误差；（D）人为误差。

La1A3093 准确度就是仪表指示值接近（C）的准确程度。

（A）测量值；（B）标准表示值；（C）被测量真值；（D）以上均不对。

La1A3094 **弹性元件对温度变化较敏感，如弹性元件与温度较高的介质接触或受到高温的辐射，弹性就要（B）而产生测量误差。**

（A）变形；（B）改变；（C）增大；（D）变小。

La1A3095 **双积分式 A/D 转换是将一段时间内的模拟电压的（B）转换成与其成比例的时间间隔。**

（A）瞬时值；（B）平均值；（C）峰值；（D）累积值。

La1A3096 **A/D 转换器的输入量一般都为（A）。**

（A）电压；（B）电流；（C）频率；（D）电脉冲。

La1A4097 **双积分式 A/D 转换器的模数转换方法属于（A）法。**

（A）间接；（B）直接；（C）比较；（D）复合。

La1A5098 **能与微处理器兼容的 D/A 转换器芯片是（A）。**

（A）0832；（B）8279；（C）8155；（D）2764。

Lb5A2099 **一般采用的 U 形管压力计液柱高度不能超过（B）。**

（A）1m；（B）1.5m；（C）2m；（D）2.5m。

Lb5A3100 **测量真空的弹簧压力表的型号是（D）。**

（A）YA；（B）YB；（C）YX；（D）YZ。

Lb5A3101 **镍铬–镍硅热电偶的分度号为（B）。**

（A）E；（B）K；（C）S；（D）T。

Lb5A3102 施工现场的热工仪表及控制装置校验室内的温度应保持在（B）。

（A）20℃±3℃；（B）20℃±5℃；（C）25℃±3℃；（D）25℃±5℃。

Lb5A3103 采用示值比较法校验弹簧管压力表时，所用标准压力表的允许误差的要求是（C）。

（A）小于被校表允许误差；（B）小于被校表允许误差的1/2；（C）小于被校表允许误差的 1/3；（D）小于被校表允许误差的 1/4。

Lb5A3104 校验仪表所选用的标准仪表，其允许误差不大于被检仪表允许误差的（B）。

（A）$\frac{1}{2}$；（B）$\frac{1}{3}$；（C）$\frac{1}{4}$；（D）$\frac{1}{5}$。

Lb5A3105 有 4 块压力表，他们的绝对误差值都是 0.2MPa，量程为（D）的表准确度高。

（A）1MPa；（B）4MPa；（C）6MPa；（D）10MPa。

Lb5A3106 弹簧管式一般压力表的回程误差不应超过允许误差的（C）。

（A）1/3；（B）一半；（C）绝对值；（D）绝对值的 1/2。

Lb5A3107 用热电偶测温时，在其热电偶回路里连接第三种导线的两端温度相同，则热电偶测量回路的总热电势（D）。

（A）增大；（B）减小；（C）等于零电势；（D）不变。

Lb5A3108 在弹簧管式压力表中，游丝的作用是（A）。

（A）减小回程误差；（B）固定表针；（C）提高灵敏度；

（D）平衡弹簧管的弹性力。

Lb5A4109 工业用镍铬–镍硅热电偶，采用（C）补偿导线来进行冷端延伸。

（A）铜–康铜；（B）镍铬–考铜；（C）铜–铜镍；（D）铜–铜。

Lb5A4110 下列几种电阻温度计中，温度系数最大的是（C）。

（A）铂电阻温度计；（B）铜电阻温度计；（C）热敏电阻温度计；（D）铁电阻温度计。

Lb5A4111 仪表必须在规定的温度和湿度条件下工作才能保证其准确度，这是因为（B）。

（A）有一个统一的环境条件；（B）仪表会因周围环境温度和湿度改变而使实际值发生变化，当温度和湿度超过一定范围时仪表的示值误差会超过其允许基本误差；（C）按仪表说明书要求；（D）仪器仪表必须在20℃、60%湿度的环境条件下使用，才能保证不超出其准确度等级所表示的误差值。

Lb5A4112 （D）是表征仪表的主要质量指标之一。

（A）绝对误差；（B）相对误差；（C）引用误差；（D）基本误差。

Lb4A2113 在锅炉省煤器内加热的是（B）。

（A）饱和水；（B）过冷水；（C）汽水混合物；（D）过热蒸汽。

Lb4A2114 汽轮机转子向前或向后窜动的量是用（C）装置来进行监视和保护的。

（A）相对膨胀；（B）绝对膨胀；（C）轴向位移；（D）轴振动。

Lb4A2115　热工测量用传感器都是把（A）的物理量转换成电量的。

（A）非电量；（B）物质；（C）电量；（D）能量。

Lb4A2116　火电厂中，抽汽止回阀的主要作用是（B）。

（A）阻止蒸汽倒流；（B）保护汽轮机；（C）保护加热器；（D）快速切断汽源。

Lb4A2117　以下设备中，不属于再热循环系统的设备是（D）。

（A）再热器；（B）汽轮机；（C）锅炉；（D）除氧器。

Lb4A2118　反映对象危险情况的信号称为（C）。

（A）工艺报警；（B）预告信号；（C）事故报警；（D）一般报警。

Lb4A2119　主蒸汽压力为（C）MPa 的锅炉，称为亚临界压力锅炉。

（A）9.8；（B）13.7；（C）16.7；（D）25.5。

Lb4A2120　我国火力发电厂的发电机交流电频率为 50Hz，由此确定汽轮发电机组的转速为（B）。

（A）2700r/min；（B）3000r/min；（C）3300r/min；（D）3600r/min。

Lb4A2121　K 分度号热电偶的负极是（D）。

（A）铜镍；（B）铁；（C）镍铬；（D）镍硅。

Lb4A3122　靶式流量变送器的符号是（C）。

（A）DBC；（B）DBY；（C）DBL；（D）DBU。

Lb4A3123　差压式水位计中水位差压转换装置输出差压与被测水位的关系是（D）。

（A）水位与差压成非线性；（B）水位与差压成反比；（C）水位与差压成倒数关系；（D）水位与差压成线性。

Lb4A3124　锅炉汽包水位控制和保护用的水位测量信号应采取（D）。

（A）双冗余；（B）四重冗余；（C）独立回路；（D）三重冗余。

Lb4A3125　使数字显示仪表的测量值与被测量值统一起来的过程称为（A）。

（A）标度变换；（B）A/D 转换；（C）非线性补偿；（D）量化。

Lb4A3126　DFD 型操作器实质上是一个（C）操作开关。

（A）一位；（B）二位；（C）三位；（D）四位。

Lb4A3127　KMM 可编程调节器具有四种调节类型，其中采用一个 PID 模块，给定值有内给定和外给定两种方式，该调节类型称为（B）型调节。

（A）0；（B）1；（C）2；（D）3。

Lb4A3128　积分调节器可以消除被调量的稳态误差，实现（A）。

（A）无差调节；（B）有差调节；（C）超前调节；（D）滞后调节。

Lb4A3129　连锁控制属于（A）。

（A）过程控制级；（B）过程管理级；（C）生产管理级；

（D）经营管理级。

Lb4A3130　测量轴承振动的探头采用（D）原理工作。

（A）差动感应；（B）涡流效应；（C）差动磁敏；（D）电磁感应。

Lb4A3131　直吹式制粉系统是以（A）调节锅炉的燃料量。

（A）给煤机；（B）给粉机；（C）磨煤机；（D）煤粉仓。

Lb4A3132　电磁阀在安装前应进行校验检查，铁芯应无卡涩现象，线圈与阀间的（D）应合格。

（A）间隙；（B）固定；（C）位置；（D）绝缘电阻。

Lb4A3133　热电偶校验时，将标准热电偶与被校热电偶反向串接后放入加热炉内，直接测取它们之间的热电势差的校验方法称为（B）。

（A）双极法；（B）微差法；（C）单极法；（D）同名法。

Lb4A3134　DDZ–Ⅱ型差压变送器的基本误差是（B）。

（A）检定点的差压误差除以表计的上限差压；（B）检定点的输出电流最大误差除以 10mA；（C）检定点的流量误差除以表计的上限流量；（D）检定点的输出电流误差除以 16mA。

Lb4A3135　涡流式位移传感器所配的转换器的输出信号为（D）。

（A）0～10mA；（B）4～20mA；（C）0～10V；（D）–4～–20V。

Lb4A3136　标准热电偶检定炉，温度最高区域偏离炉中心距离不应超过（C）。

（A）10mm；（B）15mm；（C）20mm；（D）25mm。

Lb4A3137　测量热电偶产生的热电势应选用（C）来测量。

（A）万用表；（B）电流表；（C）直流电位差计；（D）直流单臂电桥。

Lb4A3138　电缆接线时对线的目的，主要是检查并确认（B）两端的线号及其在相应端子上的连接位置是否正确。

（A）每根电缆；（B）同一根导线；（C）所有的电缆；（D）同一根电缆。

Lb4A3139　当某一台高压加热器的水位（C）时，立即自动解列该高压加热器，并关闭该高压加热进汽门。

（A）低于正常水位；（B）高于正常水位；（C）高于规定值；（D）恢复正常水位。

Lb4A3140　在汽轮机保护项目中，不包括（C）保护。

（A）轴承振动大；（B）低真空；（C）进汽温度高；（D）低油压。

Lb4A3141　在汽轮机运行中，轴向位移发送器是（C）移动的。

（A）随转子一起；（B）随汽缸膨胀一起；（C）不；（D）逆汽缸膨胀方向。

Lb4A3142　检查真空系统的严密性，应在工作状态下关闭取源阀门，（C）内其指示值降低应不大于3%。

（A）5min；（B）10min；（C）15min；（D）3min。

Lb4A3143　热工仪表及控制装置在机组试运期间，主要参数仪表应100%投入，其优良程度达到（D）。

（A）80%；（B）85%；（C）90%；（D）95%。

Lb4A3144　我国目前大容量汽轮机组的主汽温为（A）。

（A）535～550℃；（B）520～515℃；（C）260～280℃；（D）300℃左右。

Lb4A3145　单元机组负荷增加时，初级阶段里所需的蒸汽量是由锅炉（B）所产生的。

（A）增加燃料量；（B）释放蓄热量；（C）增加给水量；（D）减少给水量。

Lb4A3146　锅炉额定蒸汽参数是指锅炉（A）。

（A）过热器出口压力和温度；（B）再热器出口压力和温度；（C）汽包压力和温度；（D）省煤器出口压力和温度。

Lb4A3147　锅炉空气量低于额定风量的（B）时锅炉跳闸。

（A）30%；（B）25%；（C）40%；（D）50%。

Lb4A3148　转子和汽缸的最大胀差在（C）。

（A）高压缸；（B）中压缸；（C）低压缸两侧；（D）高压缸两侧。

Lb4A3149　智能仪表是指以（A）为核心的仪表。

（A）单片机；（B）单板机；（C）微机；（D）计算机。

Lb4A3150　调节系统的整定就是根据调节对象调节通道的特性确定（B）参数。

（A）变送器；（B）调节器；（C）执行器；（D）传感器。

Lb4A4151　轴向位移应与转换器（前置放大器）输出信号中的（B）相对应。

（A）交流分量的有效值；（B）直流分量；（C）交流分量

的峰–峰值；（D）交流分量的峰值。

Lb4A4152　SZC–01 型数字转速表采用 SZCB–01 型磁性转数传感器作为一次发送器，它将被测转数转换成脉冲数字量送到二次仪表显示，因此该数字转速表为（C）数字显示仪表。

（A）电压型；（B）电流型；（C）频率型；（D）电磁型。

Lb4A5153　检定测温元件所用油恒温槽工作区内垂直温差和水平温差分别不得大于（C）。

（A）0.01℃和 0.02℃；（B）0.015℃和 0.02℃；（C）0.02℃和 0.01℃；（D）0.02℃和 0.015℃。

Lb3A2154　引起被调量偏离给定值的各种因素称为（B）。

（A）调节；（B）扰动；（C）反馈；（D）控制。

Lb3A2155　在分散控制系统中 DAS 的主要功能是（A）。

（A）数据采集；（B）协调控制；（C）顺序控制；（D）燃烧器管理。

Lb3A3156　KF 系列现场型指示调节仪的输出信号为（C）。

（A）0～100kPa；（B）0～20mA；（C）20～100kPa；（D）4～20mA。

Lb3A3157　调节阀门的死行程应小于全行程的（A）。

（A）5%；（B）8%；（C）10%；（D）12%。

Lb3A3158　飞升速度表示在单位阶跃扰动下被调量的（B）。

（A）最大值；（B）最大变化速度；（C）最小值；（D）最

小变化速度。

Lb3A3159 前馈调节是直接根据（B）进行调节的调节方式。

（A）偏差；（B）扰动；（C）测定值；（D）给定值。

Lb3A3160 在热工参数巡测系统中，重要参数和一般热工参数相比，其采样周期要（A）。

（A）短；（B）长；（C）一样；（D）不一定。

Lb3A3161 涡流式振动传感器的工作频率范围是（D）Hz。

（A）15～1000；（B）0.3～20 000；（C）1～1500；（D）0～20 000。

Lb3A3162 RMS–700 系列汽轮机监控装置中的报警信号有（D）。

（A）灯光；（B）灯光、逻辑电平；（C）逻辑电平、光电耦合；（D）灯光、逻辑电平、光电耦合。

Lb3A3163 在凝结水泵的保护中，不包括（D）。

（A）轴承温度高；（B）出口压力低；（C）出口门关闭；（D）出口温度低。

Lb3A3164 自动保护装置的作用是：当设备运行工况发生异常或某些参数超过允许值时，发出报警信号，同时（B）避免设备损坏和保证人身安全。

（A）发出热工信号；（B）自动保护动作；（C）发出事故信号；（D）发出停机信号。

Lb3A4165 伺服放大器有（C）个输入通道和一个反馈通道，以适应复杂得多参数调节系统。

（A）1；（B）2；（C）3；（D）4。

Lb3A4166 分散控制系统中不常应用的网络结构为（D）。

（A）星形；（B）环形；（C）总线形；（D）树形。

Lb3A4167 不属于闭环系统范围内的扰动称为（B）。

（A）内部扰动；（B）外部扰动；（C）阶跃扰动；（D）基本扰动。

Lb3A4168 当测振系统中引入阻尼时，响应和激励之间的相位发生变化，阻尼越大，谐振点附近的相位随频率的变化（B）。

（A）越快；（B）越慢；（C）不变；（D）不确定。

Lb2A2169 采用补偿式平衡容器的差压式水位计在测量汽包水位时能减少（D）对测量的影响。

（A）环境温度；（B）汽包压力和环境温度；（C）被测介质温度；（D）汽包工作压力。

Lb2A2170 锅炉汽包水位以（C）作为零水位。

（A）最低水位；（B）任意水位；（C）正常水位；（D）最高水位。

Lb2A2171 在单元机组汽轮机跟随的主控系统中，汽轮机调节器采用（C）信号，可使汽轮机调节阀的动作比较平稳。

（A）实发功率；（B）功率指令；（C）蒸汽压力；（D）蒸汽流量。

Lb2A2172 现代大型火电机组锅炉控制系统的两大支柱是协调控制系统（CCS）和（C）。

（A）数据采集系统（DAS）；（B）顺序控制系统（SCS）；（C）炉膛安全监控系统（FSSS）；（D）旁路自动控制系统（BPS）。

Lb2A3173 分散控制系统中的（C）根据各工艺系统的特点协调各系统的参数设定，是整个工艺系统的协调者和控制者。

（A）过程控制级；（B）过程管理级；（C）生产管理级；（D）经营管理级。

Lb2A3174 流体流过标准孔板时，流速在标准孔板的（C）收缩到最小。

（A）入口前一定距离处；（B）入口处；（C）出口后一定距离处；（D）出口处。

Lb2A3175 流体流过节流件时，产生的差压与流量的（A）成正比。

（A）平方；（B）立方；（C）平方根；（D）立方根。

Lb2A3176 补偿式水位/差压转换装置（补偿式平衡容器）在（D）水位时达到全补偿。

（A）最低；（B）最高；（C）任意；（D）正常。

Lb2A3177 梯形图中动合触点与母线连接的指令为（A）。

（A）LD；（B）OR；（C）AND；（D）LD–DOT。

Lb2A4178 流体流过标准孔板和喷嘴时，若产生的差压相等，则造成的压力损失相比而言（A）。

（A）孔板＞喷嘴；（B）孔板＜喷嘴；（C）孔板=喷嘴；（D）不确定。

Lb2A4179 孔板装反方向后会造成流量示值（**B**）。

（A）偏高；（B）偏低；（C）不影响；（D）偏高或偏低。

Lb2A4180 自动调节系统应在移交生产前的 **24h** 试运时间内具备投入条件，并连续运行 **6h** 以上，累计运行应达（**D**）**h**。

（A）8；（B）10；（C）12；（D）14。

Lb1A1181 热工仪表管路的敷设要尽量合理，否则将增加仪表设备的（**A**），影响测量和控制的准确性。

（A）延迟时间；（B）干扰信号；（C）损坏；（D）测量误差。

Lb1A1182 一般压力表的弹性元件，在测量高温介质的压力参数时，应使高温介质的冷却温度降到（**C**）℃以下，方能测量。

（A）50～60；（B）30～40；（C）10～20；（D）0～10。

Lb1A2183 （**B**）热电偶其热电势与温度的线性关系最好。

（A）S 型；（B）K 型；（C）R 型；（D）J 型。

Lb1A2184 磁力式转速表的指示偏低，是因为永久磁铁与铝片的间隙（**A**）。

（A）太小；（B）太大；（C）太小或太大；（D）与之无关。

Lb1A2185 当冷端温度为 **0**℃且不变时，热电势和热端温度间的（**D**）称为热电偶的分度。

（A）大小关系；（B）函数关系；（C）温度；（D）数值关系。

Lb1A3186 气动仪表一般用于传递距离小于（**B**）**m** 的范围内，要求防爆、运行安全、可靠的场合。

（A）300；（B）150；（C）100；（D）50。

Lb1A3187　水位平衡容器前的一次门横装，是为避免阀门（A）而影响测量的准确性。

（A）积聚空气泡；（B）产生液位差；（C）节流作用；（D）产生压差。

Lb1A3188　仪表的报警误差应小于或等于仪表（A）误差。

（A）允许；（B）相对；（C）绝对；（D）最大。

Lb1A4189　扰动信号变化最为剧烈的是（A）信号。

（A）阶跃；（B）矩形脉冲；（C）正弦；（D）交流。

Lb1A4190　汽轮机热膨胀变送器应在汽轮机（B）状态下安装，其可动杆应平行于汽轮机的中心线。

（A）静止；（B）冷；（C）热；（D）工作。

Lb1A4191　工业铜热电阻的感温元件与保护套管之间，以及多支感温元件之间的绝缘电阻应不小于（C）MΩ。

（A）100；（B）50；（C）20；（D）10。

Lb1A5192　压力保护装置，由于静压差所造成的该装置发信误差，应不大于给定的越限发信报警绝对值的（A）。

（A）0.5%；（B）1.0%；（C）1.5%；（D）2.0%。

Lc5A1193　在螺杆上套丝用的工具是（D）。

（A）钻头；（B）丝锥；（C）螺母；（D）板牙。

Lc5A1194　安全生产方针是（C）。

（A）生产必须管安全；（B）安全生产，人人有责；（C）安全第一，预防为主；（D）落实安全生产责任制。

Lc5A1195　潮湿场所，金属容器及管道内的行灯电压不得超过（C）。

（A）32V；（B）24V；（C）12V；（D）36V。

Lc5A2196　新参加工作人员必须经过（A）三级安全教育，经考试合格后，方可进入现场。

（A）厂级教育、分场教育（车间教育）、班组教育；（B）厂级教育、班级教育、岗前教育；（C）厂级教育、分场教育、岗前教育；（D）分场教育、岗前教育、班组教育。

Lc5A3197　工作人员接到违反安全规程的命令，应（C）。

（A）服从命令；（B）执行后向上级汇报；（C）拒绝执行并立即向上级报告；（D）向上级汇报后再执行。

Lc5A3198　工作票监发人（B）兼任工作负责人。

（A）可以；（B）不得；（C）经领导批准可以；（D）事故抢修时可以。

Lc5A3199　执行机构，各种导线、阀门、有色金属、优质钢材、管件及一般电气设备应存放在（B）。

（A）保温库内；（B）干燥的封闭库内；（C）棚库内；（D）露天堆放场内。

Lc5A3200　分析质量数据的分布情况用（C）。

（A）控制图；（B）排列图；（C）直方图；（D）因果图。

Lc4A2201　构件承受外力时抵抗破坏的能力称为该构件的（A）。

（A）强度；（B）刚度；（C）硬度；（D）稳定性。

Lc4A3202　至预定时间部分工作尚未完成，仍须继续工作而不妨碍送电者，在送电前应按照送电后现场设备带电情况（C）方可继续工作。

（A）请示值班长后；（B）得到主管生产的厂长或总工批准；（C）办理新工作票，布置好安全措施后；（D）由车间主任批准。

Lc4A3203　油区内一切电气设备的维修，都必须（D）进行。

（A）经领导同意；（B）由熟悉人员；（C）办理工作票；（D）停电。

Lc4A3204　发电厂用 220kW 及以上电动机接在（A）的母线上。

（A）6kV；（B）10kV；（C）3kV；（D）380V。

Lc3A2205　调节系统最重要的品质指标是（A）。

（A）稳定性；（B）准确性；（C）快速性；（D）可靠性。

Lc3A3206　电力行业全过程安全管理要求发生责任事故必须相应追究（A）责任。

（A）有关领导；（B）管理部门；（C）设计安装；（D）制造单位。

Lc21A2207　下列（C）项不属于工作票签发人的职责。

（A）工作是否必要和可能；（B）工作票上所填写的安全措施是否正确和完善；（C）对工作人员给予必要指导；（D）经常到现场检查工作是否安全地进行。

Lc21A3208　在直流锅炉中，蒸汽是借助（B）而流动的。

（A）高压蒸汽的压力；（B）给水泵的压头；（C）水和汽

混合物的重度差；（D）高度差。

Lc21A4209 **自动控制的含义是指利用仪表和控制设备，自动地维持生产过程在（B）下进行。**

（A）额定工况；（B）规定工况；（C）设备允许情况；（D）设定工况。

Jd5A3210 **按钮开关的类组代号为（A）。**

（A）LA；（B）LX；（C）HE；（D）DS。

Jd5A3211 **熔断器在电气原理图中的文字符号为（B）。**

（A）RC；（B）FU；（C）LT；（D）LK。

Jd5A3212 **表示自动化系统中各自动化元件在功能上的相互联系的图纸是（B）。**

（A）控制流程图；（B）电气原理图；（C）安装接线图；（D）平面布置图。

Jd5A3213 **图 A-7 所示由继电器组成的基本电路中，构成与逻辑的是图（A）。**

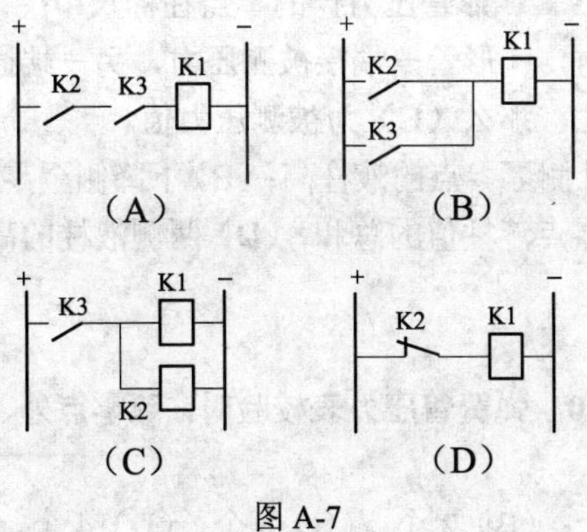

图 A-7

Jd5A4214　型号为WREK–211的热电偶，其型号中的“K”代表（C）。

（A）分度；（B）热电偶；（C）铠装式；（D）带卡套螺纹。

Jd5A4215　热力过程检测及控制系统图中各类设备的文字符号由字母代号和数字编号组成，字母代号的第一位表示（C）。

（A）区域；（B）回路；（C）被测变量或初始变量；（D）设备类型。

Jd5A4216　接线端子的编号，一般采用（C）编号法。

（A）绝对；（B）对称；（C）相对；（D）顺序。

Jd4A3217　以下各型号，（B）是双金属温度计。

（A）WNG–11；（B）WSS–401；（C）WTZ–280；（D）WRN–210。

Jd2A2218　DEH数字电液调节系统中的执行机构是（D）。

（A）电动执行机构；（B）电动阀；（C）气动阀；（D）油动机。

Je5A2219　U形管压力计的零点在标尺中央，管内充水或水银。测压时，U形管一端接被测压力，另一端通大气，则两管有压差产生，那么（C）为被测压力值。

（A）上升侧至零点的液柱高；（B）下降侧至零点的液柱高；（C）两管至零点液柱值的总和；（D）两侧液柱的高度差减去大气压。

Je5A2220　弹簧管压力表校验时，除零点外，校验点数应不少于（D）。

（A）1个；（B）2个；（C）3个；（D）4个。

Je5A2221　在选取压力表的测量范围时，被测压力不得小于所选量程的（A）。

（A）1/3；（B）1/2；（C）2/3；（D）3/4。

Je5A3222　恒温油槽用于检定（C）的水银温度计。

（A）100～300℃；（B）0～300℃；（C）90～300℃；（D）0～100℃。

Je5A3223　弹簧管式一般压力表示值检定时，在轻敲表壳后，其指针示值变动量不得超过允许基本误差（B）。

（A）绝对值；（B）绝对值的$\frac{1}{2}$；（C）绝对值的 1.5 倍；（D）绝对值的$\frac{1}{3}$。

Je5A3224　量程为 0～10MPa，精度等级为 1.5 级，其基本允许误差为（C）MPa。

（A）±1.5；（B）±1.0；（C）±0.15；（D）±0.1。

Je5A3225　用电压表测量 10mV 电动势值，要求测量误差不大于 0.5%，应选择（B）电压表。

（A）量程 0～15mV，准确度 0.5 级电压表；（B）量程 0～20mV，准确度 0.2 级电压表；（C）量程 0～50mV，准确度 0.2 级电压表；（D）量程 0～100mV，准确度 0.1 级电压表。

Je5A3226　当弹簧管式压力表的示值误差随示值的增大成比例增大时，通常可调整（B）使示值误差减小。

（A）拉杆与扇形齿轮的夹角；（B）调节螺钉；（C）拉杆长度；（D）扇形齿轮。

Je5A3227　测量具有高黏度或有毒介质的压力及压差时，应在测量导管的始端（即一次门后）加装（C）。

（A）缓冲装置；（B）平衡容器；（C）隔离容器；（D）冷凝容器。

Je5A3228　用模拟式万用表欧姆挡测量小功率二极管性能好坏时，应把欧姆挡拨到（A）。

（A）$R\times100\Omega$或 $R\times1\text{k}\Omega$挡；（B）$R\times1\Omega$挡；（C）$R\times100\text{k}\Omega$挡；（D）$R\times10\text{k}\Omega$挡。

Je5A4229　二等标准活塞式压力计使用的环境温度超过（B），应进行温度修正。

（A）20℃±2℃；（B）20℃±5℃；（C）20℃±7℃；（D）20℃±10℃。

Je5A4230　测量 1.2MPa 压力，要求测量误差不大于 4%，应选用（C）压力表。

（A）准确度 1.0 级，量程 0～6MPa 压力表；（B）准确度 1.5 级，量程 0～4MPa 压力表；（C）准确度 1.5 级，量程 0～2.5MPa 压力表；（D）准确度 2.5 级，量程 0～2.5MPa 压力表。

Je5A4231　当被测参数为温度和流量时，根据测量要求，综合考虑精确度等级及量程，选择测量仪表，应使其示值出现在量程的（A）处。

（A）$\frac{2}{3}\sim\frac{3}{4}$；（B）$\frac{1}{2}\sim\frac{2}{3}$；（C）$\frac{1}{3}$以下；（D）$\frac{1}{2}$以下。

Je5A4232　检定测量上限小于或等于 0.25MPa，并用于测量气体的压力时，工作介质应用（A）。

（A）空气；（B）水；（C）变压器油；（D）蓖麻油。

Je5A4233　弹簧管压力表量程偏大则应（C）。

（A）逆时针转动机芯；（B）将示值调整螺钉向外移；（C）将示值调整螺钉向内移；（D）顺时针转动机芯。

Je5A4234　膜盒风压表在调整非线性误差时零位受到影响，应用（D）调整。

（A）调零装置；（B）量程微调螺钉；（C）拉杆与调节板之间的夹角；（D）指针轴套与指针轴相对位置。

Je5A4235　热电阻非线性校正可以通过在放大器中引入适当的（C）来实现。

（A）正反馈；（B）负反馈；（C）折线电路；（D）线性元件。

Je5A4236　带电接点信号装置压力表进行信号误差检定时，标准器的读数与信号指针示值间的误差不得超过最大允许基本误差绝对值的（B）倍。

（A）1；（B）1.5；（C）2；（D）2.5。

Je5A4237　带电接点信号装置压力表的示值检定合格后进行信号误差检定，其方法是将上限和下限的信号接触指针分别定于（B）个以上不同的检定点上进行。

（A）2；（B）3；（C）5；（D）7。

Je5A4238　带电接点信号装置压力表的电器部分与外壳之间的绝缘电阻在环境温度为5～35℃、相对湿度不大于85%时，应不小于（B）MΩ（工作电压500V）。

（A）50；（B）20；（C）10；（D）5。

Je5A4239　在热电偶测温系统中采用补偿电桥后，相当于冷端温度稳定在（C）。

（A）0℃；（B）补偿电桥所处温度；（C）补偿电桥平衡温

度；（D）环境温度。

Je5A4240 由 **K** 分度号热电偶、补偿导线和动圈表组成的测温系统，如图 **A-8** 所示。当 $t_n > t_0$ 时，若补偿导线错用分度号为 **E** 的补偿导线，极性连接正确，则仪表指示值与补偿导线用对时相比（**A**）。

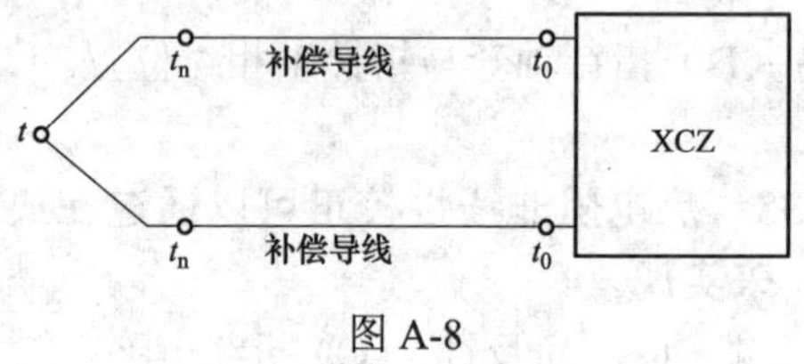

图 A-8

（A）偏高；（B）偏低；（C）相同；（D）不确定。

Je5A4241 由 **K** 分度号热电偶、补偿导线和动圈表组成的测温系统，如图 **A-9** 所示。当 $t_n > t_0$ 时，若补偿导线正、负极接错，则仪表指示值与接对时相比（**B**）。

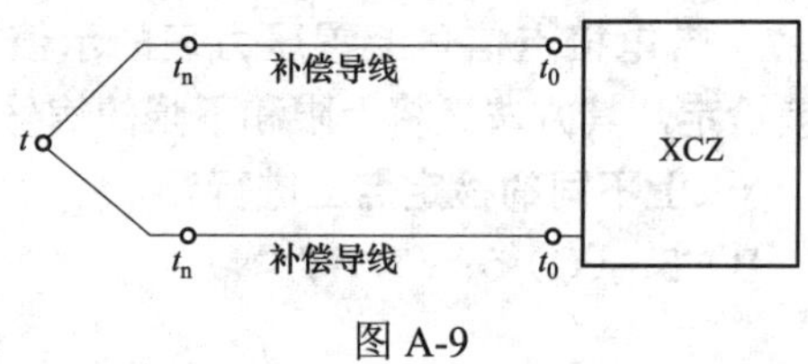

图 A-9

（A）偏高；（B）偏低；（C）相同；（D）不确定。

Je5A5242 热电阻温度计测温，当仪表指示为无限大时，其故障原因之一是热电阻（**A**）。

（A）断线；（B）接地；（C）短路；（D）保护套管内积水。

Je4A2243 **图 A-10** 所列的四种热电偶测温系统的连接方式，只有（**A**）接法才是实际安装中的正确接法。

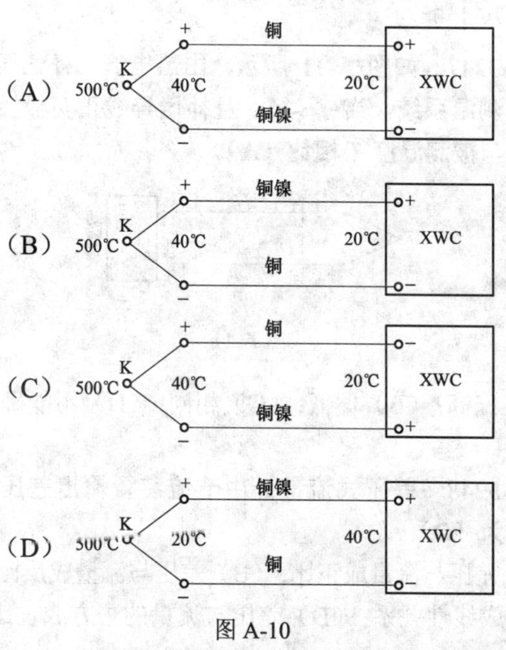

图 A-10

Je4A2244 **执行机构绝缘电阻应合格，通电试运转时动作平稳，开度指示（D）。**

（A）无误；（B）正确；（C）清楚；（D）正确、无跳动。

Je4A2245 **在水平管道上测量气体压力时的取压点应选在（A）。**

（A）管道上部、垂直中心线两侧 45° 范围内；（B）管道下部、垂直中心线两侧 45° 范围内；（C）管道水平中心线两侧 45° 范围内；（D）管道水平中心线以下 45° 范围内。

Je4A2246 **1151 型差压变送器的基本误差是（B）。**

（A）检定点的差压最大误差除以表计的上限差压；（B）检

定点的输出电流最大误差除以 16mA；（C）检定点的流量误差除以表计的上限流量；（D）检定点的输出电流误差除以 20mA。

Je4A3247　如图 A-11 所示，由热电偶、补偿导线及动圈表组成的测温系统，当 $t_n<t_0$，且补偿导线正负极接错时，仪表指示值与被测温度 *T* 相比（A）。

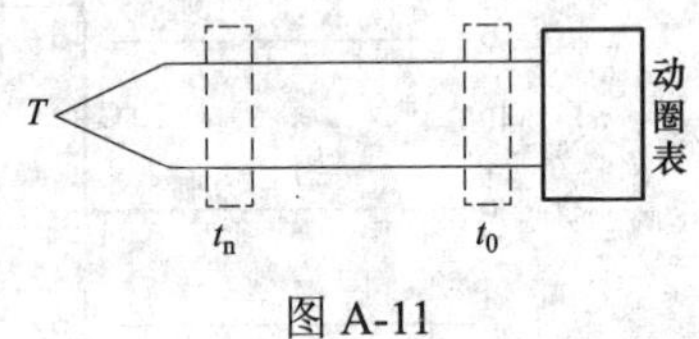

图 A-11

（A）偏高；（B）偏低；（C）相同；（D）不能确定。

Je4A3248　差压式流量计中节流装置输出差压与被测流量的关系为（D）。

（A）差压与流量成正比；（B）差压与流量成反比；（C）差压与流量成线性关系；（D）差压与流量的平方成正比。

Je4A3249　在测量蒸汽流量时，在取压口处应加装（B）。

（A）集气器；（B）凝汽器；（C）沉降器；（D）隔离器。

Je4A3250　电动执行器伺服电动机两绕组间接有一电容 C 的作用是（B）。

（A）滤波；（B）分相；（C）组成 LC 振荡；（D）抗干扰。

Je4A3251　锅炉水位高保护系统以（C）信号作为禁止信号。

（A）汽轮机减负荷；（B）汽轮机加负荷；（C）锅炉安全门动作；（D）锅炉安全门回座。

Je4A3252 锅炉一次蒸汽系统上安装的全部安全阀排气量的总和必须（**D**）锅炉最大连续蒸发量。

（A）小于；（B）等于；（C）等于或小于；（D）大于。

Je4A3253 在电厂锅炉安全门保护控制系统中，饱和蒸汽安全门动作的超压脉冲信号取自（**A**）。

（A）汽包；（B）主汽联箱；（C）给水；（D）过热器。

Je4A3254 脉冲式电磁安全门的动力是（**B**）。

（A）压缩空气；（B）蒸汽；（C）压力水；（D）压力油。

Je4A3255 **RMS–700** 系列汽轮机监控装置中监测放大器输出电压信号为（**A**）。

（A）0～10V；（B）1～5V；（C）–4～–20V；（D）0～5V。

Je4A3256 新装炉膛安全监控保护装置的炉膛压力取样孔间的水平距离应大于（**B**）。

（A）1m；（B）2m；（C）0.5m；（D）5m。

Je4A3257 凝汽器水位测量装置严禁装设（**A**）。

（A）排污阀；（B）平衡阀；（C）三通阀；（D）三组阀。

Je4A3258 高压加热器装有（**B**）保护。

（A）压力；（B）水位；（C）温度；（D）安全门。

Je4A3259 电动差压变送器输出开路影响的检定，应在输入量程（**B**）的压力信号下进行。

（A）30%；（B）50%；（C）70%；（D）90%。

Je4A3260 **对压力变送器及二次仪表进行全套系统检定时，输入的标准信号应是（A）。**

（A）变送器的输入压力；（B）变送器的输出电流；（C）变送器的输出电压；（D）二次仪表所指示的压力值。

Je4A3261 **自动平衡电桥指示基本误差的检定，应在标尺粗分度上进行，但不少于（B）个点。**

（A）4；（B）5；（C）6；（D）3。

Je4A3262 **使用输出信号为 4～20mA 的差压变送器用做汽包水位变送器，当汽包水位为零时，变送器的输出为（C）。**

（A）0mA；（B）4mA；（C）12mA；（D）20mA。

Je4A3263 **0.02 级电子计数式转速表允许的示值误差为（C）。**

（A）0.02%×n±1 个字；（B）0.02%×n±2 个字；（C）±0.02%×n±1 个字；（D）±0.02%×n±2 个字。

Je4A3264 **试验室校验伺服放大器，当放大器输出产生振荡时，可通过调整（B）电位器来使其平衡。**

（A）量程；（B）调稳；（C）零位；（D）线性。

Je4A3265 **电接点水位计的电极在使用前必须测量其绝缘电阻，绝缘电阻的数值应大于（C）。**

（A）20MΩ；（B）50MΩ；（C）100MΩ；（D）150MΩ。

Je4A3266 **测量某段导线的电阻值时应选用（B）来进行测量。**

（A）直流单臂电桥；（B）直流双臂电桥；（C）万用表；（D）电阻箱。

Je4A3267　GZJY-3 **型转速表检定装置按无级调速方式升到某一值后，只要再按（B）键，装置便进入锁定状态，转速就会稳定在该值。**

（A）运行；（B）无级；（C）限速；（D）清除。

Je4A3268　差压流量计导压管路，阀门组成的系统中，当正压侧管路或阀门有漏泄时，仪表指示（B）。

（A）偏高；（B）偏低；（C）零；（D）上限值。

Je4A3269　汽轮机监视仪表一次传感器在汽轮机油循环开始前要完成（D）。

（A）正式安装；（B）正式安装调试；（C）系统调试；（D）试装。

Je4A3270　在汽轮机轴向位移保护系统中，轴向位移检测装置应设在（A），以排除转子膨胀的影响。

（A）尽量靠近推力轴承的地方；（B）推力轴承上；（C）转子上；（D）靠近转子的地方。

Je4A3271　汽轮机在启停和运转中，当转子轴向推力过大或油温过高时，油膜被破坏，推力瓦块乌金将被熔化，引起汽轮机动静部分摩擦，发生严重事故，因此，设置（A）装置。

（A）轴向位移测量保护；（B）相对膨胀测量保护；（C）绝对膨胀测量保护；（D）轴承温度高保护。

Je4A3272　镍铬–镍硅热电偶，参考端温度 t_n=25℃相对应的热电势为 1.000mV，测量端温度为 t 时，用直流电位差计测得热电势 E=32.277mV，则测量端温度相对应的热电势为（A）。

（A）33.277mV；（B）31.277mV；（C）32.249mV；（D）33.318mV。

Je4A3273 当 DBW 型温度变送器的“工作–检查”开关拨到“检查”位置时，其输出电流为（C），表示整机工作正常。

（A）0mA；（B）10mA；（C）4～6mA；（D）20mA。

Je4A3274 双杠杆结构力平衡压力变送器，当采用迁移弹簧进行零点迁移时，其输出特性（C）。

（A）斜率不变，量程范围改变；（B）斜率改变，量程范围不变；（C）斜率和量程范围都不变；（D）斜率和量程范围都改变。

Je4A4275 一台 DKJ 型电动调节门，在运行过程中突然远方操作不动，不可能出现的原因是（D）。

（A）失电；（B）有闭锁信号；（C）接触器不吸合；（D）电动机手动/电动开关切至手动位置。

Je4A4276 电厂中使用的 DDD–32B 型仪表用于测量炉水、发电机冷却水、凝结水、化学除盐水等的（B）。

（A）含盐量；（B）电导率；（C）硅酸根；（D）含氧量。

Je4A4277 DTL 型调节器正–反作用开关置“正”时，主输入信号增大，调节器的输出电流（B）。

（A）减小；（B）增大；（C）不变；（D）不确定。

Je3A3278 检定数字温度表时，要求供电电源的波动失真不超过（B）。

（A）3%；（B）5%；（C）8%；（D）10%。

Je3A3279 直插补偿式氧化锆氧量计，必须将测点选在（C）以上的地段。

（A）300℃；（B）450℃；（C）550℃；（D）800℃。

Je3A3280　在自动跟踪时，调节器的动态特性是（A）。

（A）比例作用；（B）比例积分作用；（C）比例积分微分作用；（D）积分作用。

Je3A3281　KMM 调节器在运行中，用户可根据需要通过（B）改变部分可变参数。

（A）KMM 编程器；（B）数据设定器；（C）面板按钮；（D）辅助开关。

Je3A3282　在热工自动调节系统中，通常选用的衰减率为（B）。

（A）0；（B）0.75～0.95；（C）1；（D）0.5。

Je3A3283　单元机组采用跟随控制时，汽轮机调节器的功率信号采用（C）信号，可使汽轮机调节阀的动作比较平稳。

（A）实发功率；（B）功率指令；（C）蒸汽压力；（D）蒸汽流量。

Je3A3284　调节阀的流量变化的饱和区，应在开度的（B）以上出现。

（A）80%；（B）85%；（C）90%；（D）70%。

Je3A3285　RMS–700 系列中的涡流传感器输出信号是（A）。

（A）电感；（B）电阻；（C）电压；（D）电流。

Je3A3286　当压力变送器的安装位置低于取样点的位置时，压力变送器的零点应进行（A）。

（A）正迁移；（B）负迁移；（C）不迁移；（D）不确定。

Je3A3287 火焰的（A）信号更能区分不同类型的火焰。

（A）频率；（B）强度；（C）亮度；（D）形状。

Je3A4288 在调节系统中适量加入（C）调节作用，可减小被调量的动态偏差，提高系统的稳定性。

（A）比例；（B）积分；（C）微分；（D）线性。

Je3A4289 调节系统中用临界比例带法整定参数的具体方法是（A）。

（A）将 T_i 置最大，T_D 置最小，δ_P 置较大；（B）将 T_i 置最小，T_D 置最大，δ_P 置较大；（C）将 T_i 置最小，T_D 置最小，δ_P 置较小；（D）将 T_i 置最小，T_D 置最小，δ_P 置较大。

Je3A4290 主蒸汽温度调节系统在 10%负荷阶跃扰动下，其汽温动态偏差应不超过（C）。

（A）±3℃；（B）±4℃；（C）±5℃；（D）±6℃。

Je3A4291 调节阀的漏流量一般应小于额定流量的（B）。

（A）20%；（B）15%；（C）10%；（D）5%。

Je3A4292 为了避免受“虚假水位”影响下调节器产生误动作，应在给水调节系统中引入（B）信号作为补偿信号。

（A）给水流量；（B）蒸汽流量；（C）炉膛热负荷；（D）汽包水位。

Je3A4293 RMS–700 系列中的 VBM010 监测放大器在与 PR6423 传感器配合测轴振动量时，线路应设置为（B）方式。

（A）测绝对振动量；（B）测相对振动量；（C）测振速；（D）测振幅。

Je3A4294　RMS–700 系列中的 VBM030 如不需报警信号控制外电路，只在监测放大器上指示出来，则“允许报警 1”和“允许报警 2”的设置方式为（D）。

（A）两者均为高电平；（B）前者为高电平、后者为低电平；（C）两者都接低电平；（D）前者为低电平、后者为高电平。

Je3A4295　RMS–700 系列转动机械监控装置中的 PR9376 传感器与（D）配合将转速转换成电脉冲。

（A）转子上的测量环；（B）推力盘；（C）转轴上的键槽；（D）六十齿触发齿轮。

Je3A4296　火焰监测器探头电路中的（C）放大器将光电元件输出信号进行放大。

（A）线性；（B）传输；（C）对数；（D）直流。

Je3A5297　如果采用经验法整定调节器参数，按（A）次序进行整定，比例带 δ 和积分时间 T_i 由大到小排列，微分时间 T_D 由小到大排列。

（A）先加比例，再加积分，最后加微分；（B）先加微分，再加积分，最后加比例；（C）先加积分，再加比例，最后加微分；（D）先加积分，再加微分，最后加比例。

Je3A5298　用函数信号发生器校验振动监视器时，要求其信号的频率和幅值范围分别为（A）。

（A）50～55Hz、0～1000mV；（B）0～30Hz、0～1000mV；（C）0～55Hz、0～1000mV；（D）0～30Hz、0～2000mV。

Je2A2299　计算机分散控制系统（DCS）输入电源电压的误差应在（C）范围内。

（A）±3%；（B）±5%；（C）±10%；（D）±15%。

Je2A3300 在基地式调节仪的调校过程中，比例带在大、中、小三点上的调节静差不得超过（**A**）。

（A）允许基本误差；（B）允许基本误差绝对值的 1/2；（C）允许基本误差的绝对值；（D）允许基本误差的 1/2。

Je2A3301 气动基地式调节仪表的示值回程误差不应超过仪表（**C**）。

（A）允许基本误差的一半；（B）允许基本误差的绝对值；（C）允许基本误差；（D）允许基本误差绝对值的一半。

Je2A3302 计算机监视系统应有稳定、可靠的接地，在制造厂无特殊要求时，接地电阻一般不大于（**B**）。

（A）10Ω；（B）2Ω；（C）5Ω；（D）1Ω。

Je2A3303 DCS 主机和外设的机柜一般与基础绝缘，对地绝缘电阻应大于（**B**）。

（A）20MΩ；（B）50MΩ；（C）30MΩ；（D）10MΩ。

Je2A3304 电—液旁路控制系统能在（**B**）s 内全行程开启或关闭旁路阀。

（A）1；（B）2；（C）5；（D）10。

Je2A3305 模拟多路开关导通时存在导通电阻，一般其导通电阻不应大于（**A**）。

（A）几百欧；（B）几欧；（C）几十欧；（D）零点几欧。

Je2A3306 用万用表测得 NPN 型晶体三极管各电极对地的电位是 U_B=4.7V、U_C=4.3V、U_E=4V，则该晶体三极管的工作状态是（**A**）。

（A）饱和状态；（B）截止状态；（C）放大状态；（D）击

穿状态。

Je2A3307 **对炉膛火焰监视系统来说，当摄像机内温度超过（A）时，电气传动装置将摄像机自动退出。**

（A）40℃；（B）50℃；（C）30℃；（D）25℃。

Je2A3308 **连接执行机构与调节机构的连杆长度应可调且不宜大于（D）。**

（A）2m；（B）3m；（C）4m；（D）5m。

Je2A4309 **DEH 中的数字控制器接受汽轮机的转速，发电机的功率、调节级压力三个反馈信号，输出（A）。**

（A）各阀门的位置给定值信号；（B）阀门开度信号；（C）油动机控制信号；（D）各阀门的控制信号。

Je2A4310 **自动调节系统手动/自动切换试验时，扰动量应小于（A）阀位量程。**

（A）±1%；（B）±2%；（C）±3%；（D）±4%。

Je2A4311 **自动调节系统手动操作时的输出保持特性检查：环境温度为 50℃时，2h 内不应大于（B）。**

（A）±1%；（B）±2%；（C）±3%；（D）±4%。

Je2A5312 **蒸汽的流束膨胀系数（D）。**

（A）大于 1；（B）大于或等于 1；（C）等于 1；（D）小于 1。

Je1A4313 **集散控制系统中信息传输以存储转发方式进行的网络拓扑结构，属于（C）结构。**

（A）星形；（B）树形；（C）环形；（D）总线形。

Je1A5314 节流件开孔应与管道同心，其同心度不得超过（**A**）。

（A）0.015D（$1/\beta-1$）；（B）0.015D/β；（C）0.015D；（D）0.015d。

Je1A5315 $q_m=4\times10^{-3}\alpha\beta D^2\sqrt{D\Delta p}$ 是流体流过节流件所产生的差压与流量的关系式，其中Δp 指的是（**A**）。

（A）节流装置前后的差压；（B）流量系数；（C）介质密度；（D）流束膨胀系数。

Je1A5316 数据采集系统的综合误差抽检宜每（**B**）进行一次。

（A）3 个月；（B）6 个月；（C）12 个月；（D）24 个月。

Jf5A2317 砂轮机砂轮片的有效半径磨损至原有半径的（**B**）就必须更换。

（A）1/2；（B）1/3；（C）2/3；（D）1/4。

Jf5A3318 扑灭电石火灾时可以用（**D**）灭火。

（A）水；（B）水加干砂；（C）泡沫灭火器；（D）干粉灭火器。

Jf3A3319 施工过程中的工序检验以（**B**）。

（A）专业人员的检验为主；（B）工人自检、互检为主；（C）工地（车间）领导人检验为主；（D）建设单位检验为主。

Lb5A3320 **YTK** 系列压力控制器系借助弹性元件的作用以驱使（**C**）工作的压力控制仪表。

（A）终端开关；（B）继电器；（C）微动开关；（D）转换开关。

Lb5A3321 电磁阀在安装前应进行校验检查，铁芯应无卡涩现象，线圈与阀间的（**D**）应合格。

（A）间隙；（B）固定；（C）位置；（D）绝缘电阻。

4.1.2 判断题

判断下列描述是否正确。对的在括号内打“√”，错的在括号内打“×”。

La5B1001 电动势的单位是伏特。（√）

La5B2002 电位就是对参考点的电压。（√）

La5B2003 晶体三极管有PNP型和NPN型，前者的图形符号是，后者的图形符号是。（×）

La5B2004 一个简单的机械零件，制图时可以用一个视图表示。（√）

La5B2005 半导体二极管的伏安特性曲线是一条直线。（×）

La5B2006 温度测量的单位符号为“K”。（×）

La5B2007 允许误差就是基本误差。（×）

La5B2008 凡是有温度差存在的地方，必然有热量的传递。（√）

La5B2009 弹性压力表是根据弹性元件的变形与其所承受的压力成一定比例关系来测量压力的。（√）

La5B3010 热能转换为机械能的唯一途径是工质体积的膨胀。（√）

La5B3011 水的三相点温度是0℃±0.01℃。（×）

La5B3012 在弹簧管式压力表中，游丝的作用是为了减小回程误差。（√）

La5B3013 双金属温度计是利用两种热膨胀率相同的金属结合在一起制成的温度检测元件，是用来测量温度的仪表。（×）

La5B3014 工业热电阻的结构一般由感温元件、内引线、保护管和接线盒组成。（√）

La5B3015 1mmH_2O是指温度为0.01℃时的纯水，在标准重力加速度下，1mmH_2O所产生的压力。（×）

La5B2016 省煤器是利用锅炉尾部烟气的热量来加热空气的受热面。（×）

La5B2017 在机械制图中，如比例为 1:2 时，图样比实物缩小一半。（√）

La5B3018 电压的方向规定为由低电位指向高电位。（×）

La5B3019 PN 结的单向导电性是指它的正向电阻很大，反向电阻很小。（×）

La5B3020 共射极放大器的输出信号与输入信号反相。（√）

La5B3021 射极输出器是共射极电路。（×）

La5B3022 单相桥式整流电路属于单相全波整流。（√）

La5B3023 频率单位 Hz 是国际单位制中具有专门名称的导出单位。（√）

La5B3024 热力学温度与摄氏温度就分度值来说，是没有本质的区别，即 1℃=1K。（√）

La5B3025 对压敏电阻而言，所加的电压越高，电阻值就越大。（×）

La5B3026 利用热电偶测温时，要求冷端温度恒定，否则测量结果误差大。（√）

La5B3027 热电偶热电势的大小与热电极材料，以及两接点处的温度有关。（√）

La5B3028 在热电偶回路中接入中间导线，只要中间导线两端温度相同则对热电偶回路的总热电势没有影响。（√）

La5B3029 在机械制图中，工件的可见轮廓线是用粗实线，不可见轮廓线是用虚线，尺寸线和剖面线是用细实线，工件中心线用点画线表示。（√）

La5B3030 图纸上标注制件加工尺寸为 $\phi 50^{+0.1}_{-0.2}$，这说明加工件上限允许偏差为 0.1mm，下限允许偏差为 0.2mm。（√）

La5B4031 共射极电路不但能得到电压放大，而且还可以得到电流放大。（√）

La5B4032 稳压管只有当稳压电路两端的电压大于稳压

管的击穿电压时，才有稳压作用。（√）

La5B5033 当电路处于通路时，外电路负载上的电压等于电源的电动势。（×）

La4B1034 热工控制图纸中安装接线图是用来指导安装接线的施工图。（√）

La4B2035 为了增大放大器的输入阻抗，运算放大器通常采用同相输入电路。（√）

La4B2036 放大器具有正反馈特性时，电路必然产生自激振荡。（×）

La4B2037 电路中3个或3个以上的支路连接的点称为节点。（√）

La4B2038 差动式放大器的功能就是放大两个输出信号之差，理想的差动放大器为线性放大器。（×）

La4B3039 运算放大器实质上是一种具有深度负反馈、高增益的多级直流放大器。（√）

La4B4040 差动放大器有四种接法，放大器的差模放大倍数只取决于输出端的接法，而与输入端的接法无关。（√）

La4B4041 在具有选频回路的正弦波振荡中，即使正反馈极强，也只能产生单一频率的振荡。（×）

La3B1042 磁体上的两个极，一个叫 N 极，另一个叫 S 极，若把磁体截成两段，则一段为N极，另一段为S级。（×）

La3B1043 变压器可以改变各种电源的电压。（×）

La3B2044 变压器输出电压的大小取决于输入电压的大小和一、二次绕组的匝数比。（√）

La3B2045 所谓二进制数就是以 2 为基数的计数体制。（√）

La3B2046 一个逻辑门的逻辑函数式为 $L=A+B+C$，则该逻辑门是一个与门。（×）

La3B2047 逻辑代数中有三种最基本的函数运算关系，它们是与运算、或运算、非运算。（√）

La3B2048 有电感元件的交流电路中，在相位上电流比电压滞后 90°。（√）

La3B3049 一般三相交流发电机的三个绕组中的电动势，达到最大值的时间依次差 1/3 周期。（√）

La3B3050 磁感应强度是表示磁场内某点的磁场强弱和方向的物理量。（√）

La3B3051 通电线圈在磁场中的受力方向，可以用左手定则判别，也可以用楞次定律判别。（×）

La3B3052 在变压器的绕组中，与电源相连的称为一次绕组，或称高压绕组；与负载相连的绕组称为二次绕组，或称低压绕组。（×）

La3B3053 一只降压变压器只要将一、二次绕组对调就可作为升压变压器使用。（×）

La3B3054 一只 220V/110V 的变压器，可用来把 440V 的交流电压降到 220V。（×）

La3B3055 一个三位的二进制数可以用 000～111 表示，即 8 个状态。（√）

La3B3056 在数字电路中，高电平和低电平指的是一定的电压范围，并不是一个固定不变的数值。（√）

La3B3057 “非”门通常是多个输入端，一个输出端。（×）

La3B3058 二极管的开关特性表现在正向导通与反向截止这样两种不同状态之间的转换过程。（√）

La3B4059 线圈中的磁感应强度越大，产生的感应电动势也越大。（×）

La2B1060 D/A 转换器的功能就是完成模拟量信号到数字量信号的转换。（×）

La2B1061 工业控制计算机可对生产过程进行事故预报、处理及控制各种设备的自动启停等。（√）

La2B2062 A/D 转换器的功能是将连续变化的模拟量转换成与其成比例断续变化的数字量。（√）

La2B2063 计算机在工作中突然电源中断，则计算机中RAM的信息全部丢失，再次通电也不能恢复。（√）

La2B2064 存储器ROM是可刷新的存储器。（×）

La2B2065 在计算机中，存储器分可刷新存储器和不可刷新存储器两种。（√）

La2B3066 触发器是时序逻辑电路的基本单元，它能够存储8位二进制码，即具有记忆能力。（×）

La2B3067 计算机的硬件主要包括存储器、控制器、运算器及输入/输出设备等。（√）

La2B3068 地址总线是双向总线。（×）

La2B4069 触发器的逻辑特性与门电路一样，输出状态仅取决于触发器的即时输入情况。（×）

La2B4070 EPROM上的信息可以长期保存，但不可以擦去原有信息进行重写。（×）

La1B1071 视图中的尺寸标注必须注明单位名称。（×）

La1B2072 欧姆定律可以适用于交流电的最大值或有效值。（√）

La1B2073 放大器的输出电阻越小，负载能力越强。（√）

La1B3074 二极管加反向电压时，反向电流很小，所以晶体管的集电结加反向电压时，集电极电流必然很小。（×）

La1B3075 在同一电源电压下，三相对称负载作三角形或星形连接时，其总功率的数值相等。（×）

La1B4076 带有放大环节的稳压电源，其放大环节的放大倍数越大，输出电压越稳定。（√）

La1B4077 普通螺纹的大径为公称直径，锥螺纹的大径为管子的外径。（√）

La1B5078 在相同温度范围内，热效率最高的是卡诺循环。（√）

La1B5079 “双端输入一双端输出”差动直流放大器的放大倍数是单管放大倍数的2倍。（×）

Lb5B2080 压力表所测压力的最大值一般不超过仪表测量上限的2/3。（√）

Lb5B2081 热电阻校验项目可选纯度校验和分度校验中的一项进行。（√）

Lb5B2082 低压活塞式压力计的工作油应用变压器油，而高压活塞式压力计则应用蓖麻油。（√）

Lb5B2083 成套供货的变送器和显示仪表，应按制造厂编号配套进行校验。（√）

Lb5B3084 镍铬–镍硅热电偶的分度号是K，它的正极是镍铬，负极是镍硅。（√）

Lb5B3085 管道中滤网的堵塞反映在滤网前后压差增大，因此可以直接使用压差开关测量滤网前后的压差。（√）

Lb5B3086 在读取液柱式压力计的液柱高度时，一般应按照液柱弯月面顶点位置所对应的标尺读取数据。（√）

Lb5B3087 活塞式压力计可作为标准仪器使用。（√）

Lb5B3088 检定工业热电阻的标准仪器是二等标准铂电阻温度计。（√）

Lb5B3089 准确度2.5级、量程为0～2.5MPa的压力表，其允许误差是±0.0625MPa。（√）

Lb5B3090 热工仪表及控制装置校验后，应做好检验记录。如对内部电路、机械部件或刻度等作了修改，应在记录中说明。（√）

Lb5B3091 线路调整电阻必须用锰铜丝双绕制作。（√）

Lb5B3092 补偿导线对热电偶回路的热电势无影响，只起延长热电极的作用。（√）

Lb5B3093 热电偶、补偿导线、冷端补偿装置的分度号都应与配套的温度显示仪表相符。（√）

Lb5B3094 熔断器在电路中的作用是短路保护和过载保护。（√）

Lb5B4095 检定配热电阻数字温度表时，三根连接导线的

电阻之差应不超过被检表允许误差的1/10。(√)

Lb5B4096 热电阻与显示仪表的连接，一般采用三线制连接法，主要是为了减少线路电阻随环境温度变化带来的测量误差。(√)

Lb5B4097 使用补偿导线时，切勿将其极性接反，否则会使冷端产生的误差为不使用补偿导线的两倍。(√)

Lb4B1098 汽轮机监视仪表一次传感器的安装必须在汽轮机冷态下进行。(√)

Lb4B1099 电气原理图中所示的继电器接点的状态为该线圈通电时的状态。(×)

Lb4B2100 汽轮机凝汽器真空低保护是汽轮机重要保护项目之一。(√)

Lb4B2101 电子电位差计是根据电压平衡原理进行工作的。(√)

Lb4B2102 电接点水位计是利用汽、水介质的电阻率相差极大的性质来测量水位的。(√)

Lb4B2103 电接点水位计是利用水的导电性进行测量的。(×)

Lb4B2104 锅炉稳定运行时，给水执行器允许平缓动作。(√)

Lb4B2105 DKJ型电动执行器由磁放大器和执行机构两部分组成。(×)

Lb4B2106 热工信号系统一般只需具有灯光和音响报警功能。(×)

Lb4B2107 省煤器是利用锅炉尾部烟气的热量来加热空气的受热面。(×)

Lb4B2108 在烟、风、煤粉管道上安装取压部件时，取压部件的端部应无毛刺，且应超出管道内壁。(×)

Lb4B2109 用比较法检定热电偶，根据标准热电偶与被校热电偶的连接方式不同，分为双极法、同名法和微差法三

种。（√）

Lb4B2110 机组出现危险工况时自动保护拒动作，必然会导致严重的设备或人身事故。（√）

Lb4B2111 汽轮机监视传感器、轴承温度元件及推力瓦温度元件安装时，所用工器具应有防脱落措施，并应穿专用工作服。（√）

Lb4B2112 锅炉停止运行后，必须首先进行炉膛清扫，然后才能解除锅炉跳闸信息并重新点火。（√）

Lb4B2113 火电厂中，采用蒸汽中间再热、给水回热和供热循环都能提高电厂的热效率。（√）

Lb4B2114 目前单元机组一般倾向于低负荷时采用定压运行，中等负荷时采用滑压运行。（√）

Lb4B2115 汽轮机的功率主要取决于进汽参数和蒸汽流量。（√）

Lb4B3116 电子电位差计放大器的作用是将来自测量线路的不平衡电压进行放大，以便驱动可逆电动机转动。（√）

Lb4B3117 只要压力变送器的位置检测放大器增益足够大，且负反馈又足够深，就能保证测量的精度。（×）

Lb4B3118 差压式流量计是利用节流件前后静压差与流量的对应关系间接测出流体流量的。（√）

Lb4B3119 开方器一般由电流/电压转换器、间歇振荡器、乘法器及小信号切除电路组成。（√）

Lb4B3120 比例调节器调节过程结束后被调量必然有稳态误差，故比例调节器也叫有差调节器。（√）

Lb4B3121 电容式压力（差压）变送器测量部分所感受压力与高、低压侧极板与测量膜片之间的电容之差成正比。（×）

Lb4B3122 电动执行器输出信号为 0～10mA 去驱动调节机构。（×）

Lb4B3123 电磁阀是用电磁铁来推动阀门的开启与关闭动作的电动执行器。（√）

Lb4B3124 热工信号系统为了区分报警性质和严重程度，常采用不同的灯光和音响加以区别。（√）

Lb4B3125 锅炉安全门是锅炉主蒸汽压力高保护的重要装置。（√）

Lb4B3126 按保护作用的程度，热工保护可分为停机保护、改变机组运行方式保护和进行局部操作的保护。（√）

Lb4B3127 蒸汽管道的监察管段是专门用来装设取源部件的管段。（×）

Lb4B3128 运行中凝汽器的真空是通过抽气器的抽气作用形成的。（×）

Lb4B3129 热工保护装置应按系统进行分项和整套联动试验，且动作应正确、可靠。（√）

Lb4B3130 压力保护装置启动前，导压管路及其一、二次阀门应随主系统进行压力（真空）试验，确保管路畅通、无泄漏。（√）

Lb4B3131 气动执行机构现场调整前，应先检查压缩空气是否干燥、洁净。（√）

Lb4B3132 执行机构的全关至全开行程，一定是调节机构的全关至全开行程。（√）

Lb4B3133 电动执行器、气动执行器、气动薄膜调节阀应进行全行程时间试验。（√）

Lb4B3134 汽轮机的自动保护项目通常包括超速、甩负荷、凝汽器真空低、轴承油压过低和轴向位移过大。（√）

Lb4B3135 测量轴承座振动量的传感器是涡流式传感器。（×）

Lb4B3136 规定汽轮机必须维持额定转速运行，一般不允许超过额定转速的110%～112%，最大不得超过115%。（√）

Lb4B3137 测量水和蒸汽压力的水平引压管应朝工艺管道方向倾斜。（×）

Lb4B3138 蒸汽在饱和区内继续定压加热，蒸汽的温度不会继续上升。（√）

Lb4B3139 对汽轮机保护来说，首先要考虑的是防止汽轮机出现低真空。（×）

Lb4B3140 对于高压以上锅炉一般规定汽温被动范围应在±5℃之内。（√）

Lb4B4141 电子自动平衡显示仪都是利用电压平衡法，即利用一个已知量与被测量比较，当二者达到平衡状态时，由已知量确定未知量。（√）

Lb4B3142 自动平衡式显示仪表中的可逆电动机可以向正反两个方向旋转，其转向取决于放大器输出的控制电压的极性。（√）

Lb4B3143 测量轴承振动的探头采用涡流效应原理工作。（×）

Lb4B4144 当汽轮机主汽门关闭，或发电机油开关跳闸时，抽汽止回门自动关闭，同时打开凝结水再循环门。（√）

Lb3B2145 由调节作用来改变并抑制被调量变化的物理量称为调节量。（√）

Lb3B2146 炉膛压力开关和继电器的整定和校验，应包括动作值、返回值和时间值的整定和校验。（√）

Lb3B2147 BMS 系统可直接参与燃料量和风量调节。（√）

Lb3B3148 智能变送器的量程修改可通过对存储器内的上限和下限直接进行修改，不需要机械的调整。（√）

Lb3B3149 电解质溶液的导电性能与溶液中各种离子的浓度有关，这一电化学现象是电导仪的工作原理基础。（√）

Lb3B3150 烟气中含氧量越高，氧化锆传感器输出的氧浓度差电压越大。（×）

Lb3B3151 使用氧化锆氧量计，当烟气温度升高时，如不采取补偿措施，则所得测量结果将小于实际含氧量。（√）

Lb3B3152 氢气分析器的测量原理基于氢气的导热系数

远远小于其他气体的特性。（×）

Lb3B3153 轴承振动传感器输出电势的幅值与振幅成正比。（×）

Lb3B3154 电导率的大小只能大约表示水中的总盐量。（√）

Lb3B3155 调节系统的快速性指调节系统过渡过程持续时间的长短。（√）

Lb3B3156 调节对象是调节系统中的一个环节，影响调节对象输出信号的因素不是单一的。（√）

Lb3B3157 自动调节系统方框图表示了组成调节系统的各环节之间的相互联系及信号的传递方向。（√）

Lb3B3158 所谓给水全程调节系统是指在机组启停过程和正常运行的全过程都能实现自动调节的给水调节系统。（√）

Lb3B3159 系统的静态偏差与比例增益成反比，增益越大，系统静态偏差越小，调节精度越高。（√）

Lb3B3160 实际的 PD 调节器不能消除被调量的稳态偏差，是一种有差调节器。（√）

Lb3B3161 衰减率ψ=1，调节过程为不振荡的过程。（√）

Lb3B3162 串级汽温调节系统中副回路和副调节器的任务是快速消除外扰。（×）

Lb3B3163 时间程序控制器是按照预先内部设定的时间，有顺序地进行控制工作的。（√）

Lb3B3164 汽轮机的润滑油压低不仅要发生烧瓦事故，还会影响调速系统正常工作。（×）

Lb3B3165 当锅炉故障引起 MFT 时，大连锁动作，先跳汽轮机再跳发电机。（√）

Lb3B3166 采用中间再热循环不但可以提高循环热效率，而且可以提高汽轮机乏汽的干度。（√）

Lb3B4167 氧化锆传感器输出电压与烟气中含氧量呈对数关系。（√）

Lb3B4168 具有深度负反馈的调节系统，其输出量与输入量之间的关系，仅由反馈环节的特性决定，而与正向环节的特性无关。（√）

Lb3B4169 所谓串模干扰是指测量元件端的地线和测量仪表地线之间一定的电位差所造成的干扰。（×）

Lb2B1170 分散控制系统的主要功能包括 4 个部分：控制功能、监视功能、管理功能和通信功能。（√）

Lb2B2171 孔板入口边缘不尖锐，会造成流量指示偏低。（√）

Lb2B3172 PLC 的编程器只能用于对程序进行写入、读出、检验、修改。（×）

Lb2B3173 PLC 可编程序控制器所用梯形图的设计原则中规定“线圈”可以画在行的任何位置。（×）

Lb2B3174 在采用有加热套的平衡容器测量汽包水位时，在汽包零水位附近测量才有较好的补偿效果。（√）

Lb2B4175 采用压力补偿式平衡容器测量汽包水位时，平衡容器的补偿作用将对全量程范围都进行补偿，从而使误差大大减小。（×）

Lb2B4176 一份作业指导书应包括以下主要内容：编制依据、技术措施、安全措施、质量控制点、施工工序图及相关人员的评语签字等。（√）

Lb21B4177 为了使孔板流量计的流量系数 α 趋向定值，流体的雷诺数 Re 应大于界限雷诺数值。（√）

Lb21B4178 有一精度等级为 0.5 的测温仪表，测量范围为 400～600℃，该表的允许基本误差为 1℃。（×）

Lb21B5179 电阻应变片式称重传感器的输出电阻一般大于输入电阻。（×）

Lb21B5180 在汽温控制系统中，测温热电偶可以看做一个惯性环节。（√）

Lb1B3181 分布式数据检测系统的前级对传感器输出的

电信号进行采集，然后送后级进行数据处理。(×)

Lc5B1182 临时进入现场可以不戴安全帽。(×)

Lc5B1183 在台虎钳上锉、削、锤、凿时，用力应指向台钳座。(√)

Lc5B2184 仪表盘、台、柜上装有仪表时，不得再进行使盘、台、柜产生剧烈震动的工作。(√)

Lc5B2185 为防火、防尘，盘底孔洞必须用水泥耐火材料严密封闭。(×)

Lc5B2186 产品质量是指产品的可靠性。(×)

Lc5B2187 进行焊接、切割与热处理工作时，应有防止触电、爆炸和防止金属飞溅引起火灾的措施，并应防止灼伤。(√)

Lc5B3188 热工仪表的质量好坏通常用准确度、灵敏度、时滞等三项主要指标评定。(√)

Lc5B4189 盘上安装的电气设备，绝缘应良好。带电部分与接地金属之间的距离不得小于 50mm。(×)

Lc4B2190 工作票必须由分场主任、副主任或由分场主任指定的人员签发，其他人员签发的工作票无效。(×)

Lc4B2191 一个班组在同一个设备系统依次进行同类型设备的检修工作，如全部安全措施不能在工作前一次完成，应分别办理工作票。(√)

Lc4B3192 单元控制室或集中控制室，严禁引入以蒸汽、水、油及氢气为介质的导压管路。(√)

Lc3B2193 全面质量管理的一个重要观点是通过提高工作质量来保证产品质量。(√)

Lc3B4194 质量手册里描述的是一些原则，实际工作中可参照执行。(×)

Lc2B3195 设备运动的全过程指设备的物质运动形态。(×)

Lc2B3196 在电动门就地控制盘带电工作需填写电气第

二种工作票。（√）

Lc2B3197 如工作需要变更工作负责人，应经原工作负责人通过，工作许可人同意，并在工作票填写新的工作负责人姓名，两位负责人做好交代工作。（×）

Lc2B3198 为了和国际接轨，采用GB/T–19000系列标准取代了全面质量管理标准。（×）

Lc2B4199 GB/T–19000系列标准中的质量体系要求可取代规定的技术要求。（×）

Lc2B4200 设备技术寿命是指设备从全新状态投入生产后，由于新技术的出现使原有设备丧失使用价值而被淘汰所经历的时间。（√）

Lc1B3201 现场管理就是开展QC小组活动。（×）

Jd5B2202 校验用的标准仪器、仪表都应具备有效的检定合格证书，封印应完整，不得任意拆修。（√）

Jd5B3203 检定配热电阻的动圈仪表的标准器具是直流电阻箱。（√）

Jd5B3204 在压力校验台上校压力表，加压时应以标准表校验点为准，然后读取被校表读数进行比较。（×）

Jd5B3205 试验室单体校验，被校验仪表及控制装置电气回路接好后，即可通电进行校验。（×）

Jd4B2206 新敷设的补偿线一般不需要校验。（×）

Jd4B2207 一块仪表的电源线和信号线应合用一根电缆。（×）

Jd2B3208 将高级程序设计语言编写的源程序按动态的运行顺序逐句进行翻译并执行的程序，称为编译程序。（×）

Jd21B1209 零件的真实大小应以图上标注尺寸为依据，与图形比例及绘图的准确度无关。（√）

Jd21B2210 硬度高的材料耐磨性能也好。（√）

Jd21B3211 外螺纹的规定画法中，螺纹外径用细实线画出。（×）

Jd21B4212 由于兆欧表内部装有手摇发电机，故进行绝缘电阻测试时，被测设备仍可带电，不必切断电源。(×)

Jd21B4213 每个端子接线最多接入3根导线。(×)

Je5B2214 压力测量在一般情况下，通入仪表的压力为绝对压力，而压力表显示的压力为表压力。(√)

Je5B2215 保护用的开关量信号可与热工信号系统共用。(×)

Je5B2216 开关量信号即电气开关元件的通、断信号。(×)

Je5B2217 仪表的校验点应在全刻度范围内均匀选取。(√)

Je5B3218 为加大U形管压力计的量程，可采用密度较大的工作液体。(√)

Je5B3219 具有热电偶冷端温度自动补偿功能的显示仪表，当输入信号短接时，指示值为0℃。(×)

Je5B3220 目前弹簧管式精密压力表及真空表的准确度等级分为0.25、0.4级和0.5级三种。(√)

Je5B3221 校验数字温度表时，调电气零位，仪表显示零，则说明该表的电气零位已准。(×)

Je5B3222 检定弹簧管压力表时，当示值达到测量上限后，应耐压3min，弹簧管重新焊接过的压力表应耐压10min。(√)

Je5B3223 热电阻的纯度校验是热电阻在0℃和100℃温度时，测量其电阻 R_0 和 R_{100}，求 R_{100}/R_0 比值看是否符合规定。(√)

Je5B3224 压力控制器应垂直安装在振动较小的地方，并力求与取样点保持在同一水平位置。(√)

Je5B3225 热电偶的补偿导线有分度号和极性之分。(√)

Je5B3226 压力开关在解体检修合格后，不需做耐压试验。(×)

Je5B3227 测气体压力的取压装置的结构都相同。（×）

Je5B3228 弹簧管压力表出现线性误差时，应调整拉杆的活动螺丝。（√）

Je5B4229 仪表的外接电阻值应符合仪表的规定值。线路电阻值的误差，热电偶应不超过±0.2Ω，热电阻应不超过±0.1Ω。（√）

Je5B4230 热电偶补偿导线与热电偶补偿器，在测温中所起的作用是一样的，都是对热电偶冷端温度进行补偿。（×）

Je5B4231 差压计的启动程序是，先开平衡门，再开正压侧门，最后打开负压侧门。程序完后差压计就会有指示值。（×）

Je5B4232 温度切换开关是使用在多点温度测量回路中的，通过它分别将各回路的热电阻或热电偶温度计切换到测量仪表。（√）

Je5B5233 检定工业热电阻时，对于本身不具备条件的电测设备和标准电阻的工作环境温度应为 20℃±2℃，若室温达不到规定值，则应修正电测设备的示值，标准电阻应采用证书上给出的实际电阻值。（√）

Je4B2234 差压变送器的停止程序是先关平衡门，再关正压侧门，最后关负压侧门。（×）

Je4B2235 双波纹管差压计主要用于节流装置配合测量流体流量等。（√）

Je4B2236 热工信号装置的重复声响功能指的是参数每次越限时都能重复发出声响报警信号。（×）

Je4B2237 保护用的开关量信号可与热工信号系统共用。（×）

Je4B2238 测量差压变送器输出回路绝缘电阻时，应先解列二次仪表。（√）

Je4B2239 热电偶校验时管式检定炉温度变化量每分钟不得超过 2℃。（×）

Je4B2240 热工信号的信号线路对地的绝缘电阻，用 250V

兆欧表测量，应大于 20MΩ。（×）

Je4B2241 仪表接地线应接在电源零线上，或者和电气接地合用。（×）

Je4B2242 信号电缆、控制电缆屏蔽层可就近接地。（×）

Je4B3243 执行器电动机送电前，用 500V 兆欧表进行绝缘检查，绝缘电阻应不小于 0.5MΩ。（√）

Je4B3244 UJ33a 型电位差计使用前只需要调整检流计的机械零位和工作电流。（×）

Je4B3245 在使用单臂电桥测电阻时，只需要按下按键“G”，然后调整测量桥臂上的电阻，使检流指零。（×）

Je4B3246 开方器输入信号的小信号切除范围是 0.2～0.5mA。（×）

Je4B3247 二通电磁阀只能用来切断管道中介质的流通，而多通电磁阀可以用来改变管道中介质流动的方向，以控制气动执行机构的工作。（√）

Je4B3248 在安全门保护回路中，为保证动作可靠，一般采用两个压力开关的动合触点串联接法。（×）

Je4B3249 锅炉安全门开启信号作为高水位保护的闭锁信号。（√）

Je4B3250 电动执行器就地手动操作，不许在自动工况下进行，可在伺服电动机通电时进行。（×）

Je4B3251 本特利 7200 系列（或 RMS–700 系列）汽轮机监控装置中位移量测量系统采用涡流式传感器。（√）

Je4B3252 汽水分析仪表的取样装置、阀门和连接管路应根据被测介质的参数，采用不锈钢或塑料等耐腐蚀的材料制造。（√）

Je4B3253 在水平或倾斜管道上测量气体压力时，取压测点应选择在管道的侧面。（×）

Je4B3254 汽轮机轴承润滑油压力低连锁保护压力开关的取样，一般在润滑油泵的出口处。（×）

Je4B3255 轴承润滑油压力控制器应垂直安装在振动较小的地方，并应与取压点保持在同一水平位置。（×）

Je4B3256 用微差压法校验热电偶，将标准和被校热电偶正向串接后（必须同型号）放入炉内加热，直接测取热电势差值。（×）

Je4B3257 1151 型压力变送器调整量程时会影响零位，因此，应先调量程后调零位。（×）

Je4B3258 检定工业用热电阻元件时，插入介质中的深度应不少于 300mm，通过的电流不应大于 1mA。（√）

Je4B3259 作离心式转速表示值检定时，应将被检表升速到检定点刻度上，读取标准转速装置的转速值。（√）

Je4B3260 检定电子计数式转速表应在其测量范围内按1、2、5 序列选择 8 个检定点。（√）

Je4B3261 检定电子频闪数字显示转速表时，在被检表每一量限内的检定点不应少于 3 个，且均匀分布，选定的检定点应包括量限的上限值和下限值。（√）

Je4B3262 胀差也有正负之分，原则上规定转子比汽缸相对伸长为“+”，缩短为“−”。（√）

Je4B3263 汽轮机转子轴向位移方向规定为：朝向发电机的为“+”，背向发电机的为“−”。（√）

Je4B3264 检定工业热电阻的标准器是二等标准铂电阻温度计，检定铜热电阻可采用二等标准水银温度计。（√）

Je4B3265 由导压管路、阀门组成的差压流量计系统中，当正压侧管路或阀门有泄漏时，仪表指示一般偏高。（×）

Je4B3266 当汽轮机轴承润滑油压低到 I 值（异常值）时，应自动启动交流油泵；若轴承润滑油压继续降到 II 值（危险值），应启动直流油泵并停交流油泵。（√）

Je4B3267 校验 0.25 级 1151 型差压变送器，其输出电流应用 UJ33a 型 0.05 级电位差计和 0.001 级 10Ω标准电阻进行测量。（√）

Je4B3268 在DKJ型电动执行器通电调试中，电动机只有嗡嗡声而不转动，其原因是制动器弹簧太紧，把制动盘刹牢所致。（√）

Je4B4269 利用闭锁条件，可使报警信号在热工参数未达到规定值之前被闭锁不能发出，或在正常工作条件未达到之前被闭锁不能发出。（√）

Je4B4270 当热偶冷端和补偿器极性接错时，仪表指示会偏大。（×）

Je4B4271 校验数字式温度表，在调零位电位器时，应使数码管在0～1之间闪动。（√）

Je4B4272 差压变送器转换部分的电磁反馈机构的作用是将输出电流变成反馈力，作用于副杠杆上，产生反馈力矩，以便与测量部分产生的输入力矩相平衡。（√）

Je3B2273 测量酸、碱的仪表和设备可以安装在酸、碱室内，其他仪表不得安装在酸、碱室内。（×）

Je3B2274 通过燃料燃烧时发出的可见光来检测火焰的装置，是根据火焰的亮度来判断不同火焰的。（×）

Je3B2275 BMS出现误动或拒动，很多情况下是由现场设备故障引起的。（√）

Je3B3276 只有比例作用的调节器是不能完成自动调节任务的。（×）

Je3B3277 执行机构的全开到全关，一定是调节机构的全开到全关。（√）

Je3B3278 积分时间的整定，应根据调节对象的迟延时间来进行。（×）

Je3B3279 为了实现无扰动切换，在手动工况时，调节器的输入信号自动跟踪电动执行器输出轴转角0～90°信号。（×）

Je3B3280 汽轮机监视仪表的一次传感器安装调试完毕后，用锁紧螺丝固定牢固即可。（×）

Je3B3281 轴向位移保护动作值与整定值之差，应不大于

±0.1mm。（√）

Je3B3282 使用平衡容器测量水位时，汽包压力变化使饱和水与饱和水蒸气的重度改变，是产生误差的主要原因。（√）

Je3B4283 实际的 PI 调节器开环增益为有限值，输出不可能无限增加，积分作用呈饱和状态，调节系统存在静态偏差。（√）

Je3B4284 对于某些迟延和惯性较大的对象，为了提高调节质量，一般需要在调节器中加入积分作用。（×）

Je3B4285 对于定值调节系统，其稳定过程的质量指标一般是以静态偏差来衡量的。（√）

Je3B4286 在锅炉火嘴燃烧稳定时，可调整火焰检测探头，使其达到最佳探视角度。（√）

Je3B5287 积分调节过程容易发生振荡的根本原因是积分调节作用产生过调。积分 T_i 越小，积分作用越强，越容易产生振荡。（√）

Je2B1288 锅炉主要设备、重要阀门、热控电源等都应设有备用保安电源。（√）

Je2B2289 热工保护连锁信号投入前，应先进行信号状态检测，确定对机组无影响时方可投入。（√）

Je2B2290 在机组运行过程中，热工连锁保护信号的投入必须经过运行值长的同意后，方可进行。（√）

Je2B2291 为了使保护系统的检测信息可靠性最高，通常的做法是“三中取二”。（√）

Je2B3292 可编程序控制器编程的基本原则指出，同一编号的线圈在一个程序中使用两次称为双线圈输出，因此，允许线圈重复使用。（×）

Je2B3293 孔板端面和开孔圆筒污染会造成流量指示偏低。（×）

Je2B3294 FSSS 的跨越逻辑保护提高了整个装置的可靠性，但容易影响主机的逻辑判断。（×）

Je2B3295 调试过程中发现的设备缺陷，要填写设备缺陷单并通过施工管理部门与厂家或物资供应部门联系。(√)

Je2B4296 采用 PLC 的顺序控制系统产生拒动的主要原因是 PLC 的故障。(×)

Je2B4297 PLC 在用户程序执行过程中把输出继电器状态输出去驱动外部负载。(×)

Je2B4298 用目测法检查标准孔板入口边缘时如 $D<25$mm，应采用 2 倍的放大镜观察。(×)

Je2B5299 在主从触发器电路中，主触发器和从触发器输出状态的翻转是同时进行的。(×)

Je1B3300 开方器的运算关系是 $I_0=\sqrt{I_{\Delta p}}$，其中 I_0 为输出电流，$I_{\Delta p}$ 为输入电流。(×)

Je1B3301 在保护盘上或附近进行打孔等振动较大的工作时，应采取防止运行中设备掉闸的措施，必要时，经厂总工程师同意，将保护暂时停用。(×)

Je1B4302 使用节流装置测量流量时，节流装置前的管道内必须加装流动调整器。(×)

Je1B1303 电磁流量计电源的相线和中线，励磁绕组的相线和中线以及变送器输出信号端子线是不能随意对换的。(√)

Je1B1304 热电偶 E 分度号补偿导线负极颜色为红色。(×)

Je1B1305 用孔板配差压变送器测流量时，一般最小流量应大于 **20%**。(√)

Je1B1306 压力开关应垂直安装于便于拆装、无外来撞击、无震动的地方。(√)

Je1B2307 角接取压法上、下游取压管位于孔板的前、后端面处。(√)

Je1B2308 补偿导线的正确敷设，应从热电偶起敷设到二次仪表为止。(√)

Je1B2309 转子流量计必须垂直安装。（√）

Je1B2310 补偿导线只能与分度号相同的热电偶配合使用，通常其接点温度为100℃以下。（√）

Je1B2311 一带温压补偿的流量测量系统，当压力降低，测量值不变时，节流装置的差压不变。（×）

Je1B3312 在进行绝缘电阻测试时，如果连接导线外表有绝缘层，那么采用双股导线或绞线做引线，不会影响测量结果。（×）

Je1B3313 程序控制属于连续控制。（×）

Je1B3314 一次门的严密性试验应该用 1.25 倍工作压力进行水压试验，5min 内无泄漏。（√）

Je1B3315 在布置仪表盘时，布置端子排，横排端子距盘底不应小于 200mm。（√）

Je1B3316 雷达物位计比超声波物位计发射的波长短。（×）

Je1B4317 电磁阀是利用电磁原理控制管道中介质流动状态的电动执行机构。（√）

Je1B4318 对于无自平衡能力的对象，可以使用积分调节器。（×）

Je1B4319 调节阀的流量特性取决于阀芯形状。（√）

Je1B4320 对于采用无支架方式安装的就地压力表，其导管外径不小于 14mm，但表与支持点之间的距离最大不超过 600mm。（√）

Je1B4321 在热工仪表及自动装置中，应采用铜芯电缆。其型号、规格应符合设计要求，截面一般不小于 1.5mm^2。（×）

Je1B5322 在风压管道上测点开孔可采用氧乙炔焰切割，但孔口应磨圆锉光。（√）

Je1B5323 水平安装的测温元件，若插入深度大于 1000mm，应有防止保护套管弯曲的措施。（√）

Je1B5324 测量气体压力时，测点安装位置应在管道的下

半部。（×）

Jf5B1325 锉削的表面不可以用手擦、摸，以防锉刀打滑。（√）

Jf5B1326 用钢锯锯工件时，向前和返回时都应用力。（×）

Jf5B1327 锯条装入锯弓时，锯齿要朝前。（√）

Jf5B1328 进行锉削时，锉刀向前与回锉时应用力一样。（×）

Jf5B2329 使用型钢切割机时，砂轮片的规格可根据工件尺寸任选。（×）

Jf5B2330 电气设备发生火灾时，应立即将有关设备的电源切断。带电的电气设备发生火灾时，应使用二氧化碳灭火器、干式灭火器或1211灭火器进行扑灭。（√）

Jf5B3331 在易燃、易爆场所作业时，严禁穿带有铁钉的鞋，以免引起火花，并应严禁明火。（√）

Jf5B3332 热工试验室应配备有干粉灭火器。（√）

Jf5B3333 电气设备火灾时，严禁使用导电的灭火剂进行灭火，但可以使用泡沫灭火器直接灭火。（×）

Jf5B3334 盘内配线要求按图施工，接线正确、接触良好，标号清晰正确、整齐美观，导线电缘和芯线不受损伤。（√）

Jf5B3335 使用台钻钻孔时，工件应放置平稳，操作人员不准戴手套操作。（√）

Jf4B2336 移动式梯子应用于高度在4m以下的，短时间内可完成的工作。梯子使用前应进行检查，并应有专人负责保管、维护及修理。（√）

Jf4B3337 不得在钢筋爬梯上拉设电源线，严禁将钢筋爬梯作为接地线。（√）

Jf4B3338 攻丝时，首先进行钻孔，孔径应以丝锥的外径为准。（×）

Jf4B3339 砂轮机必须装设托架，托架与砂轮片的间隙最

大不得超过 5mm。（×）

Jf3B2340 起吊重物前应先进行试吊，确认可靠后才能正式起吊。（√）

Jf3B3341 评定调节系统的性能指标有稳定性、准确性和快速性。其中，稳定性是首先要保证的。（√）

Jf3B3342 全面质量管理要求运用数理统计方法进行质量分析和控制，使质量管理数据化。（√）

Jf2B2343 热力机械工作票一般应由工作负责人填写，一式两份。（×）

Jf1B3344 现场管理主要包括过程质量控制、质量管理点、质量改进和质量管理小组活动等。（√）

4.1.3 简答题

La5C1001　在直流电路中，电感线圈和电容器各起什么作用？

答：电感线圈的作用相当于电阻，而电容器的作用相当于隔直。

La5C1002　晶体三极管的输出特性曲线图有哪些区域？

答：饱和区、放大区、截止区。

La5C2003　什么叫法定计量单位？有哪几部分构成？

答：法定计量单位：由国家以法令形式明确规定要在全国采用的计量单位，称为法定计量单位。我国法定计量单位由国际单位制和国家选定的其他计量单位构成。

La5C2004　什么叫示值误差？表达式如何表示？

答：被校表指示值与标准表指示值之差称为示值误差。

表达式：示值误差=被校表指示值–标准表指示值。

La5C2005　火力发电厂中，三大主机设备及汽轮机的辅助设备有哪些？

答：三大主机设备是锅炉、汽轮机和发电机。汽轮机的辅助设备有：凝汽器、凝结水泵、抽气器、油箱、油泵、冷油器和加热器等。

La5C3006　列出表示仪表示值误差、示值相对误差、示值引用误差、允许误差和精度级别的表达式？

答：仪表示值误差=指示值－计量检定值；

仪表示值的相对误差=仪表示值误差/指示值；

仪表引用误差=仪表示值误差/仪表满量程值；

仪表各刻度中，引用误差绝对值最大的一个的百分数的分子为仪表精度级别。

La5C3007　热工测量仪表由哪几部分组成？各部分起什么作用？

答：热工测量仪表由感受件、中间件和显示件组成。

感受件：直接与被测对象相联系，感受被测参数的变化，并将被测参数信号转换成相应的便于进行测量和显示的信号输出。

中间件：将感受件输出的信号直接传输给显元件，或进行放大和转换，使之成为适应显示元件的信号。

显示件：向观察者反映被测参数的量值和变化。

La5C3008　什么是三相点？什么是水的三相点？

答：三相点是指一种纯物质三相平衡共存时的温度和压力。

水的三相点是指水、冰、汽三相平衡共存时的温度和压力，其温度为 273.16K（0.01℃），压力为 609.14Pa。

La5C3009　在热控测量系统图中所用下列文字符号各表示是什么取源测量点？

① PE；② FE；③ LE；④ TE；⑤ AE。

答：① PE 表示压力；② FE 表示流量；③ LE 表示液位；④ TE 表示温度；⑤ AE 表示分析。

La4C2010　在热控图中下列文字各表示何种功能？

① TIT；② PDIT；③ FIC；④ LIA。

答：① 温度指示变送；② 压差指示变送；③ 流量指示调节；④ 液位指示报警。

La4C3011 自激振荡器由哪几部分组成？产生自激振荡应满足哪些条件？

答： 自激振荡器由基本放大器、正反馈电路和电源组成。

产生自激振荡应满足下列条件：① 相位条件。反馈电压与输入电压同相，即放大器和反馈电路产生的总相移$\Phi=2n\pi$（n=0、1、2、…）。② 振幅条件。要维持振荡器的输出振幅不变，则反馈电压的幅值要和原输入电压的幅值相等，即 $AF=1$（放大器放大倍数与反馈网络系数的乘积等于1）。

La4C3012 正弦波振荡器由哪几部分组成？为什么要有选频网络？

答： 正弦波振荡器由基本放大电路、反馈电路和选频网络三部分组成，在电路中选频网络和反馈网络往往用同一网络。

因为选频网络一般采用LC并联电路，它对于$f=f_0$的信号，呈最大阻抗，其两端有最人输出电压，则放大器具有选频能力，如果没有选频网络，输出电压将由各次谐波组成，而不能得到某一单一频率的正弦波。因此，一定要有选频网络。

La3C1013 简述产生误差的原因？

答： 造成测量误差的原因有：① 测量方法引起的误差；② 测量工具、仪器引起的误差；③ 环境条件变化所引起的误差；④ 测量人员水平和观察能力所引起的误差；⑤ 被测对象本身变化所引起的误差。

La3C3014 什么叫可编程序控制器？一般由哪几部分组成？

答： 可编程序控制器是一种以微处理器为基础的数字控制装置。一般包括：中央处理器；存储器及扩展板；I/O 接口；通信接口；智能接口；扩展接口；编程器。

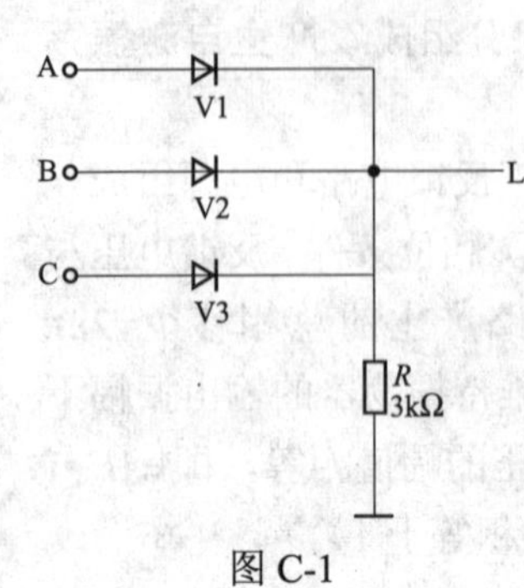

图 C-1

La3C5015　如图 C-1 所示为一或门电路，A、B、C 输入端输入信号均为 0V 或+5V，试简述其工作原理。

答：（1）当输入端 A、B、C 都处于零电位时，V1、V2、V3 都处于截止状态，L 点处于低电位，U_L=0V。

（2）当输入端中有一个为+5V 时，若 U_A=+5V，而 U_B=U_C=0V，则 V1 导通，使 U_L 处于高电位，V2～V3 受反向电压作用而截止，这时 U_L≈+5V。

故输入端 A、B、C 中有任一个为高电位时，输出端即为高电位，即有 $L=A+B+C$ 的逻辑关系，为或门。

La2C1016　简述计算机运算器作用及其组成。

答：运算器是完成算术和逻辑操作的部件，是中央处理器的主要部分，通常是由一个累加器和一些专用的寄存操作数或运算结果的寄存器组成。

La2C2017　试述什么是可编程控制器的指令表程序表达方式，并说明下列指令的功能：LD、AND-NOT、OUT、OR-LD。

答：指令就是采用功能名称的英文缩写字母作为助记符来表达 PLC 各种功能的操作命令，由指令构成的能完成控制任务的指令组就是指令表。

LD：动合触点与母线连接指令

AND-NOT：串联动断触点指令

OUT：线圈输出指令

OR-LD：程序块并联连接指令

La1C2018 测量误差的来源有哪些？

答：测量误差主要来源有：测量系统和测量器具的误差；人员的误差；影响量所致误差。

La1C2019　换热器按照结构及工作原理可分为几类？

答：换热器按照结构及工作原理可分为三类：混合式换热器、储热式换热器和面式换热器。

La1C2020　在电厂中一般都用电抗器来限制短路电流，为什么不用电阻？

答：在正常情况下，电抗器通过很大的工作电流时，由于电抗线圈的电阻很小，因此几乎不消耗有功功率。当线路短路时，由于电流的突然变化，在电抗器线圈中将产生自感电动势，电抗器呈现很大的电抗，以限制短路电流。电阻元件也能限制短路电流，但在正常运行中都要消耗功率，故一般不用电阻限制短路电流。

Lb5C2021　弹簧管压力表常用的校验方法有哪些？

答：弹簧管压力表常用的校验方法有标准表比较法和标准砝码比较法两种。

Lb5C2022　与热电阻配套测温的二次仪表有哪些？

答：与热电阻配套测量温度的二次仪表有动圈式测温仪表、比率测温表和自动平衡电桥测温表。

Lb5C2023　温度测量有哪几种常用元件？

答：常用元件有热电阻、热电偶、双金属温度计、膨胀式温度计。

Lb5C2024　简述热电阻的结构。

答：热电阻一般由电阻体、骨架、绝缘体套管、内引线、保护管、接线座（或接线柱、接线盒）等组成。

Lb5C2025 简述弹簧管压力表的工作原理。

答：弹簧管式压力表的工作原理是：弹簧管在压力的作用下，其自由端产生位移，并通过拉杆带动放大传动机构，使指针偏转并在刻度盘上指示出被测压力值。

Lb5C2026 火力发电厂常用的转速表有哪几种？

答：火力发电厂常用的转速表有离心式转速表、磁电式转速表（带测速发电机）和电子计数式转速表等。

Lb5C3027 简述热电偶测温原理。

答：热电偶测温的基本原理是热电效应。把任意两种不同的导体（或半导体）连接成闭合回路，如果两接点的温度不等，在回路中就会产生热电势，形成电流，这就是热电效应。热电偶就是用两种不同的金属材料一端焊接而成的，焊接的一端叫做测量端，未焊接的一端叫做参考端。如果参考端温度恒定不变，则热电势的大小和方向只与两种材料的特性和测量端的温度有关，且热电势与温度之间有固定的函数关系，利用这个关系，只要测量出热电势的大小，就可达到测量温度的目的。

Lb5C3028 简述热电阻温度计的测温原理及其特点。

答：热电阻的测温原理是导体和半导体材料的电阻值随温度的变化而变化，利用显示仪表测出热电阻的电阻值，从而得出与电阻值相对应的温度值。

热电阻温度计具有以下特点：

（1）有较高的精度。例如，铂电阻温度计被用作基准温度计。

（2）灵敏度高，输出的信号较强，容易显示和实现远距离传送。

（3）金属热电阻的电阻温度关系具有较好的线性度，而且复现性和稳定性都较好，但体积较大，故热惯性较大，不利于动态测温，不能测点温。

Lb5C3029 热电偶均质导体定律的内容是什么？

答：该定律的内容是：两种均质金属组成的热电偶，其电动势的大小与热电极直径、长度及沿热电极长度上的温度分布无关，只与热电极材料和两端温度有关。热电势大小是两端温度的函数之差，如果两端温度相等，则热电势为零。如果材质不均匀，则当热电极上各处温度不同时，将产生附加热电势，造成无法估计的测温误差。

Lb5C3030 一电缆规格为 KVV4×2.5，说明其含义。

答：这是一种铠装带有聚氯乙烯护套和绝缘的四芯电缆，每根线芯的截面积为 $2.5mm^2$。

Lb5C3031 在检定工作中，检定器与被检定器误差的关系如何确定？

答：在检定工作中，检定器的误差应为被检定器误差的1/3～1/10。

Lb5C3032 玻璃液体温度计的检定项目主要有哪些？

答：主要检定项目为：外观检定、示值稳定度检定、示值误差检定、特殊结构的相应检定。

Lb5C3033 热电阻的校验方法有哪几种？

答：热电阻的校验方法有：

（1）分度值校验法。即在不同温度点上测量电阻值，看其与温度的关系是否符合规定。

（2）纯度校验法。即在0℃和100℃时测量电阻 R_0 和 R_{100}，求出 R_{100} 与 R_0 的比值 R_{100}/R_0，看其是否符合规定。

Lb5C3034　写出铂铑10–铂热电偶，镍铬–镍硅热电偶、镍铬–康铜热电偶的分度号，并指出三种热电偶在同一温度下哪种热电势最大，哪种热电势最小。

答：铂铑10–铂热电偶分度号为S；镍铬–镍硅热电偶分度号为K；镍铬–康铜热电偶的分度号为E。

相同温度下热电势最小的为S型，热电势最大的为E型。

Lb5C3035　工业用标准化热电阻有哪几种？

答：国家统一生产工业标准化热电阻有三种：WZP型铂电阻、WZC型铜热电阻和WEN型镍热电阻。

Lb5C3036　常用的校验仪器有哪些？

答：常用的校验仪器有：恒温水浴、恒温油浴、标准压力表、交直流毫安表、补偿式微压计、直流电位差计、直流单臂电桥、校验信号发生器。

Lb5C3037　简述热量传递的三种基本方式及意义。

答：热量传递的三种基本方式是：热传导、热对流和热辐射。

它们的意义是：

（1）热传导指热量从物体中温度较高的部分传递到温度较低的部分，或者从温度较高的物体传递到与之接触的温度较低的另一物体的过程。

（2）热对流是指流体各部分之间发生相对位移时所引起的热量传递过程。

（3）热辐射指物体通过电磁波来传递能量的过程。

Lb5C4038　工业上常用的热电阻有哪两种？它们的分度号是什么？测量范围是多少？0℃的标称电阻值 R_0 是多少？

答：工业上常用的热电阻有两种，即铜热电阻和铂热电阻。

铜热电阻测温范围为–50～+150℃，铂热电阻测温范围为–200～+850℃（陶瓷材料可达到850℃）。铜热电阻的分度号是Cu50和Cu100，0℃的标称电阻值R_0分别为50Ω和100Ω。

铂热电阻分为A级和B级，它们的分度号都是Pt10和Pt100，其0℃的标称电阻值R_0分别为10 Ω和100 Ω。

Lb5C4039　压力表的精度等级是如何表示的？如何计算工业用压力表的允许绝对误差？

答：压力表的精度等级是用仪表允许出现的最大引用误差去掉百分数后，以符合国家准确度等级的数字系列数值来表示的。压力表允许误差的计算方法如下：

（1）具有单向标尺的压力表（0刻度为起始点），其允许绝对误差等于测量上限乘以精度等级，再乘以1/100。

（2）具有双向标尺的压力表，其允许绝对误差等于测量上限和下限之和乘以精度等级，再乘以1/100。

（3）具有无零位标尺的压力表，其允许绝对误差等于测量上限和下限之差乘以精度等级，再乘以1/100。

Lb5C4040　集散控制系统的“4C”技术是指什么？

答：“4C”技术是指计算机技术、控制技术、通信技术和图形显示技术。

Lb5C4041　与热电偶配用的冷端温度补偿器的工作原理是什么？

答：冷端温度补偿器内部是一个不平衡电桥，电桥的三个桥臂由电阻温度系数极小的锰铜线绕制而成，使其电阻值不随温度而变化。三个桥臂电阻值均为1 Ω，另一个桥臂由电阻温度系数较大的铜线绕制而成，并使其在0℃时，R_x为1 Ω，此时电桥平衡，没有电压输出。在限流电阻选择适当后，当冷端温度变化时，电桥的电压输出特性与所配用的热电偶的热电特性在补偿温度范围内相似，把电桥输出端与热电偶正确串联，从而起到热电偶参考端温度自动补偿的作用。

Lb5C4042 简述差动变压器式远传压力表的工作原理。

答： 差动变压器式远传压力表是一个压力—位移—电感—电压转换装置。在弹性元件自由端连接一个铁芯，利用弹簧管（或膜盒、膜片）受压后所产生的弹性变形来改变铁芯与线圈之间的相对位置，使线圈的电感量发生改变，从而使压力变化的信号转换成线圈电感量变化的信号，引起差动变压器的输出电压变化。此电压信号经相敏整流后送至二次仪表，指示出被测压力的大小。

Lb5C4043 检定工业热电阻时应在什么条件下进行？

答：（1）电测设备工作环境温度应为 20℃±2℃。

（2）电测设备的示值应予修正，标准电阻应采用证书上给出的实际电阻值。

（3）对保护管可拆卸的热电阻，应从保护管中取出放入玻璃试管（检定温度高于 400℃时用石英试管），试管内径应与感温元件相适应。为防止试管内外空气对流，管口应用脱脂棉（或耐温材料）塞紧，试管插入介质的深度不少于 300mm。不可拆卸的热电阻可直接插入介质中。

（4）检定时，通过热电阻的电流应不大于 1mA。

（5）测量 100℃电阻值时，恒温槽温度偏离 100℃的差值应不大于 2℃，温度变化每 10min 不超过 0.04℃。

Lb5C5044 补偿导线规格为 KC–GB–VV70RP4×1.5，试说明其含义。

答： 表示 K 型热电偶补偿型一般用普通级补偿导线，绝缘层与保护层为聚氯乙烯材料，使用温度为 0～70℃，为多股线芯屏蔽型，有 4 根线芯，每根线芯截面积为 $1.5mm^2$。

Lb5C5045　用比较法检定工业用热电偶需要哪些仪器和设备？

答：所需仪器和设备有：

（1）二等标准热电偶。

（2）管式电炉及温控设备。

（3）0.05 级直流低阻电位差计。

（4）多点切换开关，寄生电动势不超过 1μV。

（5）冷端恒温器及二等水银温度计。

Lb5C5046　校验热电阻元件需要哪些标准仪器和设备？

答：需要二等标准铂电阻温度计；0.02 级直流电位差计或测温电桥；0.1 级旋转电阻箱；0.01 级 100 Ω标准电阻；油浸式多点转换开关；冰点槽或广口冷瓶；恒温水浴；恒温油浴；直流电源；0.2 级直流毫安表。

Lb4C2047　温度变送器在温度测量中的作用是什么？

答：热电偶的毫伏信号和热电阻的阻值变化信号，经温度变送器被转换成统一的电流信号。该信号若输入到显示、记录仪表中，可进行温度的自检测；若输入到调节器中，可组成自动调节系统，进行自动调节；若经过转换输入到电子计算机中，可进行温度巡回检测、计算机控制等。

Lb4C2048　汽轮机保护项目主要有哪些？

答：主要有凝汽器真空低保护、润滑油压低保护、超速保护、转子轴向位移保护、高压加热器水位保护。

Lb4C2049　汽轮机本体监视一般包括哪些内容？

答：汽轮机本体监视包括：转速、轴向位移、汽缸热膨胀、胀差、轴弯曲、轴承温度、推力瓦温度、轴振动、轴承振动等监视。

Lb4C2050　自动调节器有哪些整定参数？

答：有比例带、积分时间、微分时间三个整定参数。

Lb4C3051　简述电子平衡电桥的工作原理。

答：电子平衡电桥是一种与热电阻元件配套使用的电子平衡显示仪表，其工作原理如图 C-2 所示。

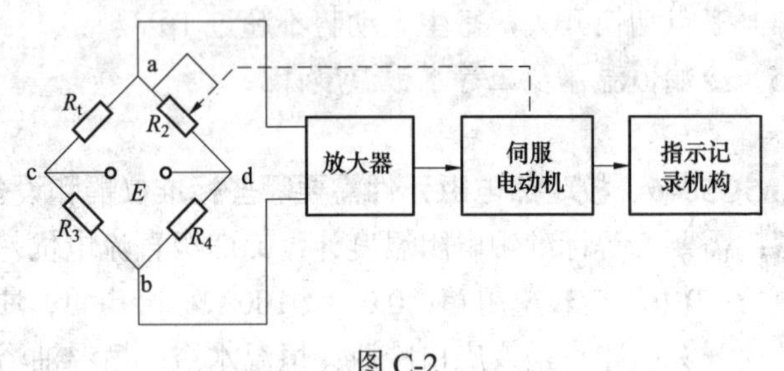

图 C-2

当仪表工作时，由于热电阻 R_t 置于被测温度场中，其阻值随温度变化而变化，当温度降低时，R_t 变小；当温度升高时，R_t 增大。因此桥路有一不平衡电动势ΔE 输出，经放大器放大后驱动可逆电动机转动，使滑动触点移动，直至不平衡信号消失，电桥重新平衡。同时，可逆电动机带动指示记录机构，指示和记录出相应的温度值。

Lb4C3052　简述电子电位差计的工作原理。

答：电子电位差计用补偿法测量电压，采用不平衡电桥线路。热电偶输出的直流电动势与测量桥路中的电压比较，比较后的差值电压经放大器放大后输出足够大的电压，以驱动可逆电动机。可逆电动机带动滑线电阻的滑动触点移动，改变滑线电阻的阻值，使测量桥路的输出电压与热电势相等（大小相等方向相反）。当被测温度变化时，热电势变化，桥路又输出新的不平衡电压，再经放大驱动可逆电动机转动，改变滑动触点的位置，直到达到新的平衡为止。在滑动触点移动的同时，与之相连的指针和记录笔沿着有温度分度的标尺和记录纸运动，滑动触点的每一个平衡位置对应着一定的温度值，因此能自动指示和记录出相对应的温度。

Lb4C3053　简述电接点水位计的工作原理。

答：电接点水位计由水位传感器和电气显示仪表两部分组成。水位传感器就是一个带有若干个电接点的测量筒，由于汽和水的导电性能有差异，被水淹没的电接点处于低阻状态，该电路中显示仪表的指示电路工作，指示灯或发光二极管被点亮，指示出水位的高低。

Lb4C3054　简述力平衡式压力变送器的工作原理。

答：力平衡式压力变送器是按力平衡原理工作的。被测压力通过弹性敏感元件（弹簧管或波纹管）转换成作用力，使平衡杠杆产生偏转，杠杆的偏转由检测放大器转换为0～10mA的直流电流输出，电流流入处于永久磁场内的反馈动圈之中，使之产生与作用力相平衡的电磁反馈力。当作用力与反馈力达到平衡时，杠杆系统停止偏转，此时的电流即为变送器的输出电流，它与被测压力成正比，将压力信号转变为电流信号供指示调节用。

Lb4C3055　什么是热工信号？热工信号分为哪几类？

答：热工信号是指在机组启停或运行过程中，当某些重要参数达到规定限值，或设备、自动装置出现异常情况（但未构成危及机组安全）时，向运行人员发出报警的一种信号。

热工信号一般分为热工预告信号和热工危险信号。除以上两种信号外，还有显示设备状态的信号系统，以及一些中小型电厂主控室与机炉控制室间传递运行术语的联络信号。

Lb4C3056　中间再热机组为什么要设计旁路系统？

答：中间再热机组在机组启停、低负荷或空负荷运行时，锅炉保持稳定燃烧需保证的最小蒸发量，因而在低负荷或空负荷时为了处理锅炉多余的蒸汽量，使汽轮机、锅炉汽量平衡，保护再热器，以及回收工质和热量，所以需要设计旁路系统。

Lb4C3057　压力变送器调校的内容有哪些项目？

答： 压力变送器调校的内容有：基本误差及变差校验；再现性试验；恒流性能试验；电源电压波动试验；环境温度试验；环境振动试验；长期运行漂移试验。

Lb4C3058　什么是比较法检定热电偶？

答： 比较法是利用高一级的标准热电偶和被校热电偶在检定炉中直接比较的一种检定方法。是把标准热电偶与被校热电偶捆扎在一起送入检定炉内，把它们的测量端同置于同一均匀测试场中，用测试仪器测出它们的热电势，比较它们之间的差值。

Lb4C3059　简述转速传感器的种类、结构原理和使用方法。

答： 常用的转速传感器有光电式和磁电式两种。光电式传感器一般用于试验室或携带式仪表，而磁电式转速传感器多用于现场安装。光电式传感器由光源、光敏器件和转盘组成，转盘转动时使透射或反射的光线产生有无或强弱变化，从而使光敏器产生与传速成正比的脉冲信号。磁电式转速传感器由磁电探头和带齿的转盘组成，转盘一般有 60 个齿，并由导磁钢铁材料加工而成，磁电式探头内有永久磁铁，其外面绕有线圈。当转盘转动时，磁通发生变化，感应出脉冲电动势，经放大整形后送计数器计数测量出转速。

Lb4C3060　试述风压管路严密性试验的标准。

答： 用 0.1～0.15MPa（表压）压缩空气，试压无渗漏，然后降至 6000Pa 压力进行耐压试验，5min 内压力降低值不应大于 50Pa。

Lb4C3061　电动执行器主要由哪几部分组成？简述其作用。

答：主要由伺服放大器和执行器两大部分组成。电动执行器是电动单元组合仪表中的执行单元，是以伺服电动机为动力的位置伺服机构。电动执行器接受调节器传来的 0～10mA 或 4～20mA 的直流信号，将其线性地转换成 0～90°的机构转角或直线位置位移，用以操作风门、挡板、阀门等调节机构，以实现自动调节。

Lb4C4062　锅炉过热器安全门与汽包安全门用途有何不同？

答：锅炉过热器安全门和汽包安全门都是防止锅炉超压的保护装置。过热器安全门是第一道保护，汽包安全门是第二道保护。整定时要求过热器安全门先动作，这是因为过热器安全门排出的蒸汽对过热器有冷却作用，而汽包安全门排出的蒸汽不经过过热器，过热器失去冷却容易超温。故只有在过热器安全门失灵或过热器安全门动作后压力仍不能恢复时，汽包安全门才动作。

Lb4C4063　为什么在检定热电偶时要对炉温变化进行规定？检定工作用镍铬–镍硅、镍铬–康铜热电偶时，对炉温变化是怎样规定的？

答：因为标准热电偶和被检电偶不是在同一时间内进行测量的，虽然炉温稳定，但随着时间的延长，炉温的微量变化就会给测量结果带来误差。为了保证测量的准确度，在检定热电偶时，必须对炉温变化进行严格规定。相关标准中规定，采用双极比较法检定工作用镍铬–镍硅和镍铬–康铜热电偶时，在整个测量过程时间内，检定炉内温度变化不得超过 0.5℃。采用微差法检定时，检定炉内温度变化不得超过 5℃。

Lb4C4064　检定压力变送器时，如何确定其检定点？

答：检定 0.5 级以上的压力变送器时，需用二等标准活塞式压力计作为标准器，而活塞式压力计能够测量的压力值是不连续的。所以在检定压力变送器时，要根据压力变送器的量程和活塞式压力计输出压力的可能，确定 5 个或 5 个以上的检定点。确定好检定点后，可算出各检定点压力变送器对应的输出电流值作为真值（或实际值），按确定的检定点进行检定，检定时，以压力变送器的实际输出值（标准毫安表的示值）作为测量值（或示值）将二者进行比较，即可求出压力变送器的示值误差。

当检定 1 级以下的压力变送器时，可以使用弹簧管式精密压力表作为标准器。此时，不一定要一律均分成 5 个检定点，而要根据精密压力表的读数方便（按精密压力表的刻度线）来确定检定点，只要在全范围内不少于 5 点就行。

Lb3C2065　火电厂中常用的顺序控制项目有哪些？

答：火电厂中常用的顺序控制系统有锅炉定期排污、锅炉吹灰、锅炉燃烧器控制、化学水处理除盐、汽轮机自启停、凝汽器胶球清洗，以及锅炉的上煤、配煤等。

Lb3C2066　简述锅炉灭火保护的作用。

答：（1）监视炉内的燃烧工况，并能报警。

（2）燃烧不稳定时投油助燃。

（3）助燃不成功，停炉，防止灭火打炮。

Lb3C3067　调节器的精确度调校项目有哪些？

答：手动操作误差试验；电动调节器的闭环跟踪误差调校；

气动调节器的控制点偏差调校；比例带、积分时间、微分时间刻度误差试验。当有附加机构时，应进行附加机构的动作误差调校。

Lb3C2068　自动调节系统由哪两部分组成？组成自动调节系统最常见的基本环节有哪些？

答：自动调节系统由调节对象和自动装置两部分组成。

组成自动调节系统最常见的基本环节有一阶惯性环节、比例环节、积分环节、微分环节和迟延环节。

Lb3C3069　试述可编程序控制器（PLC）的输入、输出继电器分别起什么作用。

答：输入继电器是 PLC 接收来自外部开关信号的“窗口”，与 PLC 的输入端子相连，并具有许多动合和动断触点，供编程时使用。输入继电器只能由外部信号驱动，不能被程序指令来驱动。

输出继电器是 PLC 用来传递信号到外部负载的器件。输出继电器有一个外部输出的动合触点，按程序执行结果驱动的；内部有许多动合、动断触点供编程中使用。

Lb3C3070　简述氧化锆氧量分析传感器工作的基本原理。

答：氧化锆氧量分析传感器是由一种固体电解质——氧化锆陶瓷制成的，是一种具有离子导电性质的固体。在陶瓷体内外两侧烧结附着有电极。当烟气和参比空气中的氧气分压力不同时，吸附在氧浓度高一侧电极上的氧分子得到 4 个电子，形成 2 个负 2 价氧离子进入固体电解质。在高温下，氧离子从高浓度向低浓度转移，在低浓度侧电极上释放多余电子变成氧分子逸出，扩散运动在两侧电极上形成电荷积聚而产生电动势，形成电极浓差电池，这就是传感器的基本原理。

Lb3C3071　流体流过节流件后其状态参数将如何变化？热工测量中如何利用该特性来测量流量？

答：流体流过节流件时，流速增大、压力减小、温度降低、比体积增加。

流体流过节流件时，在节流件前后产生压力差，且该压力差与流量有一定的函数关系。因此测出节流件前后的压力差即能测得流量值，差压式流量计就是采用该原理测流量的。

Lb3C3072　简述转速仪表校验时的注意事项。

答：（1）仪表的外观检查应符合规程要求。

（2）熟悉转速检定装置的使用说明及检定规程。

（3）熟悉转速仪表的说明书，传感器的安装方法、技术要求、仪表的连接等，并按照要求正确、牢固地安装及接线。

（4）校验前，应先通电 30min 进行热稳定。校验时，装置的转速应逐级地升、降，不可急速地升、降，校验点不应少于 5 点，且应包括上、下限并在其范围内均匀分布，记录要详细、认真。

（5）校验人员不可站在齿轮盘的切线方向，注意人身安全。

Lb3C3073　简述智能化数字仪表的检定项目。

答：外观检查；通电显示检查；零位漂移检查；示值基本误差检定，包括检定点数与正、反行程的循环数；回程误差的检定；绝缘电阻的检定。

Lb3C3074　程序控制装置根据工作原理和功能分别可分为哪几种？

答：程序控制装置根据工作原理可分为基本逻辑型、时间程序型、步进型、计算型，按功能可分为固定接线型、通用型和可编程序型。

Lb3C3075　试述火电厂计算机实时监控系统应有的功能。

答：火电厂计算机实时监控系统应具有数据采集、运行监视、报警记录、跳闸事件顺序记录、事故追忆打印、机组效率计算、重要设备性能计算、系统运行能量损耗计算、操作指导、打印报表等功能。

Lb3C3076　何谓锅炉水位全程调节？

答：锅炉水位全程调节就是指锅炉从上水、再循环、升压、带负荷、正常运行及停止的全过程都采用自动调节。

Lb3C3077　简述汽轮机监视仪表系统的作用。

答：汽轮机监视仪表系统（TSI）是一种可靠的、能连续监测汽轮发电机组转子和汽缸的机械工作参数的多路监控系统，用于连续显示机组的启停和运行状态，并为记录仪表提供信号。被测参数超过整定值时发出报警信号，必要时采取自动停机保护，并能提供故障诊断的各种测量数据。

Lb3C3078　如何调节给水泵转速？

答：汽动给水泵是通过电流、电压转换器与其电液调节系统连接改变转速的。电动给水泵是通过执行机构去控制液压联轴器的匙管位置，改变给水泵转速。

Lb3C3079　简述锅炉燃烧过程自动调节的任务。

答：（1）维持过热器出口压力恒定，以燃料量调节蒸汽量，维持蒸汽压力。

（2）保持燃烧充分，当燃料改变时，相应调节送风量，维持适当风煤比例。

（3）保持炉膛负压不变，调节引风与送风配合比，以维持炉膛负压。

Lb3C3080 热工信号按信号越限的严重程度可以分为几类？

答：可以分为一般报警、严重报警、机组跳闸报警三类。

Lb3C3081 对可编程序控制器的输入/输出模块有哪些技术要求？

答：（1）抗干扰性能好，要能在噪声较大的场合可靠地工作。

（2）要能直接接收现场信号。

（3）要能直接驱动现场执行机构。

（4）要求有高的可靠性和安全性。

Lb3C4082 汽轮机紧急跳闸保护系统（ETS）有哪些保护功能哪些内容？

答：该系统具有汽轮机电超速保护、轴向位移保护、轴承油压低保护、EH 油压低保护、真空低保护、1～7 号轴承振动保护、MFT 主燃料跳闸停机保护、DEH 失电停机保护、差胀越限保护、高压缸排汽压力高停机保护、发电机内部故障停机保护、手动紧急停机等保护功能。

Lb3C4083 试述标准孔板的检验项目。

答：结构尺寸和几何尺寸的检验，孔板开孔部分的检验，孔板边缘尖锐度的检验，孔板平行度的检验，粗糙度的检验，流出系数及不确定度的检验。流出系数的检验可在水流量校准装置上进行，装置的基本误差应小于或等于孔板流出系数不确定度的 1/2。

Lb3C4084 汽包水位测量有哪些误差来源？

答：采用平衡容器进行水位测量的误差，主要有以下来源：

（1）在运行时，当汽包压力发生变化时，会引起饱和水、饱和汽的重度发生变化，造成差压输出有误差。

（2）设计计算平衡容器补偿管是按水位处于零水位情况时得出的，因而当运行时锅炉偏离零水位时会引起测量误差。

（3）汽包压力突然下降时，由于正压室内凝结水可能会被蒸发，导致仪表指示出现误差。

Lb2C1085　仪表检验报告需有哪些人签字？

答：仪表检验报告需有检定员、班组技术员（班长）、车间技术员签字。

Lb2C2086　试述智能仪表硬件和软件的基本组成部分。

答：智能仪表的硬件部分包括主机电路、过程输入输出通道、人机联系部件和接口电路，以及串行或并行数据通信接口等。

智能仪表的软件包括监控程序、中断处理程序，以及实现各种算法的功能模块。

Lb2C2087　旁路控制系统应具有哪两方面的功能？

答：为了适应旁路系统的功能要求，旁路控制系统应具有以下两方面的功能：① 在正常情况下的自动调节功能，按固定值或可变值调节旁路系统蒸汽的压力和温度。② 在异常情况下的自动保护功能，这时要求快速开启或快速关闭旁路阀门，以保护运行设备，回收工质。

Lb2C2088　已知标准节流件测流量的基本公式是 $q \approx \alpha\varepsilon A_0 \times \sqrt{(2/\rho)\Delta p}$，试说明式中各符号的含义。

答：α为流量系数；ε为膨胀系数；A_0 为节流孔面积；ρ为介质密度；Δp 为节流元件前后差压。

Lb2C3089 FSSS（炉膛安全监控系统）的主要功能是什么？

答：在锅炉燃烧的启动、运行和停止等各个阶段防止锅炉的任何部位积聚爆炸性燃料和空气的混合物，防止损坏蒸汽发生器或燃烧系统设备。同时连续监视一系列参数，并能对异常工况作出快速反应。它是发电厂设备启动、运行和停机操作的基础。

Lb2C4090 试述节流差压流量计的原理及基本计算公式。

答：节流差压式流量计的测量原理是：在充满流体的管内安装节流装置时，流束将在节流装置处形成局部收缩，流速增加，静压降低，于是在节流装置前后便产生了静压差，该静压差与流量有确定的关系。节流装置的计算公式是根据流体力学中的伯努利方程和流动连续性方程推导出来的，基本流量公式为

$$q_m=k\alpha\varepsilon d^2\sqrt{\rho\Delta p}$$

式中：k 为常数；α为流量系数；ε为流束膨胀系数；ρ为流体密度；d 为节流孔径；Δp 为节流元件前后差压。

Lb1C1091 一般弹性压力表有哪几种？

答：弹性压力表有单圈弹簧管压力表、膜片压力表、隔膜式压力表、膜盒式压力表、电接点压力指示控制仪表等。

Lb1C2092 热工检测应包括哪些内容？

答：热工检测应包括以下内容：

（1）工艺系统的运行参数。

（2）辅机的运行状态。

（3）电动、气动和液动阀门的启闭状态和调节阀门的开度。

（4）仪表和控制用电源、气源、水源，以及其他必要条件

的供给状态和运行参数。

（5）必要的环境参数。

Lb1C3093　铠装热电偶安装前应做哪些检查？为什么？

答： 铠装热电偶的测量端直接与金属壁接触，安装前应检查其绝缘状况和极性。特别是接壳式铠装热电偶，因安装后其热偶丝的测量端已接地，无法再测量其是否对地绝缘。

Lb1C4094　为了保证氧化锆氧量计的准确测量，应满足哪些条件？

答：（1）因氧化锆的电动势与其温度成正比关系，故在测量系统中应有恒温装置，或者采用温度补偿装置，保证工作温度稳定。

（2）工作温度要选在800℃以上。

（3）必须有参比气体。参比气体中的氧分压要恒定不变且比被测气体中的氧分压大得多，这样输出灵敏度大。

（4）必须保证烟气和空气都有一定的流速，以保证参比气体中的氧分压的恒定和被测气样有代表性。

（5）被测气体的总压必须保持不变，以使氧分压能代表其容积成分。

Lb1C4095　压力测点位置的选择应符合哪些规定？

答：（1）测量管道压力的测点，应设置在流速稳定的直管段上。

（2）测量低于0.1MPa的压力时，应尽量减少液柱引起的附加误差。

（3）锅炉各一次风管或二次风管的压力测点至燃烧器之间的管道阻力应相等。

（4）汽轮机润滑油压测点应选择在油管路末端压力较低处。

Lc5C2096　试述汽包的作用。

答：有三个作用：汽水分离、建立水冷壁水循环、清洗蒸汽。

Lc5C2097　一电缆标有 3×4+1×2.5，它的含义是什么？

答：该电缆有 4 根线芯，其中 3 根截面积为 $4mm^2$，另一根截面积为 $2.5mm^2$。

Lc5C2098　锯割时锯条崩齿的原因有哪些？

答：锯条崩齿的原因有：压力太大、锯割软材料时压力太大、起锯角度太大、锯割管料和薄板时没有采取适当的措施和方法，以及锯齿选择不当与工件不相适等。

Lc5C3099　简述中间再热汽轮机系统汽水过程。

答：主蒸汽→高压缸→再热器→中压缸→低压缸→凝汽器。

Lc5C3100　汽轮机盘车装置的作用是什么？

答：在汽轮机启动而主汽门和调节阀尚未打开时，或在停机后且转子停止转动前，盘车装置可以防止汽轮机转子因受热不均而弯曲。

Lc5C3101　试说明汽轮机轴封系统的作用。

答：防止汽轮机蒸汽外漏或空气漏入汽缸，同时回收漏汽的热量，减少汽水损失。

Lc5C4102　选择绞孔余量的原则是什么？

答：（1）孔径：孔径大，余量大；孔径小，余量小。

（2）材料：材料硬，余量小；材料软，余量大。

（3）绞前加工方法：加工方法精度高，余量小；加工方法精度低，余量大。

（4）绞孔方法：机铰余量大，手铰余量小。

Lc4C2103　工作票签发人必须具备哪些条件？

答：（1）熟悉设备系统及设备性能。

（2）熟悉安全工作规程、检修制度及运行规程的有关部分。

（3）掌握人员安全技术条件。

（4）了解检修工艺。

Lc4C2104　工作班成员的安全责任是什么？

答：认真履行《电业生产安全工作规程》和现场安全措施的要求，注意施工安全，并监督《电业生产安全工作规程》和现场安全措施的实施。

Lc4C3105　对热工设备的铭牌、标志牌等有何要求？

答：表盘、端子箱等应标明编号和名称；变送器、仪表、执行机构、测量元件、一次阀门和连接管路均应有标明其用途的标志；端子排、接插件及与其相连的电缆芯线、导线都应有符合设计图纸的标志；电缆两端必须有清晰、牢固的标志牌；热机保护装置应有区别于其他设备的明显标志。

Lc4C3106　工作负责人的安全责任是什么？

答：（1）正确安全地组织工作。

（2）结合实际进行安全思想教育。

（3）督促、监护工作人员遵守《电业安全工作规程》。

（4）负责检查工作票所列安全措施是否正确完备和值班员所做的安全措施是否符合现场实际条件。

（5）工作前对工作人员交代安全事项。

（6）对工作班成员做适当的变动（同《电业生产安全工作规程》核实）。

Lc2C2107 检验和试验状态有哪几种?

答：检验和试验状态有 4 种：① 已检验合格；② 已检验但待解决，尚未判定合格与否；③ 已检验但不合格；④ 未检验。

Lc2C3108 什么是质量检验?

答：质量检验是对实体的一个或多个特性进行的测量、检查、试验和度量，将结果与规定要求进行比较，以及确定每项活动的合格情况所进行的活动。

Lc1C2109 全面质量管理的基本核心是什么?

答：全面质量管理的基本核心是提高人的素质，增强质量意识、调动人的积极性、人人做好本职工作、通过抓好工作质量来保证和提高产品质量或服务质量。

Lc1C3110 发电设备的检修方式分为哪几类？分什么等级?

答：发电设备的检修方式分为定期检修、状态检修、改进性检修和故障检修四类。

检修等级是以发电设备检修规模和停用时间为依据，一般将发电设备的检修分为大修、小修两个等级。

Jd5C2111 使用撬杠为什么不能用力过猛或用脚踩?

答：在吊装作业或搬运重物时，为了把物体抬高或放低，经常用撬的方法。撬就是用撬杠或撬棍把物体撬起来，如果用力过猛或用脚踩就容易造成撬杠滑脱或折断，容易发生安全事故，所以使用撬杠不能用力过猛或用脚踩。

Jd4C3112 使用兆欧表检查绝缘时应注意哪些问题?

答：(1) 首先根据被测对象选用适当的电压等级的兆欧表（一般选用 550V 兆欧表）。

（2）测量时被测电路要切断电源。

（3）带电容的设备测量前后均需放电。

（4）兆欧表的引出线应为绝缘良好的多股软线。

（5）摇把转动速度为 120r/min 左右，不能倒摇。

Jd3C2113　管路伴热应遵守哪些规定？

答：管路伴热应遵守下列规定：

（1）不得使管内介质冻结或汽化。

（2）差压管路的正、负压管受热应一致。

（3）管路与伴热设施应一起保温，并要求保温良好和保护层完整。

Jd2C2114　仪表盘安装前应做哪些检查？

答：仪表盘安装前应检查：

（1）盘面应平整，内外表面漆层应完好。

（2）盘的外形尺寸、仪表安装孔尺寸、盘装仪表和电气设备的型号及规格等应符合设计规定。

Jd1C2115　电缆敷设完毕后应在哪些地方固定？

答：电缆敷设完毕后应固定：

（1）水平敷设直线段的两端。

（2）垂直敷设直线段的所有各支点。

（3）转弯处的两端点上。

（4）穿越电缆管的两端。

（5）引进控制盘台前 300mm 处；引进端子箱前 150～300mm 处。

（6）电缆终端头的颈部等处。

Jd1C1116　管路水平敷设的坡度有何规定？

答：管路沿水平敷设时应有一定的坡度，差压管路应大于

1:12，其他管路应大于 1:100；管路倾斜方向敷设时应能保证排除气体或凝结液，否则应在管路的最高或最低点装设排气或排水阀。

Je5C3117　在校验数字表时，起始点为什么不从零开始？

答：对于接收 0～10mA 或 4～20mA 统一直流信号的表计，在整定仪表的电气零点时，不可使仪表的显示数全为零，因为电气零点偏负时，仪表显示仍为零。为了避免零位偏负，在调整零位电位器时，应该使最低位数码在 0～1 之间闪动。

Je5C3118　弹簧管压力表校验前应进行哪些检查？

答：弹簧管压力表校验前的检查内容如下：

（1）仪表的刻度、指针等，应符合技术要求。

（2）仪表表壳、玻璃及底座应装配严密牢固。

（3）加压检查时，仪表指针在标尺刻度范围内移动应平稳，没跳动和卡涩现象。

（4）仪表在工作位置测量系统与大气接通时，仪表指针应位于标尺零点分度线上。

Je5C3119　简述工业用水银温度计的零点检定。

答：（1）零点的获得。将蒸馏水冰或自来水冰破碎成雪花状，放入冰点槽内，注入适量的蒸馏水或自来水后，用干净的玻璃棒搅拌并压紧，使冰面发乌，再用二等标准水银进行校准，稳定后使用。

（2）零点检定时温度计要垂直插入冰点槽内，距离器壁不得小于 20mm，待示值稳定后方可读数。

Je5C3120　压力表在投入前应做好哪些准备工作？

答：压力表在投入前应做的准备工作如下：

（1）检查一次门、二次门、排污门、管路及接头处应连接正确牢固。二次门、排污门应关闭，接头锁母不渗漏，盘根须适量，操作手轮和紧固螺丝与垫圈齐全完好。

（2）压力表及固定卡子应牢固。

（3）电接点压力表还应检查和调整信号装置部分。

Je5C3121　影响热电偶测温的外界因素是什么？用哪些方法消除？

答：影响热电偶测温的外界因素是热电偶冷端温度。

消除的方法有恒温法、补偿导线法、补偿电桥法、补偿电偶法、电势补偿法、调整动圈仪表机械零位等。

Je5C3122　热工控制回路如何进行现场检查？

答：控制回路的连线要全部经过检查，验明是否符合图纸要求，是否有接错之处，导线对地和导线之间的绝缘是否符合规定，导线接头接触是否良好。

Je5C3123　弹簧管压力表产生滞针、跳针的原因有哪些？

答：弹簧管压力表的传动装置中如齿轮的轮齿有锈蚀、磨损或齿间有毛刺、污物存在，都将导致压力表滞针和跳针故障。

Je5C3124　如何整定压力开关的动作值？

答：在整定压力开关的动作值时，应该先利用复位弹簧的整定螺丝整定好开关的复位值，再利用差值弹簧的整定螺丝去整定开关的动作值。

Je5C3125　简述试验室校验 YX–150 型、0～1.6MPa、1.5 级电接点压力表时所用的标准器及设备。

答：所需标准器如下：

（1）量程为 0～2.5MPa，精度为 0.25 级的弹簧管式标准压力表。

（2）量程为0～6MPa的二等标准活塞式压力计。

Je5C3126　弹簧管压力表有哪两个调整环节？调整这两个环节各起什么作用？

答：弹簧管压力表包括两个调整环节：① 杠杆的活动螺丝；② 转动传动机构改变扇形齿轮与杠杆的夹角。

调整杠杆的活动螺丝可以得到不同的传动比，达到调整压力表线性误差的目的，改变扇形齿轮与杠杆的夹角可以起到调整压力表非线性误差的作用。

Je5C4127　使用活塞压力计应注意哪些问题？

答：（1）活塞与活塞缸，承重盘和砝码必须配套使用，不能与其他活塞压力计互换。

（2）必须根据当地的重力加速度进行砝码的修正，对0.05级活塞压力计重力加速度与标准相差不大于0.0005m/s^2，0.2级的相差不大于0.02m/s^2，可以不考虑该项误差。

（3）活塞压力计使用的环境温度为20℃±5℃，传压介质、黏度应符合规定。

（4）测量时，应使活塞以30～120r/min的角速度连续转动。

（5）所用传压介质应符合规定并过滤。

Je5C4128　使用精密压力表应注意些什么？

答：（1）仪表应妥善保管，经常保持清洁。

（2）使用或搬运时，不要剧烈振动和碰撞，以免仪表损坏。

（3）使用时应轻敲仪表表壳，然后再进行读数。

（4）如果发现仪表有问题，应进行检定和检修。

（5）仪表经常使用的工作压力范围应不大于测量上限的70%。

（6）为了保证仪表的准确性，应定期进行检查和检定。

Je5C4129 电接点压力表的信号误差如何检定？

答：在电接点压力表示值检定合格后，进行信号误差的检定，其方法是：将上限和下限的信号接触指针分别定于三个以上不同的检定点上，检定点应在测量范围的20%～80%之间选定，缓慢升压或降低，直至发出信号的瞬时为止，动作值与设定值比较计算误差不应超过允许误差1.5倍。

Je5C4130 简述弹性压力表有哪些校验内容。怎样选择弹性压力表的校验点？

答：压力表的校验内容包括确定仪表的基本误差、变差、零位、轻敲位移和指针偏转的平稳性（有无跳动、停滞卡涩现象）。

弹性压力表的校验点应在测量范围内均匀选取，除零点外，校验点数对于压力表和真空表不小于4点；对于压力真空（联程）表，其压力部分不小于3点，真空部分为1～3点。校验点一般选择带数字的大刻度点。

Je5C4131 对气动仪表信号管路的严密性有什么要求？

答：气动仪表的信号管路不能泄漏。如有泄漏，会影响仪表及其系统的正常工作，因此要求在安装或检修后都进行严密性试验。根据《电力建设施工及验收技术规范》的规定，必须用1.5倍的工作压力（150kPa）进行严密性试验，并要求在5min内压力降低值不大于0.5%（750Pa）。

Je5C4132 测量蒸汽及液体压力表的投入有哪些程序？

答：（1）开启一次阀门，使导管充满介质。

（2）二次阀门为三通门时，缓缓开启排污手轮，用被测介质将导管冲洗干净后，关闭排污手轮。

（3）缓缓开启二次阀门，投入仪表。

（4）测量蒸汽或液体的压力表投入后，如指针指示不稳定或有跳动现象，一般是因为导压管有空气。装有放气阀的应排气；未装放气阀的可关闭二次阀门，将仪表接头稍稍松开，再稍稍打开二次阀门，放出管内空气。待接头有液体流出后，再关紧二次阀门，拧紧接头，重新投入仪表。

（5）多点测量的风压表投入后，应逐点检查指示是否正常。

（6）真空压力表投入后，应进行严密性试验。在正常状态下，关闭一次阀门，5min 内指示值的降低不应大于 30%。

Je5C4133 热电偶参考端温度处理具体方法有哪几种？

答：具体方法有：① 热电势修正法；② 参考端恒温法；③ 参考端温度补偿法。

Je5C4134 热电阻温度计测温常见的故障有哪些？

答：热电阻温度计测温常见的故障有：① 热电阻的电阻丝之间短路或接地；② 热电阻的电阻丝断开；③ 保护套管内积水或污物局部短路；④ 电阻元件与接线盒间引出的导线断路；⑤ 连接导线接触不良使阻值增大，或有局部短路等。

Je5C4135 如何调整弹簧管式压力表的线性误差？

答：当弹簧管式压力表的示值误差随着压力成比例地增加时，该误差称为线性误差。产生线性误差的原因主要是传动比发生了变化，只要移动调整螺钉的位置，改变传动比，就可将误差调整到允许范围内。当被检表的误差为正值，并随压力的增加而逐渐增大时，将调整螺钉向右移，降低传动比。当被检表的误差为负值，并随压力的增加而逐渐增大时，应将调整螺钉向左移，增大传动比。

Je5C4136 如何调整弹簧管式压力表的非线性误差？

答：压力表的示值误差随压力的增加不成比例变化时，该误差称为非线性误差。改变拉杆和扇形齿轮的夹角，可以调整非线性误差。调小拉杆与扇形齿轮的夹角，指针在前半部分走得快，在后半部分走得慢。调大拉杆与扇形齿轮之间的夹角，指针在前半部分走得慢，在后半部分走得快。拉杆与扇形齿轮夹角的调整可通过转动机芯来达到。

非线性误差的具体调整，要视误差的情况而确定。通常情况下应先将仪表的非线性误差调成线性误差，再调整线性误差。为此，一般情况下调整拉杆与扇形齿轮的夹角，是与调整调节螺钉的位置配合进行的。

Je5C4137　什么是压力开关的差动值？如何调整？

答：压力开关的差动值，也称为压力开关的死区。压力开关动作后，必须使压力稍低于压力开关的动作值，才能使微动开关复位。动作值与复位值之差称为压力开关的差动值。

将压力开关安装在校验装置上，先将差动旋钮旋至零位，使压力到达动作值，调整调节杆，用万用表电阻挡监视输出接点状态，当接点正好闭合时停止调节。然后使压力下降到规定的死区范围，调节差动旋钮，使接点正好断开，如此反复校核两次，直至动作都准确为止。

Je5C5138　使用管型高温检定炉应注意什么？

答：（1）通电前，应检查温度控制器。加热电源、稳压电源、调压器等与电炉连接的导线应连接牢固，炉外壳接地、温度控制器各功能旋钮或按键应置于正确的位置上。

（2）电阻炉的加热电流和电压不允许超过电炉的额定功率。

（3）升降温时不能使加热电流突变，以防电炉因温度突变而损坏。

（4）检定贵金属热电偶的电阻炉不能用来检定普通金属热电偶。

Je5C5139　膜盒式风压表传动机构的摩擦与卡涩故障是怎样造成的？如何处理？

答：（1）由于清洁不良所致。可拆下零件浸入汽油中用毛刷清洗。

（2）转轴不直，齿轮有毛刺或间隙过小，游丝损坏，元件间碰擦或运动元件连接过紧等。可根据实际情况予以处理。

Je5C5140　膜盒式风压表怎样进行平衡调节？

答：膜盒风压表平衡调节方法是：将风压表加压到 1/2 满量程刻度处；再将风压表左、右分别倾斜 5°，其不平衡所引起的基本误差若小于或等于允许误差的一半，则风压是平衡的。否则应作如下调整：仪表右边抬高时，若指针向上偏转，说明指针侧轻，将平衡锤向内旋进；若指针向下偏转，说明指针侧重，应将平衡锤向外旋出。

Je4C2141　盘内接线的技术要求有哪些？

答：盘内配线的基本技术要求包括：① 按图施工、接线正确；② 连接牢固、接触良好；③ 绝缘和导线没有受损伤；④ 配线整齐、清晰、美观。

Je4C2142　对热工各连接管路应如何检查？

答：主要检查蒸汽、空气管路和水管路是否有接错、堵塞和泄漏的现象。

Je4C3143　叙述风压取源测点位置选择的原则。

答：（1）测量管道压力的测点应设置在流速稳定的直管段上。

（2）锅炉一次风管或二次风管的压力测点到燃烧器之间的管道阻力应相等。

（3）测量气体压力时，测点在管道的上半部。

（4）测量带有灰尘或气粉混合物等混浊介质的压力时，应采用具有防堵和吹扫结构的取压装置。

Je4C3144　对热工信号系统的试验有哪些质量要求？

答：对热工信号系统试验的质量要求如下：

（1）当转换开关置于“灯光试验”位置（或按“试灯”按钮）时，全部光字牌应亮（或慢闪）。

（2）当转换开关置于“信号试验”位置（或按“试验”按钮）时，应发出声响报警和所有光字牌光报警；按消声按钮，声响应消失，所有光字牌变为平光。

（3）当模拟触点动作时，相对应的光字牌应闪光，并发出声响报警；按消声按钮，声响应消失，光字牌闪光转为平光。

Jc4C3145　简述数字温度表的检定项目。

答：检定项目包括外观检查、通电检查（包括数码管显示、符号及小数点位检查）、基本误差检定、分辨力检定、稳定性检定、连续运行试验、绝缘电阻测量、绝缘强度的测量。

Je4C3146　简述差压变送器的投入过程。

答：（1）检查差压变送器的正、负压门是否关闭，平衡门是否打开。

（2）开启排污门。缓缓打开一次阀门冲洗导管，冲洗后关闭排污门，一般冲洗不少于两次。

（3）待导管冷却后才可启动仪表。若管路中装有空气门应先开启空气门，排除空气后方可启动仪表。

（4）逐渐开启变送器正压门。当测量介质为蒸汽或液体时，待充满凝结水或液体时，松开变送器正、负测量室排污螺钉，待介质逸出并排净空气后拧紧螺钉，然后检查是否渗透漏并检查仪表零点。

（5）关闭平衡门，逐渐打开负压门。

Je4C3147　热电阻元件在使用中会发生哪些常见故障？

答：热电阻线之间短路或接地；电阻元件电阻丝熔断；保护套管内部积水；电阻元件与导线连接松动或断开。

Je4C3148　试简述 1151 型电容式压力变送器校验的技术要求。

答：（1）仪表外观要整洁，铭牌完好，各零部件完整无损，位置正确，紧固件无松动。

（2）准确度为变送器量程的±0.5%，示值误差在允许基本误差以内，回程误差不大于允许基本误差的绝对值。

（3）密封性。变送器的测量部分在承受额定工作压力时，不应有泄漏及损坏现象。

（4）绝缘性。变送器的接线端子内部电气回路对外壳的绝缘电阻不应小于 20MΩ。

Je4C3149　对屏蔽导线（或屏蔽电缆）的屏蔽层接地有哪些要求？为什么？

答：屏蔽层应一端接地，另一端浮空，接地处可设在电子装置处或检测元件处，视具体抗干扰效果而定。若两侧均接地，屏蔽层与大地形成回路，共模干扰信号将经导线与屏蔽层间分布的电容进入电子设备，引进干扰。一端接地，屏蔽层仅与一侧保持同电位，与大地不构成回路，就无干扰信号进入电子设备，从而避免大地共模干扰电压的侵入。

Je4C3150　简述检定 0～400kPa、0.5 级 1151 型电容式压力变送器所用的标准仪器有哪些？

答：1151 型电容式压力变送器的准确度等级为 0.5 级，标准器允许基本误差的绝对值应不大于被检表允许基本误差绝对值的 1/3。检定该类型压力变送器所用的标准仪器包括：

（1）压力标准器。二等标准活塞式压力计，0.1 级、0～

600kPa 标准数字压力表或准确度能满足要求的其他压力标准器。

（2）电流标准器。0.1 级、0～20mA 数字毫安表或准确度能满足要求的其他电流标准器。

Je4C3151　简述 0～400kPa、0.5 级 1151 型电容式压力变送器密封性试验方法及要求。

答：将额定工作压力（400kPa）引入压力变送器，切断压力源，观察 5min 压力下降值，不超过所加压力的 1%（4kPa）。

Je4C3152　试述 DTL 型调节器中放大器故障的一般检查方法。

答：（1）检查各点电流电压的数值是否符合规定值。如某一点电压不正常，则检查与它有关的元件是否损坏。

（2）功率级检查。将变压器 B1 初级绕组短接，用万用表“$R\times100$”挡给功放管的 b、e 极加入一信号（红笔接 e，黑笔接 b），看调节器有无输出。如有，则正常，否则有关元件损坏，开路接触不良。

（3）交流电压放大级检查。测量各级的工作点电压是否符合规定值。

（4）调制级检查。

Je4C3153　现场如何判断热电偶的型号及补偿导线的极性？

答：要判断热电偶的型号及补偿导线的极性，必须掌握热电偶材料的物理性质及补偿导线的性质。如 K 分度热偶为镍铬（+）（不亲磁）—镍硅（–）（稍亲磁），对应补偿导线为铜（+）（红色）—康铜（–）（白色）；E 分度热偶为镍铬（+）（褐绿色）—康铜（–）（白色），对应补偿导线为热电偶延长线。两者性质相同。

掌握以上性质后，在现场工作时，应看颜色、试软硬、检查亲磁与否。就可判断出极性。

Je4C3154　试述 DKJ 电动执行器的校验步骤。

答：（1）当执行器校验接线无误后，接通电源，将伺服电动机端盖上的“手动—自动”开关拨向“手动”位置，摇动手柄，当输出轴转到零位时，位置发送器的输出电流应为 4mA。

（2）摇动手柄，使执行机构的输出轴旋转 90°，此时位置发送器的电流应等于 20mA、否则应调整位置发送器内的调幅值电位器。输出轴的转角与位置发送器的输出电流成正比例关系，其误差应符合要求。

（3）用双极开关改变输入信号的极性，使执行器向正、反两个方向旋转，输出轴应动作灵活，位置发送器的输出电流应随输出轴向转动而正确变化。

Je4C3155　试述电动执行器和气动执行机构的就地如何手动操作。

答：（1）电动执行器就地手动操作时，可将电动机上的把手拨到“手动”位置，拉出手轮，摇转即可。

（2）气动执行机就地手动操作时，可将控制箱上的平衡阀扳到“手动”位置，将上、下缸气路连通。不带手轮的气动执行机构，在其支架转轴端部带有六方头，可使用专用扳手进行手动操作。

Je4C3156　安装转换开关时应进行哪些检查？

答：安装时，应用专业仪表来检测。检查不同位置时，接点的闭合情况应与展开图相符。同时检查其接点的接触是否紧密。接点不符合要求时，应予更换。接点接触不良者应予修理，如作解体处理。回装后应检查接点闭合情况，确保动作可靠。

Je4C3157　角行程执行器的机械调整主要指的是什么？若调节机构“全关”至“全开”，而执行器转臂旋转已超过90°或不到90°时，应怎样调整？

答：（1）机械调整主要指调整调节机构转臂的长度，能使电动执行器转臂逆时针旋转90°，或气动执行机构活塞杆由最低位置运动到最高位置时，调节机构从“全关”至“全开”，走完全行程。

（2）调节机构“全关”至“全开”，而执行器转臂旋转已超过90°，应将调节机构转臂销轴孔向里移，即缩短转臂长度。若执行器转臂旋转不到90°，则应将调节机构转臂销轴孔向外移，即增长转臂长度。

Je4C3158　角行程电动执行器的安装位置应如何选择？

答：角行程电动执行器的安装位置应选择在：① 执行器一般安装在被调节机构的附近，以便于操作、维护和检修且不影响通行；② 拉杆不宜太长；③ 执行器与调节机构的转臂在同一平面内动作，否则应另装换向器；④ 安装完毕后，应使执行器手轮顺时针旋转，调节机构关小，反之开大，否则应在手轮旁标明开关方向；⑤ 执行器安装应保证在调节机构随主设备受热位移时，三者相对位置不变。

Je4C3159　汽轮机润滑油压低时不发出报警信号，如何处理？

答：（1）先检查闪光报警，短路闪光报警润滑油压低端子接点，若发信号，确定信号回路正常。

（2）润滑油压保护中的润滑油压低接点接通后启动一个继电器，继电器动作，其接点闭合应发出润滑油压低信号，检查继电器接点是否接触良好。

（3）检查线路。

Je4C4160　锅炉送、引风机联动控制系统的连锁条件是什么？

答：连锁条件如下：

（1）运行中的引风机（或送风机）中有一台停运时，应自动关闭其相应的入口导向装置，以防止风短路。但是，运行中的一台或两台引风机（或送风机）均停止时，不得关闭其入口导向装置。

（2）运行中的唯一一台引风机停止运行时，应自动停止送风机的运行。

Je4C3161　氧化锆探头的本底电压应如何测量？

答：将探头升温到700℃，稳定2.5h后，从探头试验气口和参比气口分别通入流量为15L/h的新鲜空气，用数字电压表测量探头的输出电动势。待稳定后读数，即探头的本底电动势，不应大于±5mV。

Je3C3162　DKJ电动执行器只能向一个方向运转，但当输入信号极性改变后，执行器不动，试分析故障原因。

答：（1）检查放大器至电动机内的连线，若其中一条断路即造成该现象出现。

（2）输入信号极性改变时，两触发器应有交替的脉冲出现。如果一边无脉冲，原因有：① 晶体三极管击穿；② 单结晶体管BT31F断路或击穿，此时无脉冲一边晶闸管不会导通。

（3）若两触发器输出正常，则可能晶闸管损坏。

（4）伺服电动机损坏。

Je3C3163　1151型变送器如何进行零点迁移？

答：1151型变送器零点迁移步骤如下：

（1）在迁移前先将量程调至所需值。

（2）按测量的下限值进行零点迁移。输入下限对应压力，用零位调整电位器调节，使输出为 4mA。

（3）复查满量程，必要时进行细调。

（4）若迁移量较大，则先将变送器的迁移开关（接插件）切换至正迁移或负迁移的位置（由迁移方向确定），然后加入测量的下限压力，用零点调整电位器把输出值调至 4mA。

（5）重复步骤（3）。

Je3C3164　单级与串级三冲量给水调节系统在结构上有什么相似和不同之处？

答：（1）相同处，都有蒸汽流量、给水流量、水位三个信号，并由给水流量信号反馈构成内回路，水位信号构成外回路，以及有蒸汽流量信号的前馈通路。

（2）不同处，串级系统增加了一个调节器，主调节器控制外回路，副调节器控制内回路。

Je3C3165　如何做 DTL 调节器的输出电流稳定性试验？

答：（1）积分时间置最大，微分时间置最小，比例带置 100%。

（2）改变输入信号使输出为任意值，输出抖动范围不应超过 0.05mA。

Je3C5166　DKJ 执行机构如何进行试验检查？

答：（1）按图 C-3 接线。

（2）合电源开关“1K”，将电动机“把手”放在手动位置，摇动手轮使输出轴转到出厂时调整好的零位（凸轮高端），此时毫安表指示应为 4mA（0mA）。

（3）摇动手轮，使输出轴顺时针旋转 90°，毫安表指示应相应地从 4mA 变到 20mA（10mA）。如果不到（或超过）20mA（10mA），应打开位置发送器罩盖，调整电位器，使转角和位置发送器的输出电流一一对应。

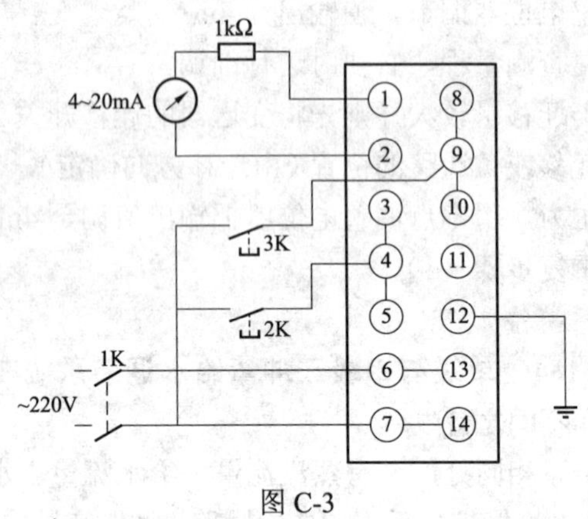

图 C-3

（4）操作按钮“2K”输出轴应顺时针旋转，操作按钮“3K”输出轴应逆时针旋转。同时位置发送器的输出电流应能和转角一一对应。

Je2C2167　简述超声波流量计的组成和测量原理。

答：超声波流量计主要由换能器和转换器组成。换能器和转换器之间由信号电缆和接线盒连接，夹装式换能器需配用安装夹具和耦合剂。

超声波流量计是利用超声波在流体中传播时，超声波声速受流体影响而变化的原理来测量流量的。

Je2C3168　什么是“报警死区处理”？

答：“报警死区处理”是计算机应用程序结构中报警处理结构的功能之一，可设定各种报警限值的死区，防止参数在报警限值附近波动时发出频繁报警，提高信号系统工作的稳定性。

Je2C3169　试述标准孔板的检验项目。

答：检验项目包括结构尺寸和几何尺寸的检验，孔板开孔部分的检验，孔板边缘尖锐度的检验，孔板平行度的检验，粗糙度的检验，流出系数及不确定度的检验。流出系数的检验可在水流量校准装置上进行。装置的基本误差限应小于或等于孔板流出系数不确定度的1/2。

Je2C3170　试述孔板入口边缘圆弧半径 r_k 的检验方法。

答：（1）反射光法。将孔板倾斜45°角，使日光或人工光源射向直角入口边缘；当 $d \geqslant 25mm$ 时，用2倍放大镜观察边缘有无反射光；当 $d < 25mm$ 时，用4倍放大镜观察边缘有无反射光。

（2）模压法。用铅箔模压孔板入口边缘；制成复制件后用显微镜实测 r_k，其结果应符合规程规定。

Je2C3171　当减温水量已增至最大，过热蒸汽温度仍然过高时，可采取哪些措施降低汽温？

答：（1）调整锅炉燃烧，降低火焰中心位置。

（2）在允许范围内减少过量空气量。

（3）适当降低锅炉蒸发量。

Je2C3172　使用标准节流装置必须具备哪些管道条件和流体条件？

答：（1）流体必须是牛顿流体，流体要充满管道，作连续稳定流动，不能有脉动流量。

（2）管道应具有圆形截面，其直径应在规定范围内。流体在节流装置前、后一段距离内不发生相变化，水不蒸发，过热蒸汽保持过热状态，同时是单向存在的。节流装置安装在两段等内径的直管段之间，前、后直管段要有一定长度（符合《电力建设施工及验收技术规范》规定），以保证流体在流过节流装置前流速与管道轴线平行，没有涡流。

Je2C4173　简述计算机控制系统组态的方法及步骤。

答：方法步骤如下：

（1）根据过程控制系统方框图，确定算法功能块的类型。

（2）为功能块指定输入与输出信号。

（3）指出信号的处理方式。

（4）填写功能块所需要的参数等。

Je2C4174　简述标准节流装置的选型原则。

答：（1）必须满足测量精度的要求。

（2）压力损失不应超过规定要求。

（3）前后直管段应满足规定要求。

（4）在满足测量精度的条件下，尽可能选择结构简单、价格便宜的节流装置。

（5）要考虑到安装地点流体对节流装置的磨损和脏污条件。

（6）要求现场安装方便。

Je2C4175　简答采用平衡容器测量汽包水位时，产生误差的主要原因有哪些。

答：（1）在运行时，当汽包压力发生变化时，会使饱和水及饱和蒸汽的密度发生变化，造成差压输出有误差。

（2）设计计算平衡容器补偿管时，是按照水位处于零水位情况下得出的，而运行时锅炉偏离零水位时会引起测量误差。

（3）汽包压力突然下降时，正压室内凝结水可能会被蒸发掉，导致仪表指示失常。

Je1C4176　电信号气动行程执行机构（ZSLD–A 型）校准项目有哪些？

答：ZSLD–A 型执行机构校准项目包括：一般性检查；作用方向检查；基本误差和回程误差校准；不灵敏区（死区）校准；空载全行程时间校准；自锁性能校准；气源压力变化影响

试验。

Je1C4177　采用变速给水泵的给水全程控制系统应包括哪三个系统？

答：应包括下列三个系统：

（1）给水泵转速控制系统。根据锅炉负荷的要求，控制给水泵转速，改变给水流量。

（2）给水泵最小流量控制系统。通过控制回水量，维持给水泵流量不低于某个最小流量，以保证给水泵工作点不落在上限特性曲线的左边。

（3）给水泵出口压力控制系统。通过控制给水调节阀，维持给水泵出口压力，保证给水泵工作点不落在最低压力 p_{min} 线和下限特性曲线以下。

这三个了系统对各种锅炉的给水全程控制系统来说都是必要的。

Je1C1178　要更换运行中的电接点水位计时，如何保护电极？

答：更换前先将测量筒泄压（注意在冷却后进行），以防损坏电极螺栓和电极座螺纹。更换后投入时，应先开排污阀，微开汽侧一次门，预热测量筒，避免汽流冲击和温度骤升损坏电极。

Jf5C2179　任何单位和个人在发现火警时，都应当迅速、准确地报警，并积极参加扑救。火灾报警的要点有几条？内容是什么？

答：有 4 条，内容是：① 火灾地点；② 火势情况；③ 燃烧物和大约数量；④ 报警人姓名及电话号码。

Jf5C2180　试述锯条在锯削过程中折断的主要原因。

答：① 锯条装得过紧或过松；② 工件抖动或松动；③ 锯

缝歪斜；④ 锯缝歪斜后强力校正；⑤ 锯削时压力太大；⑥ 锯条被锯缝咬住；⑦ 锯条折断后，新锯条从原缝锯入。

Jf4C1181 《电力安全工作规程》中“两票三制”指的是什么？

答：“两票”是指操作票和工作票。

“三制”是指设备定期巡回检测制、交接班制、冗余设备定期切换制。

Jf4C3182 钢丝绳在施工中的使用有什么规定和要求？

答：① 钢丝绳应防止打结或扭曲；② 钢丝绳的安全系数要足够，且夹角应符合规定和要求；③ 钢丝绳不得与物体的棱角直接接触，应在棱角处垫半圆管、木板或其他柔软物；④ 钢丝绳在机械运动中不得与其他物体发生摩擦；⑤ 钢丝绳严禁与任何带电体接触。

Jf4C3183 喷灯使用时需注意哪些事项？

答：（1）油筒、气筒、喷嘴等不应有渗漏。

（2）使用场所附近不应有易燃物，尽可能在空气流通的地方工作。

（3）不在明火附近加油、放油或拆卸、检查喷灯。

（4）使用中当筒体发烫时，应停止作用。

（5）不应在热状态下拆卸喷灯，特别是加油口。

（6）点燃试喷火量时，应将火焰冲墙壁。

Jf3C3184 吊运重物时，要注意哪些方面？

答：当吊运开始时，必须告知周围人员离开一定距离，挂钩工退到安全位置，再发令起吊。当重物吊离地面 100mm 时，应暂停起吊，仔细检查捆绑情况，确认一切都可靠后继续进行起吊，不得以其他任何理由不执行操作规程。

Jf3C1185　为了电力生产的安全进行，要做哪些季节性安全防范工作？

答：季节性安全防范工作有：防寒防冻、防暑降温、防雷、防台风、防汛、防雨、防爆、防雷闪、防小动物等。

Jf2C2186　非计划检修中为了按时恢复运行，要防止哪两种倾向？

答：要防止下列倾向：

（1）不顾安全工作规程规定，冒险作业。

（2）不顾质量，减工漏项，临修中该修的不修。

Jf1C2187　选择电厂的热工自动化系统和设备的一般原则是什么？

答：选择电厂的热工自动化系统和设备时，应选用技术先进、质量可靠的设备和元件。对于新产品和新技术，在取得成功的应用经验后方可在设计中采用。从国外进口的产品，包括成套引进的热工自动化系统，也应是技术先进并有成熟经验的系统和产品。

Jf1C5188　机组启动应具备哪些条件？

答：试运项目验收合格；信号、保护装置完善；消防设施已投入使用，消防器材充足；照明充足，事故照明具备使用条件；设备及管道保温完毕；土建工程完工，安装孔洞及沟道盖板已盖好；通道畅通无阻，易燃物品和垃圾已彻底清除；脚手架全部拆除，必须保留的脚手架不得妨碍机组运行；试运设备与安装设备之间已进行有效的隔离，且试运与施工系统的分界线明确；所有试运设备的平台、梯子、栏杆安装完毕；试运范围内临时敷设的氧气管道和乙炔管道已全部拆除；事故放油管畅通并与事故放油池连通。

Jd5C4189　画出配热电偶用动圈式仪表的测量回路电路，并说明电路中各电阻起什么作用？

答：配热电偶用动圈式温度表的测量回路电路图如图 C-4 所示。R_D 为动圈电阻；R_S 为量程电阻；R_t 为负温度系数的热敏电阻，它在 20℃时的阻值为 68Ω，与 R_{b1}（锰铜丝绕制，50Ω）并联后的等效电阻随温度变化的关系接近线性，其热惯性和动圈电阻 R_D 相当，使动圈电阻的温度特性补偿得到改善；R_0 为外线路电阻，包括热电偶电阻、补偿导线的电阻、铜导线电阻、补偿器的电阻和调整电阻。

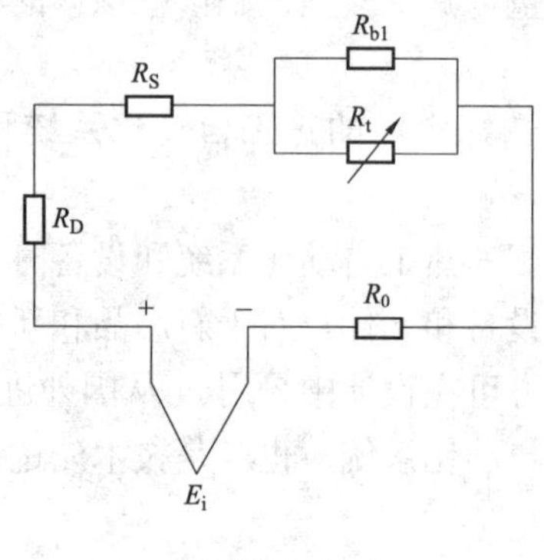

图 C-4

Jd5C5190　说明图 C-5 所示 XCZ-102 型温度指示仪（配热电阻）测量原理。

答：图 C-5 所示电路按不平衡电桥原理工作。电阻 R_5、R_6、R_6'、R_7、R_8、R_8'、r'、r'' 和热电阻 R_t 组成电桥。当热电阻的数值为仪表标尺起始刻度值（R_{t_0}）时，桥路有下列关系：

$$R_5=R_7,\ R_6+R_6'+r'=R_8+R_8'+r''+R_{t_0}$$

即电桥处于平衡状态。当热电阻阻值变化时，桥路对角线 A、B 两点间产生不平衡电动势，该电动势在测量机构回路中形成电流，指示机构指示出对应温度值整流稳压电路向测量桥路提供稳定电压。

V1~V4
C
R_1
R_2
R_3
R_4
R_5
R_7
V5
V6
V7
R_s
A
B
R_6
R_8
R_6'
R_8'
R_9
N
S
R_{10}
R_{11}
~220V
r
r'
r''
R_t

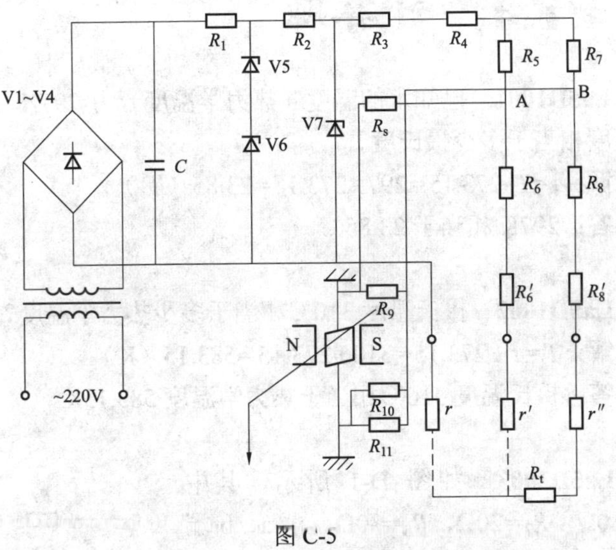

图 C-5

4.1.4 计算题

La5D1001 已知水的温度（热力学温度）为 297K，计算该温度相当于多少摄氏度？

解：$t=T-273.15=297-273.15=23.85$（℃）

答：297K 相当于 23.85℃。

La5D1002 摄氏温度 310℃相当于多少热力学温度？

解：$T=t+273.15=310+273.15=583.15$（K）

答：摄氏温度 310℃相当于热力学温度 583.15K。

La5D2003 如图 D-1 所示，其中 $R_1=10\Omega$，$R_2=20\Omega$，$R_3=30\Omega$，求 a、b 端间的电阻。

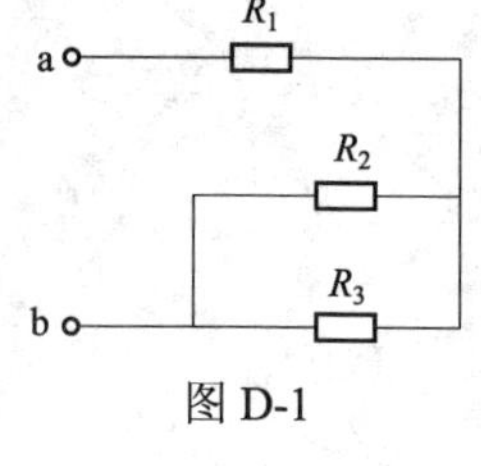

图 D-1

解：ab 间的总电阻为

$$R=R_1+(R_2\times R_3)/(R_2+R_3)$$
$$=10+(20\times30)/(20+30)$$
$$=22\ (\Omega)$$

答：ab 间的总电阻为 22Ω。

La5D2004 凝汽器真空表的读数为 97.09kPa，大气压力计读数为 101.7kPa，求工质的绝对压力。

解：绝对压力 $p_a=101.7-97.09=4.61$（kPa）

答：工质的绝对压力是 4.61kPa。

La5D2005 锅炉汽包压力表读数为 9.604MPa，大气压表的读数为 101.7kPa，求汽包内工质的绝对压力？

解：绝对压力 $p_a=9.604+101.7\times10^{-3}=9.704$（MPa）

答：汽包内工质的绝对压力为 9.704MPa。

La5D2006 除氧器绝对压力为 0.6MPa，压力表指示值为 0.508MPa，求当地大气压。

解： $p_{atm}=0.6-0.508=0.092$（MPa）

答： 当地大气压为 0.092MPa。

La5D5007 如图 D-2 所示，电源的电动势 E=6V，内阻 r=1.8Ω，外电阻 $R_3=R_4=R_6=6\Omega$，$R_5=12\Omega$。当开关 S 与 1 接通时，电流表 A 示值为零；当 S 与 2 接通时，电流表 A 示值为 0.1A。求 R_1、R_2 的值。

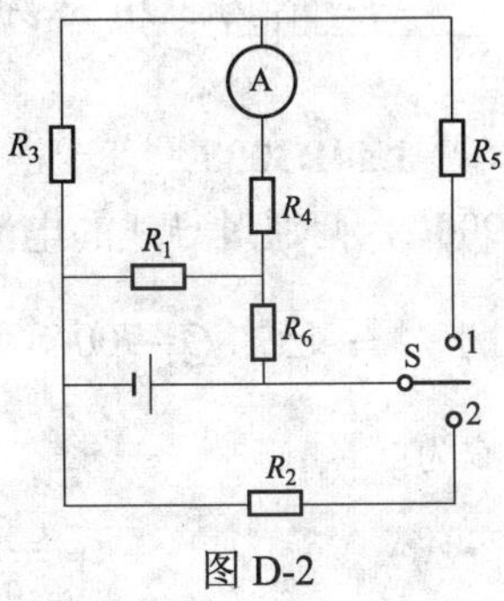

图 D-2

解：（1）S 合向 1 时，如图 D-3 所示，因为流过电流表的电流为 0，所以有 $\frac{R_3}{R_1}=\frac{R_5}{R_6}$，则

$$R_1=\frac{R_3R_6}{R_5}=\frac{6\times6}{12}=3\ (\Omega)$$

（2）S 合向 2 时，如图 D-4 所示，有

$$U_{BA}=(R_3+R_4)\times I_{34}=(6+6)\times0.1=1.2\ (\text{V})$$

$$I_1=\frac{U_{BA}}{R_1}=\frac{1.2}{3}=0.4\ (\text{A})$$

$$I_6=I_1+I_{34}=0.1+0.4=0.5\ (\text{A})$$

$$U_{CA}=U_{BA}+I_6R_6=1.2+0.5\times6=4.2\ (\text{V})$$

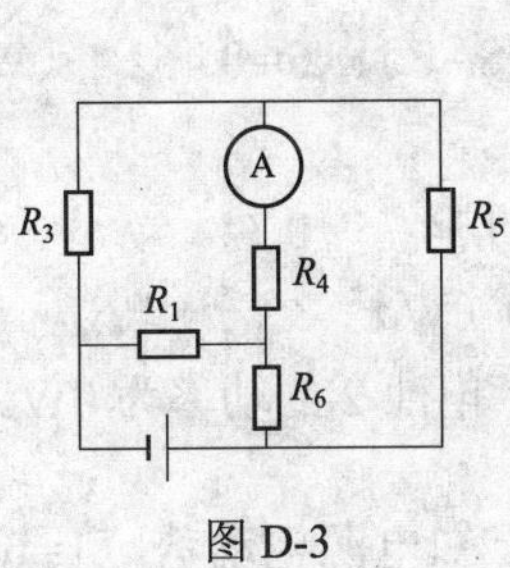

图 D-3

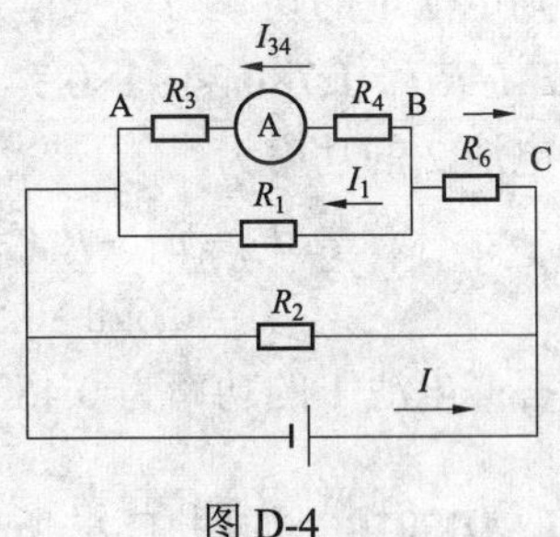

图 D-4

$$I=\frac{E-U_{CA}}{r}=\frac{6-4.2}{1.8}=1\text{（A）}$$

$$I_2=I-I_6=1-0.5=0.5\text{（A）}$$

$$R_2=\frac{U_{CA}}{I_2}=\frac{4.2}{0.5}=8.4\text{（Ω）}$$

答：R_1 为 3Ω；R_2 为 8.4（Ω）。

La4D3008 有一根导线，每小时通过其横截面的电量为 900C，问通过导线的电流多大？

解：已知 Q=900C，t=1h=3600s，根据公式 $I=\frac{Q}{t}$ 可求得电流为

$$I=\frac{Q}{t}=\frac{900}{3600}=0.25\text{（A）}$$

答：通过导线的电流为 0.25A。

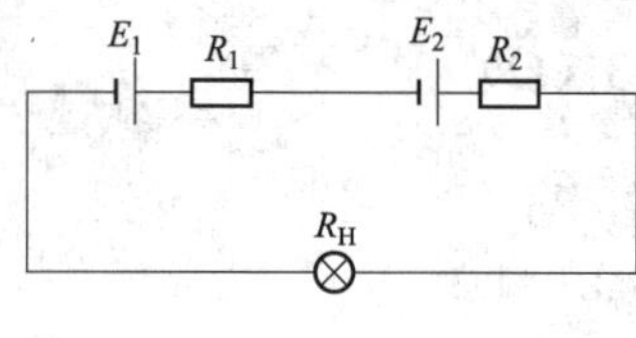

图 D-5

La4D3009 某一电筒的等效电路如图 D-5 所示，已知 $E_1=E_2=1.7$V，$R_1=1Ω$，$R_2=5Ω$，$R_H=4Ω$，求各电池输出的功率。

解：流过 R_H 的电流为

$$I=(E_1+E_2)/(R_1+R_2+R_H)$$
$$=(1.7+1.7)/(1+5+4)=0.34\text{（A）}$$

则电池 1 的功率为

$$P_1=E_1I-R_1I^2=1.7\times0.34-1\times0.34^2=0.578-0.115\,6=0.462\,4\text{（W）}$$

电池 2 的功率为

$$P_2=E_1I-R_1I^2=1.7\times0.34-5\times0.34^2$$
$$=0.578-0.578=0\text{（W）}$$

答：电池 1 的功率为 0.462 4W；电池 2 的功率为 0W。

La4D3010 如图 D-6 所示，已知电源电动势 E_1=6V，

E_2=1V，电源内阻不计，电阻 R_1=1Ω，R_2=2Ω，R_3=3Ω，试用支路电流法求各支路的电流。

解：假设各支路的电流方向如图 D-7 所示，则有：

$$I_1=I_2+I_3$$
$$E_1=I_1R_1+I_3R_3$$
$$E_2=I_2R_2-I_3R_3$$

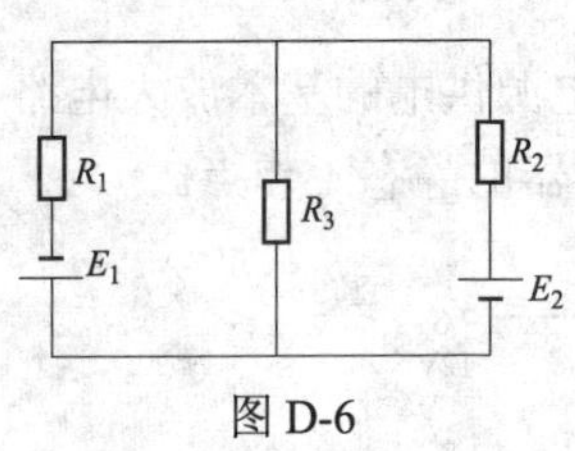

图 D-6

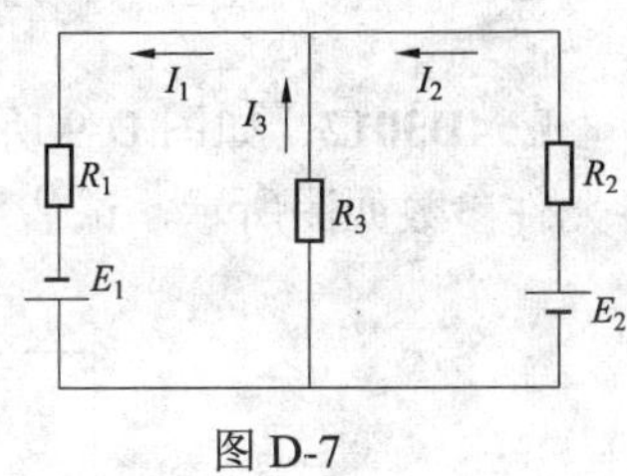

图 D-7

代入已知量得

$$6=(I_2+I_3)\times 1+I_3\times 3=I_2+4\times I_3$$
$$1=2\times I_2-3\times I_3$$

计算得 I_3=1(A)，I_2=2(A)，I_1=3(A)。

答：各支路的电流 I_1 为 3A，I_2 为 2A，I_3 为 1A。

La4D3011 如图 D-8 所示电路中，已知电源电动势 E_1=18V，E_3=5V，内阻 r_1=1Ω，r_2=1Ω，外电阻 R_1=4Ω，R_2=2Ω，R_3=6Ω，R_4=10Ω，伏特表的读数为 28V，求电源电动势 E_2。

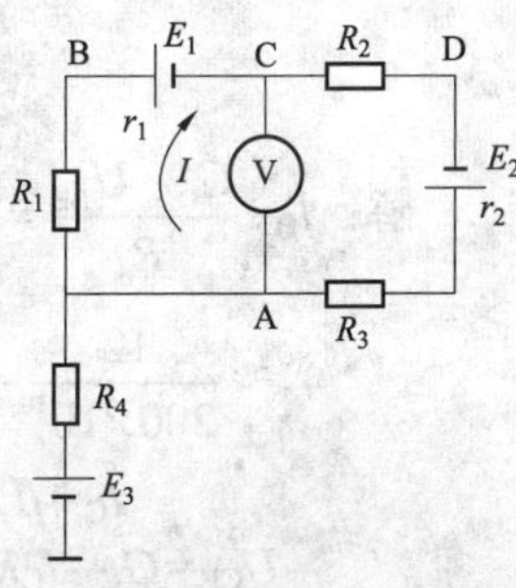

图 D-8

解：设流经支路 ABC 的电流为 I，沿支路 ABC 计算 A、C 两点间的电压为 $U_{AC}=IR_1+Ir_1+E_1$，则

$$I=\frac{U_{AC}-E_1}{R_1+r_1}=\frac{28-18}{4+1}=2\text{（A）}$$

由于伏特表的内阻很大，可以认为是无限大，因此电流 I 就是流经回路 $ABCDA$ 的电流。沿支路 ADC 计算 A、C 两点间

的电压为

$$U_{AC}=-I(R_3+r_2+R_2)+E_2$$

则：

$$E_2=U_{AC}+I(R_3+r_2+R_2)$$
$$=28+2\times(6+1+2)=46\text{（V）}$$

答：电源电动势 E_2 为 46V。

La4D3012 如图 D-9 所示，单电源供电的基本放大电路，各元件参数如图所示，试估算该放大器的静态工作点。

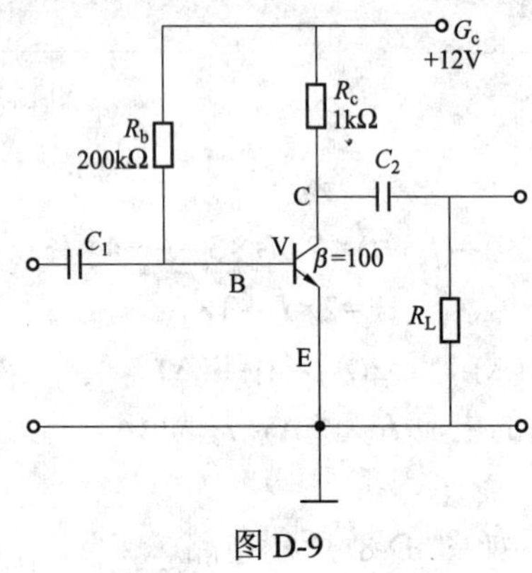

图 D-9

解：$I_B=\dfrac{G_C-U_{BE}}{R_b}=\dfrac{12-0.7}{200\times10^3}$

$$\approx\frac{12}{200\times10^3}=60\text{（μA）}$$

$$I_C=\beta I_B=100\times60=6\text{（mA）}$$

$$U_{CE}=G_C-I_CR_C=12-6\times10^{-3}\times1000=6\text{（V）}$$

答：I_B 为 60μA；I_C 为 6mA；U_C 为 6V。

La3D1013 将二进制数（101001）$_2$ 转换为十进制数。

解：$(101001)_2=1\times2^5+0\times2^4+1\times2^3$

$$+0\times2^2+0\times2^1+1\times2^0$$

$=32+0+8+0+0+1=(41)_{10}$

答：$(101001)_2=(41)_{10}$。

La3D2014 将二进制数（11001.1001）$_2$转换为十进制数。

解：$(11001.1001)_2=1\times2^4+1\times2^3+0\times2^2+0\times2^1+1\times2^0$

$+1\times2^{-1}+0\times2^{-2}+0\times2^{-3}+1\times2^{-1}$

$=16+8+1+0.5+0.062\,5$

$=(25.562\,5)_{10}$

答：$(11001.1001)_2=(25.562\,5)_{10}$。

La3D3015 已知4变量逻辑函数为$f(A,B,C,D)=(\bar{A}+BC)(B+CD)$。

试求该函数的与非表达式，并画出相应的逻辑图。

解：该函数的与非表达式为

$$f(A,B,C,D)=\overline{\overline{\bar{A}B}\cdot\overline{BC}\cdot\overline{\bar{A}CD}}$$

逻辑图如图D-10所示

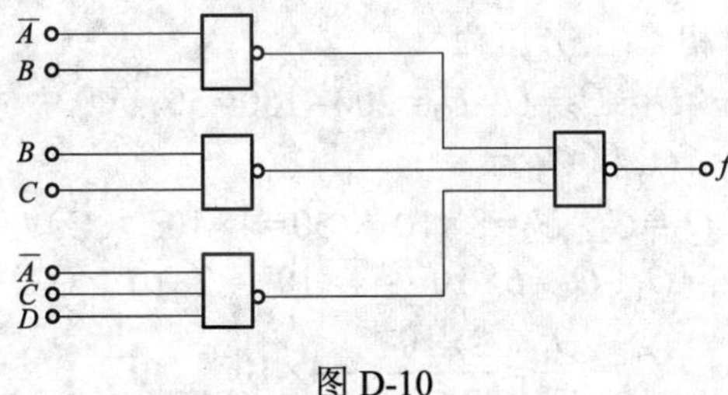

图 D-10

答：与非表达式为$f(A,B,C,D)=\overline{\overline{\bar{A}B}\cdot\overline{BC}\cdot\overline{\bar{A}CD}}$。

Je5D1016 计算测量范围为0～16MPa，准确度为1.5级的弹簧管式压力表的允许基本误差。

解：仪表的允许基本误差＝±(仪表量程×准确度等级/100)，则

该表的允许基本误差为±(16×1.5/100)＝±0.24(MPa)

答：该仪表的允许基本误差为±0.24MPa。

La2D4017 如图 D-11 所示，已知电压 U=200V，C_1=4μF，C_2=8μF，C_1 的电量 Q_1=0.000 6C，试求 C_3、U_1、U_2、U_3、Q_2 及 Q_3 各为多少。

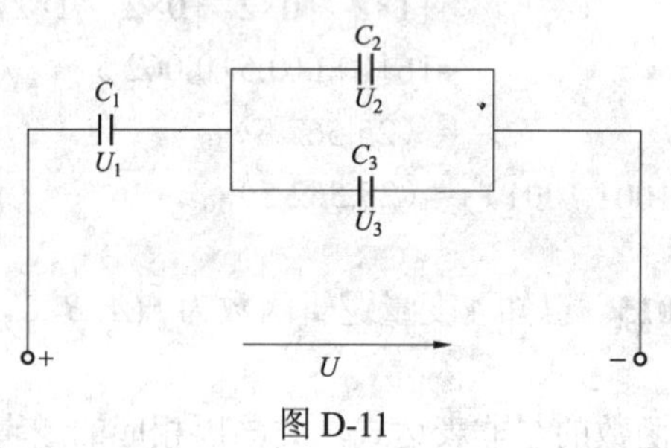

图 D-11

解：（1）C_1 上分压为

$$U_1=\frac{Q_1}{C_1}=\frac{6\times10^{-4}}{4\times10^{-6}}=150\text{（V）}$$

（2）C_2 和 C_3 上分压为

$$U_3=U_2=U-U_1=200-150=50\text{（V）}$$

（3）Q_2、Q_3 和 C_3 为

$$Q_2=C_2\times U_2=8\times10^{-6}\times50=4\times10^{-4}\text{（C）}$$

$$Q_3=Q_1-Q_2=6\times10^{-4}-4\times10^{-4}=2\times10^{-4}\text{（C）}$$

$$C_3=\frac{Q_3}{U_3}=\frac{2\times10^{-4}}{50}=4\times10^{-6}\text{（μF）}$$

答：C_3、U_1、U_2、U_3、Q_2 及 Q_3 分别为 4×10^{-6}μF、150V、50V、50V、4×10^{-4}C、2×10^{-4}C。

Lb5D2018 一水箱容器上面 10m 处，装有一块压力表来反映水箱压力，现在压力表示值为 2.4MPa，问水箱的实际水压是多少？

解：水箱的实际水压=压力表示值+$\Delta Hg\rho\approx$2.4+10×

0.01=2.5（MPa）。

答：水箱的实际水压力为 2.5MPa。

Lb5D3019 用 *U* 形管压力计测风压，结果通大气侧水柱下降到零下 200mm，通介质侧上升到零上 200mm，问被测介质实际压力是多少？已知：*U* 形管内灌注的液体为水，其密度为ρ=1000kg/m^3。

解：被测介质压力 p=液注高×玻璃管内液体密度×重力加速度

$$= [-0.2+(-0.2)]\times1000\times9.81$$
$$= -3.92\times10^3\text{（Pa）}$$

答：被测介质实际压力为-3.92×10^3Pa。

Lb5D3020 锅炉给水压力值最大为 16MPa，最小为 15MPa，试问应选用多人量程的压力表？

解：仪表刻度上限值$=\frac{3}{2}\times$测量上限值$=\frac{3}{2}\times16=24$（MPa）

答：根据计算结果，可选用量程为 0～25MPa 的压力表。

Lb5D3021 汽轮机润滑油压保护用压力开关的安装标高为 5m，汽轮机转子标高为 10m，若要求汽轮机润滑油压小于 0.08MPa 时发出报警信号，则该压力开关的下限动作值应设定为多少（润滑油密度$\rho\approx$800kg/m^3）？

解：当汽轮机润滑油压降至 0.08MPa 时，压力开关感受的实际压力为

$$p = 0.08+\rho g\Delta H=0.08+800\times9.8\times(10-5)\times10^{-6}$$
$$= 0.08+0.039\,2=0.119\,2\text{（MPa）}$$

答：根据计算压力开关的下限动作值应定在 0.119 2MPa。

Lb5D3022 给水管道上方 15m 处装有一只弹簧管给水压力表，压力表的指示为 10MPa，试求给水的压力值。

解：由 15m 水柱所产生的液柱压力为

$$\Delta p=15\times 9.806\,65\times 10^3=0.147(\text{MPa})\approx 0.15\text{MPa}$$

所以给水管道中的实际给水压力为 $p\approx 10+0.15=10.15(\text{MPa})$

答：给水的压力值为 10.15MPa。

Lb5D3023 用 0～1500Pa 二等补偿式微压计，在 20℃环境条件下检定 0～1500Pa 微压表，试求 1000Pa 检定点上微压计的液柱高度。已知当地重力加速度 $g=9.794\,4\text{m/s}^2$，20℃时，$\rho_w=998.2\text{kg/m}^3$。

解：由公式 $H=p\times 1000/(\rho g)$ 得 1000Pa 检定点上补偿式微压计的液柱高度为

$$H=1000\times 1000/(998.2\times 9.794\,4)=102.283\text{（mm）}$$

答：1000Pa 检定点上微压计的液柱高度为 102.283mm。

Lb5D4024 有一配热电偶的动圈式温度仪表，刻度盘上标有外线路电阻 R_0 为 15Ω，测出热电偶电阻 R_r 为 1Ω，补偿导线电阻 R_N 为 1Ω。未用补偿器，试计算调整电阻 R_T。

解：因为有

$$R_0=R_T+R_N+R_r+R_S+R_C$$

所以有

$$R_T=R_0-R_r-R_N-R_S-R_C=15-1-1-0-0=13\text{（Ω）}$$

式中：R_S 为补偿器内阻；R_C 为铜导线电阻。

由计算知，调整电阻应为 13Ω。

答：调整电阻 R_T 为 13Ω。

Lb5D4025 有一块测量润滑油的压力表，安装在比取压测点高出 12.7m 的地方，问该表校验时，示值如何进行修正？

解：先计算出被测介质液柱高度的重力所产生的静压力，即为修正值。校验时，在各校验点上加上修正值，即为被校表指示值。然后再与标准表示值比较。

修正值为：$p_c=Hg\rho$

已知：H=12.7m，g=9.806 65m/s^2 取润滑油密度 $\rho\approx$ 800kg/m^3，则

p_c=12.7×9.806 65×800=99 636（Pa）≈0.1（MPa）

答：该表检验时，示值修正后为 0.1MPa

Lb4D2026 用 K 分度热电偶测温时，热端温度为 t℃时测得热电势 E（t，t_0）=16.395mV，同时测得冷端环境温度为 50℃，求热端的实际温度（已知 K 分度热电偶在 50℃时的热电势值为 2.022mV，16.395mV 时温度为 400℃）。

解：根据热电偶热电势的计算式可知在热电偶热端温为 t，冷端温度为 0℃时的热电势为

$E(t, 0℃)=E(t, t_0)+E(t_0, 0℃)$=16.395+2.022=18.417（mV）

查热电偶 K 分度表 18.417mV 所对应的温度为 448.7℃。

答：热电偶热端实际温度为 448.7℃。

Lb4D2027 用镍铬–镍硅热电偶测量主蒸汽温度时，测得的热电势为 20.930mV，已知热电偶参考端温度 t_n=30℃，查该热电偶分度表得 E（30，0）=1.202mV，E（535，0）=22.132mV，求主蒸汽实际温度。

解：当热电偶参考端温度不为 0℃时，由公式 $E(t,0)=E(t,t_n)+E(t_n, 0)$，得

$$E(t,0)=E(t,30)+E(30,0)=20.930+1.202$$
$$=22.132\text{（mV）}$$

从 K 型热电偶分度表查得 $E(t,0)$=22.132mV 所对应的温度为 535℃。

答：主蒸汽实际温度为 535℃。

Lb4D2028 在图 D-12 所示的测温线路中，镍铬–镍硅热电偶未采用补偿导线接入同分度号的电子电位差计，热电偶冷

端温度 t_0 为 20℃，电子电位差计指示值为 400℃，试问实际被测温度 t 为多少？

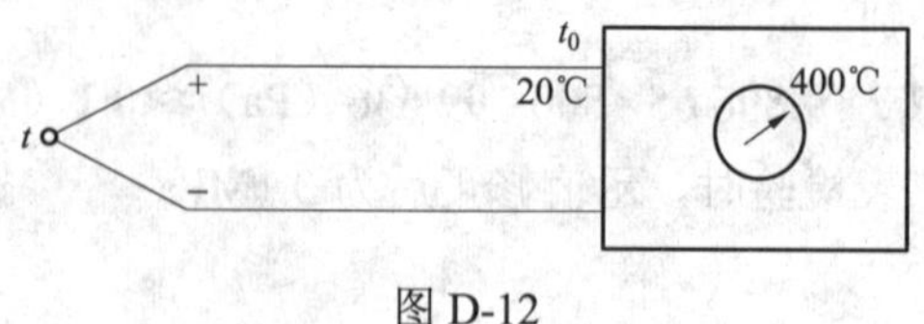

图 D-12

解：因电子电位差计有自动补偿，所以其指示值就是实际温度 t=400（℃）。

答：实际温度为 400℃。

Lb4D2029 检定证书上给出标准铂铑 10–铂热电偶在 900℃时的热电势为 8.41mV，测得热电势为 8.338mV，冷端温度为 0℃时，求此时的实际温度。查铂铑 10–铂热电偶分度表得 900℃时对应热电势为 8.448mV，8.376mV 对应温度为 893.5℃，8.300mV 对应的温度为 887℃。

解：在 900℃附近与分度表的偏差为

$$\Delta E=8.41-8.448=-0.038\text{（mV）}$$

则实际值为

$$E=8.338-(-0.038)=8.376\text{（mV）}$$

由题意可知当 8.376mV 时的温度值为 893.5℃。

答：冷端温度为 0℃，热电势为 8.338mV 时的实际温度为 893.5℃。

Lb4D3030 一只 Cu50 热电阻，温度系数为 α=4.28×10^{-3}，求在 120℃时的电阻值。

解：$R_t=R_0[1+\alpha(t-t_0)]=50\times[1+4.28\times10^{-3}\times120]=75.68$（Ω）

答：120℃时的电阻值为 75.68Ω。

Lb4D3031 检定一台压力变送器，该压力变送器测量范围为 0～10MPa，准确等级为 0.25 级，输出电流为 4～20mA，检定数据如表 D-1 所示，试填写示值误差和变差，并判断该变送器是否合格。

表 D-1　　　　检　定　数　据

序号	检定点（MPa）	对应电流值（mA）	标准电流指示（mA）		误　差		变差
			上升	下降	上升	下降	
1	0	4	4.000	4			
2	2.5	8	7.995	8.000			
3	5	12	11.985	11.990			
4	7.5	16	16.005	16.005			
5	10.0	20	20.010	20.015			

解： 填写结果如表 D-2 所示。

表 D-2　　　　检定数据（填写结果）

序号	检定点（MPa）	对应电流值（mA）	标准电流指示（mA）		误　差		变差
			上升	下降	上升	下降	
1	0	4	4.000	4	0.000	0.000	0.000
2	2.5	8	7.995	8.000	–0.005	0.000	0.005
3	5	12	11.985	11.990	–0.015	–0.010	0.005
4	7.5	16	16.005	16.005	0.005	0.005	0.000
5	10.0	20	20.010	20.015	0.010	0.015	0.005

变送器允许误差＝±20×0.25%＝±0.05（mA）

检定结果如下：

（1）基本误差报值为±0.015mA，在允许误差±0.05mA 内。

（2）变差最大值为 0.005mA，满足要求。

答： 该变送器合格。

Lb4D4032　差压变送器测流量，已知流量为 0～100t/h，对应差压Δp 为 0～1600mmH$_2$O，变送器输出电流 I_0 为 4～20mA，当流量为 75t/h 时，Δp、I_0 各是多少？

解：$I_0=4+\frac{20-4}{100}\times75=16$（mA）

$$\Delta p=\left(\frac{16-4}{20-4}\right)^2\times1600=900(\text{mmH}_2\text{O})\approx8826\text{Pa}$$

答：流量为 75t/h 时，差压Δp 为 900mmH$_2$O（8826Pa），变送器输出电流 I_0 为 16mA。

Lb4D4033 一块压力表，测量上限为 6MPa，精确度为 1.5 级，求检定该压力表需用的标准压力表的量程和精确度等级。

解：标准表的测量上限=被校表的测量上限×$\frac{4}{3}$=6×$\frac{4}{3}$=8（MPa）

则选用量程为 0～10MPa，有

标准表的精确度≤$\frac{1}{3}$被检表精确度×(被检表上限/标准表上限)

$$=\frac{1}{3}\times1.5\times\frac{6}{10}=0.3$$

应选用精确度为 0.25 级的标准表。

答：应选用量程为 0～10MPa、精确度为 0.25 级的标准压力表。

Lb4D4034 检定一只测量范围为 0～10MPa、准确度为 1.5 级的弹簧管式压力表，所用的精密压力表的量程和准确度等级应为多少？

解：检定一般压力表，作为标准器的精密压力表的允许误差的绝对值应不大于被检表允许误差绝对值的 1/3，其测量上限值一般应比被检表的测量上限值大 1/3。因此，精密表的测

量上限应为 $10\times\left(1+\frac{1}{3}\right)=13.3$（MPa）。

根据弹簧管式精密压力表的产品系列，可选用 0～16MPa 的精密压力表。

被检表允许基本误差的绝对值为 $10\times\frac{1.5}{100}=0.15$（MPa），则精密表允许基本误差的绝对值应不大于 0.05MPa。

设精密表的准确度级别为α，则α应为：

$$\alpha\leqslant\frac{0.05\times100}{16}=0.312\,5$$

所以可选用 0.25 级精密压力表。但应注意检定时的环境温度须满足规程要求。

答：所选用精密压力表量程为 0～16MPa，精确度为 0.25 级。

Lb4D5035 在发电机内部放置一个铂丝电阻元件，以便在运行过程中测出其内部温度，现已知 20℃时元件的电阻为 49.5Ω，运行到某一时刻测出元件的电阻为 60.9Ω，求此时发电机内部的温度是多少？已知铂丝电阻温度系数α=3.98×10^{-3}℃$^{-1}$。

解：根据公式 $R_2=R_1[1+\alpha(t_2-t_1)]$可以推导出

$$\alpha(t_2-t_1)=\frac{R_2}{R_1}-1=\frac{R_2-R_1}{R_1}$$

则

$$t_2=\frac{R_2-R_1}{\alpha R_1}+t_1$$

已知铂丝的电阻温度系数α=0.003 98℃$^{-1}$，所以有

$$t_2=\frac{60.9-49.5}{0.003\,98\times49.5}+20=77.8\ (℃)$$

答：发电机内部温度为 77.8℃。

Lb3D2036 单相变压器的一次侧电压 U_1=3000V，变压比

K=15，I_2=60A 时，求一次侧电流。若负载电阻为 10Ω，问初级的等效电阻为多少？

解：因为 $\frac{I_1}{I_2}=\frac{1}{K}$，所以有

$$I_1=\frac{I_2}{K}=\frac{60}{15}=4\text{（A）}$$

初级的等效电阻为

$$R_1=\frac{U_1}{I_1}=\frac{3000}{4}=750\text{（}\Omega\text{）}$$

答：一次侧电流为 4A，初级等效电阻为 750Ω。

Lb3D2037 用通用电子计数器以测频法测量转速时，采样时间 t=3s，转速传感器每转脉冲数 z=10，若被测转速 n=6000r/min，电子计数器的显示值 N 为多少？

解：根据测频法计算公式有

$$N=\frac{znt}{60}=\frac{10\times6000\times3}{60}=3000$$

答：电子计数器的显示值 N 为 3000。

Lb3D3038 检定 0.5 级固定式离心转速表，在 1000～4000r/min 的检定范围内检定 2000r/min，该检定点测定的指针摆幅值为 12r/min，求指针摆幅率。

解：指针摆幅率计算式为

$$\beta=\frac{n}{N}\times100\%=\frac{12}{4000}\times100\%=0.3\%$$

答：指针摆幅率为 0.3%。

Lb3D3039 某流量计的刻度上限为 320t/h 时，差压上限为 21kPa，当仪表指针在 80t/h 时，相应的差压是多少？

解：Δp=最大差压×$\left(\frac{流量指示值}{最大流量}\right)^2$

$$=21\times\left(\frac{80}{320}\right)^2=1.31\text{（kPa）}$$

答：当流量计指针在80t/h时，相应的差压为1.31kPa。

Lb3D4040 有一台节流式差压流量表，其刻度上限为320t/h，差压上限为80kPa，问：

（1）当仪表测量值为80t/h时，相应的差压是多少？

（2）若差压为40kPa，相应的流量是多少？

解：（1）$\Delta p=\left(\frac{q}{q_{max}}\right)^2\times\Delta p_{max}=\left(\frac{80}{320}\right)^2\times80=5$（kPa）

（2）$q_m=\sqrt{\frac{\Delta p}{\Delta p_{max}}}\times q_{max}=\sqrt{\frac{40}{80}}\times320=226$（t/h）

答：（1）相应的差压为5kPa；（2）相应的流量是226t/h。

Lb2D3041 标定介质为水的靶式流量计用于测量油流量时，应如何修正？

答：（1）按体积流量修正，计算式为

$$q_{Vo}=\sqrt{(\rho_w/\rho_o)}\times q_{Vw}$$

式中：q_{Vo}、q_{Vw}分别为被测油的体积流量和水的体积流量；ρ_w、ρ_o分别为水的密度和油的密度。

（2）按质量流量修正，计算式为

$$q_{mo}=\sqrt{(\rho_o/\rho_w)}\times q_{mw}$$

式中：q_{mo}、q_{mw}分别为油的质量流量和水的质量流量。

Lb2D3042 主蒸汽在设计额定工况下的ρ_1=32.29kg/m^3，在偏离设计值时其密度ρ_2=25.2kg/m^3，仪表指示主蒸汽流量q=300t/h，试问此时流量的真实值是多少（不考虑其他因素的影响）？

解：因不考虑其他因素的影响，只作密度变化的修正，实际流量值为

$$q_r=\sqrt{\frac{\rho_2}{\rho_1}}=300\times\sqrt{\frac{25.2}{32.29}}=265\text{（t/h）}$$

答：流量的真实值为265t/h。

Lc4D1043 制作M5×0.8螺纹，问底孔应钻多大？

解：攻丝螺纹底直径D为

$$D=d-t$$

式中：d为螺纹外径；t为螺纹螺矩。

即

$$D=5-0.8=4.2\text{（mm）}$$

答：制作M5×0.8螺纹底孔直径为4.2mm。

Jd4D5044 配制线路电阻，已知主汽温指示表的其热电偶电阻R_r=1Ω，测得补偿器电阻R_g=1Ω，补偿导线电阻R_N=1.2Ω，铜导线电阻R_{Cu}=1.5Ω。仪表盘标电阻R_0=15Ω。手头有截面积为0.2mm^{2}的锰铜线，用其配制符合规程要求的线路调整电阻，试估算所需锰铜线长度（锰铜线的电阻率ρ=0.42Ω·m）。

解：第一步算出应配电阻值。因为

$$R_0=R_T+R_N+R_g+R_r+R_{Cu}$$

所以有

$$R_T=R_0-R_N-R_g-R_r-R_{Cu}=15-1.2-1-1-1.5=10.3\text{（Ω）}$$

第二步估算需用多长的锰铜线（0.2mm^2）。由$R=\rho\frac{L}{S}$得

$$L=\frac{RS}{\rho}=\frac{10.3\times0.2}{0.42}=4.9\text{（m）}$$

答：所需锰铜线长度约为4.9m。

Je5D1045 校验弹簧管压力表时，被校表满刻度读数为16.04MPa，标准表读数为16MPa，试计算被校表的示值误差。

解：示值误差=被校表示值−标准表示值=16.04−16=0.04（MPa）

答：被校表的示值误差为0.04MPa。

Je5D2046 某电流表量程为0～10mA，在5mA处检定值为4.995mA，求在5mA处仪表示值误差、示值相对误差、示值引用误差各为多少。

解：仪表示值误差=5−4.995=0.005（mA）

仪表示值相对误差=$\frac{0.005}{5}\times 100\% = 0.1\%$

仪表示值引用误差=$\frac{0.005}{10}\times 100\% = 0.05\%$

答：仪表示值误差、示值相对误差、示值引用误差分别为0.005mA、0.1%、0.05%。

Je5D2047 计算测量范围为0～16MPa、准确为1.5级的弹簧管式压力表的允许绝对误差。

解：仪表的允许绝对误差=$\pm\left(16\times\frac{1.5}{100}\right)=\pm 0.24$（MPa）

答：仪表的允许绝对误差为±0.24MPa。

Je5D3048 一块弹簧管压力真空表，其测量范围为−0.1～0.16MPa，精确度等级为1.5，试求该表的允许绝对误差。

解：该表的允许绝对误差=$\pm[0.16-(-0.1)]\times 1.5\% = \pm 0.003\,9$（MPa）

答：该压力表的允许绝对误差为±0.003 9MPa。

Je5D3049 一块准确度为1级的弹簧管式一般压力真空

表，其测量范围为–0.1～0.25MPa，试求该表允许误差的绝对值。

解：该表允许误差的绝对值=$[0.25-(-0.1)]\times\frac{1}{100}$=0.003 5（MPa）

答：该表允许误差的绝对值为 0.003 5MPa。

Je5D3050 设液柱式压力计两液面间的距离 s=50mm，倾斜角φ=2°，求位置误差Δh（已知 tan2°=0.034）。

解：因为 $h=s\cos\varphi$，所以有

$$\Delta h=h-s=s(\cos\varphi-1)=50(\cos2^\circ-1)=-0.3\text{（mm）}$$

答：位置误差为 0.3mm。

Je5D3051 有一台 1.0 级配 K 型热电偶的动圈表，其测量范围为 0～1100℃，计算其允许误差。已知 K 型热电偶 1100℃时热电势值为 45.108mV。

解：因为α=1，$E_{1100℃}$=45.108mV，所以允许误差为

$$\delta E_y=\pm\alpha(E_{max}-E_{min})/100=\pm1\times(45.108-0)/100=\pm0.450\text{（mV）}$$

答：允许误差为±0.450mV。

Je5D4052 一根管道内取样点处水的表压为 1.2MPa，压力表装在取样点下方 5m 处，求压力表的示值。

解：因为压力表装在测压点下方，压力表的示值将高于水管内压力，即

$$\Delta p=5\times1000\times9.81=49\,050\text{（Pa）}\approx0.05\text{MPa}$$

所以压力表示值=1.2+0.05=1.25（MPa）

答：压力表的示值约为 1.25MPa。

Je5D4053 有一块压力表，量程为 0～25MPa，精确度等级为 1 级。校验时，在 20MPa 点，上升时读数为 19.85MPa，下降时读数为 20.12MPa，求该表的变差，并判断该表是否合格。

解：变差=20.12−19.85=0.27（MPa）

该表的允许误差=±25×1%=±0.25MPa

0.27MPa>0.25MPa

答：由于变差大于允许误差的绝对值，所以该表不合格。

Je4D3054 检定一台 0.5 级、测量范围为 0～500℃的 Pt100 铂热电阻的自动平衡电桥，检定环境温度为 22℃，检定结果见表 D-3，计算基本误差、回程误差，填好该表，并根据计算的数据，判断该电桥是否合格。

表 D-3　　基本误差、回程误差检定记录

仪表示值（℃）	对应的电阻值（Ω）	标准电阻箱示值（Ω）		指示基本误差（Ω）		回程误差（Ω）
		正向	反向	正向	反向	
0	100.00	99.50	99.50			
100	138.50	138.26	138.25			
200	175.84	175.84	175.83			
300	212.02	212.30	212.30			
400	247.04	247.72	247.71			
500	280.90	281.81	281.81			

解：0.5 级自动平衡电桥允许基本误差为 0.5%，允许回程误差为 0.25%。将检定电阻计算后填于表 D-4

表 D-4　　计　算　结　果

仪表示值（℃）	对应的电阻值（Ω）	标准电阻箱示值（Ω）		指示基本误差（Ω）		回程误差（Ω）
		正向	反向	正向	反向	
0	100.00	99.50	99.50	+0.50	+0.50	0.00
100	138.50	138.26	138.25	+0.24	+0.25	0.01
200	175.84	175.84	175.83	0.00	+0.01	0.01
300	212.02	212.30	212.30	−0.28	−0.28	0.00
400	247.04	247.72	247.71	−0.68	−0.67	0.01
500	280.90	281.81	281.81	−0.91	−0.91	0.00

允许误差=±(280.90−100)×0.5%=±0.904 5

因为 0.91＞0.904 5，所以超差。

答：电桥不合格。

Je4D3055 过热器管道下方38.5m处安装一只过热蒸汽压力表，其指示值为13.5MPa。问过热蒸汽的绝对压力为多少？修正值为多少？示值相对误差为多少（一个标准大气压下）？

解：绝对压力 $p=p'-\rho gh+p_b$

$$=13.5-38.5\times1\times9.806\ 65\times10^{-3}+0.098\ 066\ 5=13.221\text{（MPa）}$$

$$C=13.5-13.221=0.279$$

$$r_A=\frac{13.5-13.221}{13.221}\times100\%=2.1\%$$

答：绝对压力为13.221，修正值为0.279，示值相对误差为2.1%。

Je4D3056 已知1级XCZ-101型动圈式温度表的量程为0～800℃，在进行仪表示值误差检定时，400℃检定点的记录为：E_{s1}=16.616mV、E_{s2}=16.621mV、E_{s3}=16.625mV、E_{i1}=16.602mV、E_{i2}=16.608mV、E_{i3}=16.610mV，求该仪表在400℃检定点的示值误差，并确定该点是否合格。已知400℃时E=16.395mV、800℃时E=33.277mV，检定时环境条件符合规程要求。

解：该表允许基本误差计算式为

$$\delta E_y=\pm(E_f-E_0)\alpha\%=\pm(33.277-0)1\%=\pm0.333\text{（mV）}$$

400℃检定点的示值误差计算式：

$$\delta E_{s1}=E-E_{s1}=16.395-16.616=-0.221\text{（mV）}$$

$$\delta E_{s2}=E-E_{s2}=16.395-16.621=-0.226\text{（mV）}$$

$$\delta E_{s3}=E-E_{s3}=16.395-16.625=-0.230\text{（mV）}$$

$$\delta E_{i1}=E-E_{i1}=16.395-16.602=-0.207\text{（mV）}$$

$$\delta E_{i2}=E-E_{i2}=16.395-16.608=-0.213\text{（mV）}$$

$\delta E_{i3}=E-E_{i3}=16.395-16.610=-0.215$（mV）

该点最大示值误差为–0.230mV，未超出允许误差范围±0.333mV。

答：该点指示误差合格。

Je4D3057 欲测量 0.5MPa 的压力，要求测量误差不大于 3%。现有两块压力表，一块量程为 0～0.6MPa，准确度为 2.5 级，另一块量程为 0～6MPa，准确度为 1 级，问应选用哪一块压力表，并说明原因。

解：量程为 0～0.6MPa，2.5 级压力表的允许误差为

$$\delta_1=0.6\times 2.5\%=0.015\text{（MPa）}$$

量程为 0～6MPa，1 级压力表的允许误差为

$$\delta_2=6\times 1\%=0.06\text{（MPa）}$$

要求测量误差为

$$\delta=0.5\times 3\%=0.015\text{（MPa）}=\delta_1$$

答：因为测量压力的误差要求不大于 0.015MPa，所以应选用量程为 0～0.6MPa，准确度为 2.5 级压力表。

Je4D3058 有两块毫安表，一块量程为 0～30mA，准确度为 0.2 级，另一块量程为 0～150mA，准确度为 0.1 级，现要测量 25mA 电流，测量误差不大于 0.5%，应选用哪一块毫安表？说明理由。

解：量程为 0～30mA、0.2 级毫安表的允许误差为

$$\delta_1=30\times 0.2\%=0.06\text{（mA）}$$

量程为 0～150mA、0.1 级毫安表的允许误差为

$$\delta_2=150\times 0.1\%=0.15\text{（mA）}$$

而测量 25mA 的允许误差应小于$\delta=25\times 0.5\%=0.125$（mA）。

答：应选择 0～30mA、0.2 级毫安表。

Je4D3059 已知一块 0.5 级电子电位差计，量程是 200～

600℃，进行该仪表示值误差的检定时，400℃检定点的记录为：E_{s1}=31.402mV、E_{s2}=31.419mV、E_{s3}=31.420mV、E_{i1}=31.421mV、E_{i2}=31.440mV、E_{i3}=31.441mV，检定方法采用补偿导线法。补偿导线的修正值 e=–0.029 3mV。求该仪表在400℃检定点的示值误差，并确定该点是否合格。已知 E_{200}=14.66mV，E_{400}=31.48mV，E_{600}=49.01mV。

解： 允许误差$\delta E_y=\pm(E_f-E_0)\alpha\%=\pm(49.01-14.66)\times0.5\%=\pm0.172$（mV）

400 ℃误差$\delta E=E_{400}-E-e$（补偿导线修正值），已知 $e=-0.029\ 3$mV，则

$\delta E_{s1}=31.48-31.402+0.029\ 3=0.107$（mV）

$\delta E_{s2}=31.48-31.419+0.029\ 3=0.090$（mV）

$\delta E_{s3}=31.48-31.420+0.029\ 3=0.089$（mV）

$\delta E_{i1}=31.48-31.421+0.029\ 3=0.088$（mV）

$\delta E_{i2}=31.48-31.440+0.029\ 3=0.069$（mV）

$\delta E_{i3}=31.48-31.441+0.029\ 3=0.068$（mV）

答： 仪表该点最大示值误差为0.107mV小于0.172mV，所以该仪表在400℃检定点指示误差合格。

Je4D3060 有一0.5级分度号为K、测量范围为1100℃的动圈式温度仪表，某检定点的检定结果为 E=20.650mV，正向热电势 E_d=20.820mV，反向热电势 E_{rev}=20.740mV，计算基本误差、变差和平均误差，并判断该表是否合格。已知 $E_{1100℃}$=45.108mV。

解： 正向误差$\delta E_d=E-E_d=20.650-20.820=-0.170$（mV）

反向误差$\delta E_{rev}=E-E_{rev}=20.650-20.740=-0.090$（mV）

变差$\delta E=|E_d-E_{rev}|=20.820-20.740=0.08$（mV）

平均误差$\delta E=[-0.170+(-0.091)]/2=-0.130$（mV）

该表的允许误差$\delta E_y=\pm(E_f-E_0)\alpha\%=\pm0.5\times(45.108-0)/100=0.225$mV

答：因各项误差均小于该表的允许误差，所以该表合格。

Je5D3061 如图 D-13 所示，求 A、B 两压力表的示值。

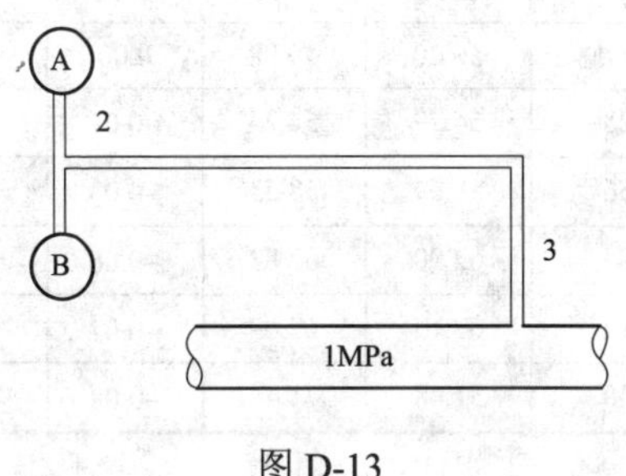

图 D-13

解：A 表示值 $P_A=1-(2+3)\times9.806\ 65\times103\times10^{-6}=0.95(MPa)$

B 表示值 P_B=1MPa

答：A、B 两表的示值分别为 0.95、1MPa。

Je4D3062 检定一块 Cu50 分度、量程为 0～100℃、1 级的 XCZ-102 型温度指示仪表，检定环境温度为 22℃。检定结果见表 D-5，请计算基本误差、回程误差，并填好此表，根据计算的数据，判断该表是否合格。

表 D-5　　　基本误差、回程误差检定记录

仪表示值（℃）	对应的电阻值（Ω）	标准电阻箱示值（Ω）		指示基本误差（Ω）		回程误差（Ω）
		正向	反向	正向	反向	
0	50	50.00	49.98			
20	54.28	54.29	54.24			
40	58.56	58.59	58.53			
60	62.84	62.90	62.82			
80	67.12	67.19	67.07			
100	71.40	71.48	71.46			

解：计算结果见表 D-6。

表 D-6　　基本误差、回程误差检定记录与计算结果

仪表示值（℃）	对应的电阻值（Ω）	标准电阻箱示值（Ω）		指示基本误差（Ω）		回程误差（Ω）
		正向	反向	正向	反向	
0	50	50.00	49.98	0.00	+0.02	0.02
20	54.28	54.29	54.24	−0.01	+0.04	0.05
40	58.56	58.59	58.53	−0.03	+0.03	0.06
60	62.84	62.90	62.82	−0.06	+0.02	0.08
80	67.12	67.19	67.07	−0.07	+0.05	0.12
100	71.40	71.48	71.46	−0.08	−0.06	0.02

根据仪表允许误差公式计算，即

$$\delta R_y=\pm\alpha\%(R_f-R_0)=\pm1\%(71.40-50)=\pm0.214\Omega$$

答：按规程要求回程误差为允许基本误差的$\frac{1}{2}$，即 0.107Ω，从表中所示的结果可知基本误差是合格的，回程误差不合格。

Je4D4063　已知 1 级 XCZ-101 型动圈式温度表的量程为 0～800℃，在进行仪表示值误差检定时，400℃检定点的记录为：E_{s1}=16.616mV、E_{s2}=16.621mV、E_{s3}=16.625mV、E_{i1}=16.602mV、E_{i2}=16.608mV、E_{i3}=16.610mV，该表是张丝支承的表，求该仪表在 400℃检定点的回程误差，并确定回程误差是否合格。

解：对张丝支承的仪表，其回程误差不应超过允许基本误差绝对值的一半，即

$$\delta E_y=|E_f-E_0|\alpha\%\frac{1}{2}=|33.277-0|\times1\%\times\frac{1}{2}=0.166\text{（mV）}$$

回程误差：$\delta E=|\overline{E}_s-\overline{E}_i|$

$\overline{E}_s=(E_{s1}+E_{s2}+E_{s3})/3=(16.616+16.621+16.625)/3=16.621$（mV）

$\overline{E}_i=(E_{i1}+E_{i2}+E_{i3})/3=(16.602+16.648+16.610)/3=16.607$（mV）

所以$\delta E=|16.621-16.607|=0.014$（mV）

答：该仪表 400℃检定点上的回程误差为 0.014mV，小于 0.166mV，所以该仪表在 400℃检定点的回程误差合格。

Je4D4064 校验K分度热电偶，在600℃校验点，测得热电势为25.07mV，标准S分度热电偶热电势为5.26mV。标准S分度热电偶鉴定证书中对应600℃的热电势为5.25mV，已知E_s（600, 0）=5.237mV，5.237mV=E（604, 0），E_k（604, 0）=25.07mV，5.247mV=E（601, 0）。求该点的实际值和被校热电偶误差。

解：查热电偶分度表可知，S分度标准热电偶为600℃时，对应热电势为5.237mV，K分度被校热电偶为25.07mV时，对应温度为604℃。

标准热电偶600℃时的误差为δE=5.25−5.237=0.013（mV）

即600℃的校正值为−0.013mV

S分度热电偶在600℃时的标准值为

$$5.26-0.013=5.247\text{（mV）}$$

查分度表对应温度为601℃即为实际温度。则在600℃时被校热电偶的误差为604−601=3（℃）。

答：实际值和被校热电偶误差为3℃。

Je4D5065 已知1级XCZ-101型动圈式温度表的量程为0～800℃，在进行仪表示值误差检定时，400℃检定点的记录为：E_{s1}=16.616mV、E_{s2}=16.621mV、E_{s3}=16.625mV、E_{i1}=16.602mV、E_{i2}=16.608mV、E_{i3}=16.610mV，求该表400℃检定点的示值重复性，并确定该点示值重复性是否合格（800℃时E=33.277mV），

解：该表400℃检定点的上行程指示值的最大、最小值分别是16.625mV和16.616mV，所以有

$$\delta e_s=16.625-16.616=0.009\text{（mV）}$$

该仪表400℃检定点的下行程指示值的最大值和最小值分别是16.610mV和16.602mV，所以有

$$\delta e_i=16.610-16.602=0.008\text{（mV）}$$

1级仪表示值重复性不应超过仪表电量程的0.25%。

该仪表允许重复性计算式为

允许示值重复性=(33.277−0)×0.25%=0.08（mV）

答：该仪表 400℃检定点的最大示值重复性为 0.009mV，小于允许重复性 0.08mV，所以该仪表在 400℃检定点的示值重复性合格。

Je3D2066 通过计算说明为什么不能用 0.2 级的标准毫安表作为检定 0～10mA、输入信号的 0.5 级测量压力用记录仪的标准器。

解：允许误差为

$$\delta_m=\pm 10\times\frac{0.5}{100}=\pm 0.05\ (\text{mA})$$

标准毫安表同量程时：$\delta_n=\pm 10\times\frac{0.2}{100}=\pm 0.02\ (\text{mA})$

答：因为检定要求$\delta_n<\frac{1}{3}\delta_m$，实际上不满足，所以不能使用该表作为标准表。

Je3D3067 用毫安输出的 0.2 级变送器，配一只 0.1 级的标准电阻，用 0.05 级电位差计进行测量，求该测量系统的综合误差。

解：变送器允许误差为$\delta_1=\pm 0.2\%$，标准电阻允许误差为$\delta_2=\pm 0.1\%$，电位差计允许误差为$\delta_3=\pm 0.05\%$，则综合误差：

$$\delta=\pm(0.2+0.1+0.05)\%=\pm 0.35\%$$

答：该测量系统的综合误差为±0.35%。

Je3D3068 有一测温系统由热电偶、补偿导线、冷端补偿器和动圈表组成，动圈表的量程为 0～600℃，准确度为 1.0 级，热电偶的允许误差为±4℃，补偿导线的允许误差为±4℃，冷端补偿器的允许误差为±1℃，求该测量系统的综合误差。

解：由题意可知动圈表的允许误差为±6℃，因局部误差有四项，则综合误差为

$$\delta=\pm\sqrt{6^2+4^2+4^2+1^2}=\pm8.3\text{（℃）}$$

答：该测量系统的综合误差为±8.3℃。

Je3D3069 校准放大器时，已知与涡流式传感器所配转换器的灵敏度为8V/mm，求振动指示仪显示100μm峰–峰值时，振动放大器应输入毫伏信号的有效值。

解：100μm=0.1mm

$$\frac{8\times0.1}{2\sqrt{2}}=0.282\,4\text{（V）}=282.4\text{（mV）}$$

答：应输入有效值为282.4mV的信号。

Je3D3070 有一块测量范围为750～4500r/min的1级离心式转表，其转速比为1:3.25，当转速表指示4000r/min时，转速表输入轴的实际值为1130r/min，求该点的示值误差，并判断是否超差。

解：转速表应指示的转速值为

$$1130\times\frac{3.52}{1}=3978\text{（r/min）}$$

则示值误差为

$$\frac{4000-3978}{4500}\times100\%=\frac{+22}{4500}\times100\%\approx+0.5\%$$

答：其示值误差小于1.0%，该表合格。

Je3D4071 检定0.5级手持式离心转速表，在1000～4000r/min的范围内检定3000r/min，三次测得的进程读数分别为3025、3013、3005r/min，求该检定点的误差ω和示值变动性b。

解：误差的计算式为

$$\omega=\frac{\bar{n}-n_{\text{n}}}{N}\times100\%$$

已知$\bar{n}$=(3025+3013+3005)/3=3014.3(r/min)，n_{n}=3000r/min

N=4000r/min 代入上式计算得

$$\omega=\frac{3014.3-3000}{4000}\times100\%=0.36\%$$

示值变动性计算式为

$$b=\frac{n_{max}-n_{min}}{N}\times100\%=\frac{3025-3005}{4000}\times100\%=0.5\%$$

答： 该检定点的误差ω为 0.36%，示值变动性 b 为 0.5。

Je3D4072 一台锅炉给水流量测量系统，流量显示仪表为 0.5 级记录表，量程为 0～500t/h。已知 500t/h 示值误差为+0.4%，差压变送器为 0.5 级，量程为 0～10mA，10mA 示值误差为 –0.3%；开方器为 0.5 级 DJK-03 型，量程为 0～10mA，10mA 示值误差为+0.2%，求该系统在 500t/h 时的综合误差为多少吨/小时？

解：（1）显示仪表 500t/h 的示值误差为

$$\delta_1=500\times0.4\%=2\text{（t/h）}$$

（2）差压变送器 10mA 的示值误差为

$$10\times(-0.3\%)=-0.03\text{（mA），则}$$

$$\delta_2=-0.03\times500/10=-1.5\text{（t/h）}$$

（3）开方器 10mA 的示值误差为：

$$10\times0.2\%=0.02\text{（mA）}$$

$$\delta_3=0.02\times500/10=1.0\text{（t/h）}$$

则

$$\text{综合误差}=2-1.5+1.0=1.5\text{（t/h）}$$

答： 该系统在 500t/h 时的综合误差为 1.5t/h。

Je3D4073 一块 1151 型差压变送器上限值为 80kPa，流量上限值为 320t/h，求变送器输出电流为 13.6mA 时差压是多少？相应的流量为多少？

解： 根据流量与差压的平方根成正比，而差压与输出电流

成正比，有

$$\frac{\Delta p}{\Delta p_{max}}=\frac{I-I_{min}}{I_{max}-I_{min}}$$

$$\Delta p=\frac{I-I_{min}}{I_{max}-I_{min}}\Delta p_{max}=\frac{13.6-4}{20-4}\times 80=48\text{（kPa）}$$

$$\frac{q}{q_{max}}=\sqrt{\frac{\Delta p}{\Delta p_{max}}}$$

$$q=q_{max}\sqrt{\frac{\Delta p}{\Delta p_{max}}}=320\times\sqrt{\frac{48}{80}}=247.9\text{（t/h）}$$

答：差压变送器输出为 13.6mA 时，差压为 48kPa，流量为 247.9t/h。

Je3D5074 检定一台准确度为 0.000 1 的高精度标准转速装置时，在检定点 20 000r/min 测量 10 次的平均转速值（标准表读数）为 20 000.13r/min，计算得到的算术平均值的标准差 $\bar{\sigma}_x=0.30$，求标准装置该检定点的综合相对误差，并判断是否合格（随机不确定度以正态分布确定）。

解：随机不确定度为

$$3\bar{\sigma}_x=\pm 3\times 0.30=\pm 0.9\text{（r/min）}$$

系统误差为

$$20\,000-20\,000.13=-0.13\text{（r/min）}$$

综合误差为

$$\pm\sqrt{0.9^2+0.13^2}=\pm 0.91\text{（r/min）}$$

该检定点的综合相对误差为

$$\frac{\pm 0.91}{20\,000}=\pm 4.5\times 10^{-5}$$

答：该检定点合格。

Je3D5075 用二等标准铂铑 10⁻铂热电偶作为标准热电偶，按双极比较法检定一支工作用镍铬–镍硅热电偶。在 600℃附近测得两只热电偶的热电势平均值分别为 $\bar{e}_n=5.186\text{mV}$，

$\overline{e}_m$=24.561mV。已知参考端温度为 0℃，$e_{n(600)}$=5.237mV，$e_{m(600)}$=24.902mV，$S_{n(600)}$=10.19μV/℃，$S_{m(600)}$=42.53μV/℃。求被检热电偶在600℃时的误差。

解： 根据双极比较法检定时的计算公式为

$$\delta e_m=\overline{e}_m+\frac{e_n-\overline{e}_n}{S_n}\times S_m-e_m$$

代入数据可得

$$\delta e_m=24.561+\frac{5.237-5.186}{0.01019}\times 0.04253-24.902=-0.128\text{（mV）}$$

转换为温度值

$$\delta t=\frac{\delta e_m}{S_m}=\frac{-0.128}{0.04253}=-3\text{（℃）}$$

答： 被检热电偶在600℃时的误差为-3℃。

Je2D2076 某高压锅炉的蒸汽流量节流装置设计参数为 p_h=14MPa，温度 t_h=555℃，当滑压运行时参数为 p=5MPa，求 t=380℃时，示值修正值 b_ρ和实际流量 q_{ms} 分别为多少。已知设计参数时密度ρ_h=39.27kg/m^3，运行参数的密度ρ=17.63kg/m^3，指示流量 q_{mj}=600t/h。

解： 示值的修正系数 b_ρ为

$$b_\rho=\sqrt{\rho/\rho h}=\sqrt{17.63/39.27}=0.67$$

则由 $q_{ms}=b_\rho q_{mj}$ 得

$$q_{ms}=0.67\times 600=402\text{（t/h）}$$

答： 示值修正值 b_ρ 为 0.67；实际流量为 402t/h。

Je2D2077 有一块测量范围为750～4500r/min 的1级离心式转速表，其转数比为 1:3.52。当转速表指示值为 4000r/min 时，转速表输入轴的实际值为 1130r/min，求该点的示值误差，并判断是否超差。

解： 转速表应指示的转速为

$$1130\times\frac{3.52}{1}=3978\text{（r/min）}$$

示值误差为

$$\frac{400-3978}{4500}\times100\%=\frac{+22}{4500}\times100\%\approx\pm0.5\%$$

答：示值误差为 0.5%小于 1%，故该表合格。

Je2D3078 在同一条件下，12 次测量同一转速表示值分别为：2997、2996、2995、2996、2997、2996、2997、3012、2994、2995、2996、2997r/min，求测量的实际值和标准偏差（如有坏值，应予以剔除）。

解：平均值为

$$\bar{n}=\frac{1}{12}\times(2997+2996+2995+2996+2997+2996+$$
$$2997+3012+2994+2995+2996+2997)$$
$$=2997.3\text{（r/min）}$$

标准偏差为

$$S=\sqrt{\frac{0.3^2+1.3^2+2.3^2+1.3^2+0.3^2+1.3^2+0.3^2+14.7^2+3.3^2+2.3^2+1.3^2+0.3^2}{11}}$$
$$=4.716$$

按三倍标准偏差计算为

$$3\times4.716=14.15$$

12 个数据中残差最大值为

$$3012-2997.3=14.7\text{（r/min）}$$

故 3012 作为坏值应予以剔除，剔除后的平均值为

$$\bar{n}=\frac{1}{11}\times(2997+2996+2995+2996+2997+2996+$$
$$2997+2994+2995+2996+2997)$$
$$=2996\text{（r/min）}$$

标准偏差为

$$S=\sqrt{\frac{1^2+0^2+(-1)^2+0^2+1^2+0^2+1^2+(-2)^2+(-1)^2+0^2+1^2}{10}}$$

$=1.0$

答：测量的实际值为 2996r/min；标准偏差为 1.0。

Je2D3079 已知锅炉减温水流量孔板直径 d=59.14mm，孔板前后差压 $\Delta p=5.884\times10^4$Pa，最大流量为 63t/h，流量系数 α=0.650 4，介质密度 ρ_1=819.36kg/m^3，流束膨胀系数 ε=1，试验算该孔径是否正确。

解：流体质量流量的计算式为

$q_m=0.003\,999\alpha\varepsilon d^2\sqrt{\rho_1\Delta P}$

$=0.003\,999\times0.650\,4\times1\times59.14^2\times\sqrt{819.36\times5.884\times10^4}$

$=63.163\times10^3$（kg/h）=63.163t/h

答：验算结果与实际流量基本符合，此孔板孔径正确。

Je2D3080 检定一台 0.02 级电子计数式转速表，当标准转速装置为 3000r/min 时，被检表的 10 次读数分别为 3001、2999、3000、2999、2998、3000、2999、3000、2999、3000。求该检定点的示值基本误差和示值变动性，并判断是否合格。

解：示值基本误差为

$$\Delta n=\overline{n}-n_0$$

式中：$\overline{n}$ 为被检表同一点 10 次读数的平均值；n_0 为标称转速值。

则

$$\overline{n}=\frac{1}{10}\times(3001+2999+3000+2999+2998+3000+2999+3000+2999+3000)=2999.5\text{（r/min）}$$

$$\Delta n=2999.5-3000=-0.5\text{（r/min）}$$

示值变动性为

$$\Delta n_{\rm b}=n_{\max}-n_{\min}$$

式中：n_{max} 为被检表同一点 10 次读数的最大值；n_{min} 为被检表同一点 10 次读数的最小值。

根据给出的 10 读数将最大值和最小值代入上式得

$$\Delta n_b=3001-2998=3\text{（r/min）}$$

该表Δn 的允许值为

$\pm 0.02\%n\pm 1=\pm 0.02\%\times 3000\pm 1=\pm 0.6\pm 1$（r/min）

答：因示值基本误差Δn 小于它的允许值，而该表的示值变动性不合格，所以该表不合格。

Je2D3081 用标准频率源检定一台 0.05 级电子计数式转速表的 4h 时基稳定度时，测得 4h 内 9 次读数的最大值为 100 001，最小值为 999 99，求该表的 4h 内时基稳定度，并判断其是否合格。

解：因时基稳定度为 $S_f=\dfrac{f_{max}-f_{min}}{f_0}$，将已知数代入得

$$S_f=\frac{100\,001-99\,999}{100\,000}=2\times 10^{-4}$$

答：该表的 4h 时基稳定度的允许值为 2.5×10^{-4}，所以时基稳定度合格。

Je2D4082 现有一凝结水流量节流装置，其标称参数如下：d=44.662mm，α=0.610 8，Δp_{max}=60kPa，试计算其最大质量流量（t/h）。

解：由题意可知Δp_{max}=60kPa，α=0.610 8，d=44.662mm，由于所测介质为凝结水，故ε=1，ρ=1000kg/m^3，则

则 $q_{m\max}=0.003\,998\alpha\varepsilon d^2\sqrt{\rho\Delta p_{max}}$

$$=0.003\,998\times 0.610\,8\times 1\times 44.662^2\times\sqrt{1000\times 60\times 10^3}$$
$$=37.74\times 10^3\text{（kg/h）}=37.74\text{（t/h）}$$

答：最大质量流量为 37.74t/h。

Je2D4083 图 D-14 所示为单室容器测量除氧器水位的安装尺寸图。变送器校验量程为 0～3000mmH_2O、4～20mA，校验水温为 20℃。设除氧器设计额定压力为 588kPa，环境温度为 20℃，试计算在额定工况下，水位为 1500mmH_2O 时，变送器应输入的差压值。已知在额定工况下蒸汽密度ρ''=3.112kg/m^3，除氧水密度ρ'=909.1kg/m^3，容器中水的密度ρ_1=998.50kg/m^3。

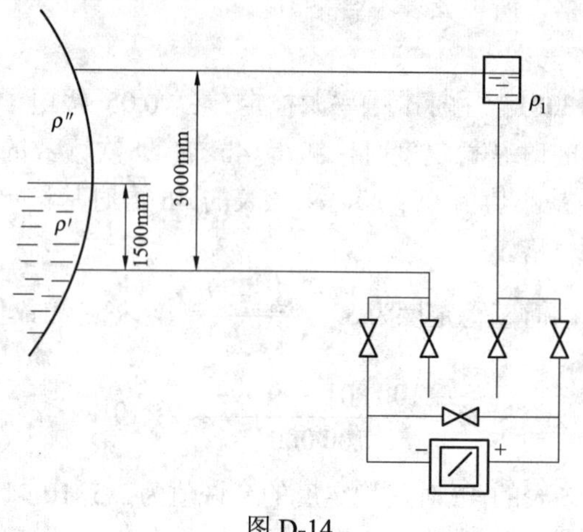

图 D-14

解：在额定工况时的正、负管差压为

$$\Delta p=3g\rho_1-1.5g\rho'-(3-1.5)g\rho''$$
$$=3\times9.8\times998.5-1.5\times9.8\times909.1-(3-1.5)\times9.8\times3.112$$
$$=15\,946\ (\text{Pa})$$

答：除氧器在额定工况时，变送器应输入的差压值为 15 946Pa。

Je2D4084 如图 D-15 所示，热电偶为 K 型热电偶，AB 为该热电偶对应的补偿导线，C 为铜导线，G 为显示仪表，t_0=20℃为补偿器处温度，t=400℃为被测温度，t_n=50℃为热电偶与补偿导线连接处温度，若补偿导线极性接错，显示仪表示值为多少？已知 $E_{k（400, 0）}$=16.395mV，$E_{k（50, 0）}$=2.022mV，$E_{k（20, 0）}$=0.798mV。

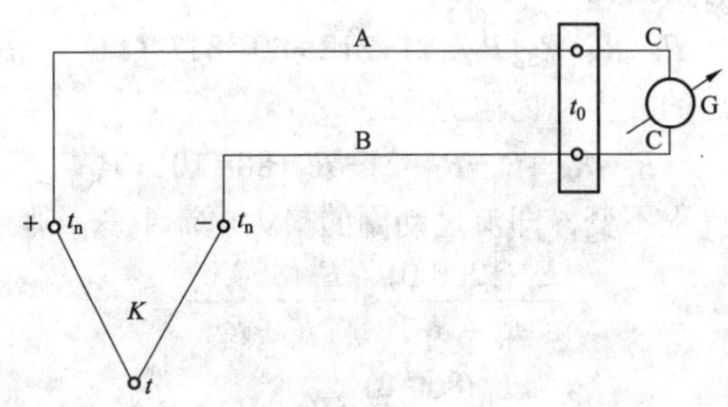

图 D-15

解：K 型热电偶配用的补偿导线是铜–康铜线，若补偿导线极性接错，则

$$
\begin{aligned}
E&=E_{k(400, 50)}-E_{Cu(50, 20)}+E_{k(20, 0)}\\
&=E_{k(400, 0)}-E_{k(50, 0)}-E_{Cu(50, 0)}+E_{Cu(20, 0)}+E_{k(20, 0)}\\
&=16.395-2.022-2.022+0.798+0.798\\
&=13.947\text{mV}
\end{aligned}
$$

换算为温度 t=341.8℃，即仪表示值为 341.8℃。

答：显示值为 341.8℃。

Je2D4085 图 D-16 所示为 XCZ-101 型动圈仪表，仪表配用 K 分度热电偶，测量范围为 0～1200℃。改为配用 E 分度热电偶，改配后测量范围 0～800℃，试计算原仪表的阻值 R_S 改配为 R'_S 后应为多少？已知 $E_{K(1200, 0)}$= 48.87mV，$E_{E(800, 0)}$=66.42mV，R_S=212Ω，R_D=80Ω，R_b=30Ω，R_t=70Ω，外接电阻 R_e=15Ω。

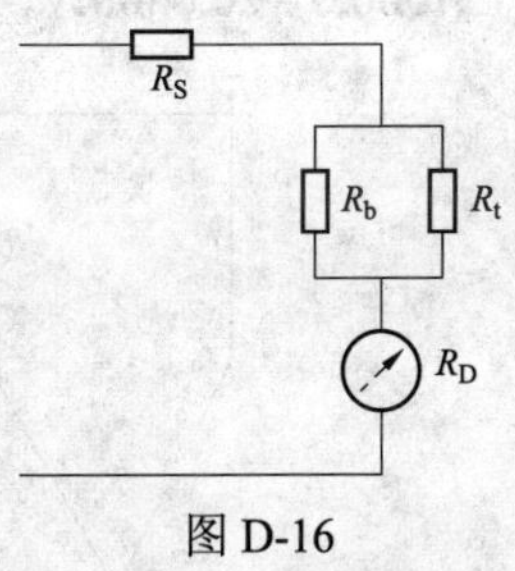

图 D-16

解：设 R_b、R_t 并联值为 R_K，则

$$R_K=\frac{R_b R_t}{R_b+R_t}=\frac{30\times 70}{30+70}=21\text{（}\Omega\text{）}$$

表内总内阻为

$$R_i=R_K+R_S+R_D=21+212+80=313\text{（}\Omega\text{）}$$

改配后的表内总内阻为

$$R_i'=R_K+R_S'+R_D=21+R_S'+80=101+R_S'$$

要使量程不变，即流过动圈的最大电流不变，则

$$\frac{E_K(1200,0)}{R_e+R_i}=\frac{E_E(800,0)}{R_i'+R_e}$$

$$R_i'=\frac{E_E(800,0)}{R_K(1200,0)}(R_e+R_i)-R_e$$

$$=\frac{66.42}{48.87}\times(15+313)-15$$

$$=445.8-15=430.8\text{（}\Omega\text{）}$$

因为　$101+R_S'=R_i'=430.8$，则

$$R_S'=430.8-101=329.8\text{（}\Omega\text{）}$$

答：配用 E 分度热电偶后，R_S'阻值为 329.8Ω。

Je2D4086　图 D-17 所示为 K 型元件的测温系统，*A*、*B* 为对应补偿导线，*C* 为铜导线。补偿器环境温度 t_0=20℃，热偶连接补偿导线处温度 t_n=50℃，介质温度 t=500℃。若补偿导线极性接错（两端均接反），则仪表输入的热电势为多少？已知 E_K(500,0)=20.640mV，E_K=(50, 0)=2.022mV，E_K(20, 0)=0.798mV。

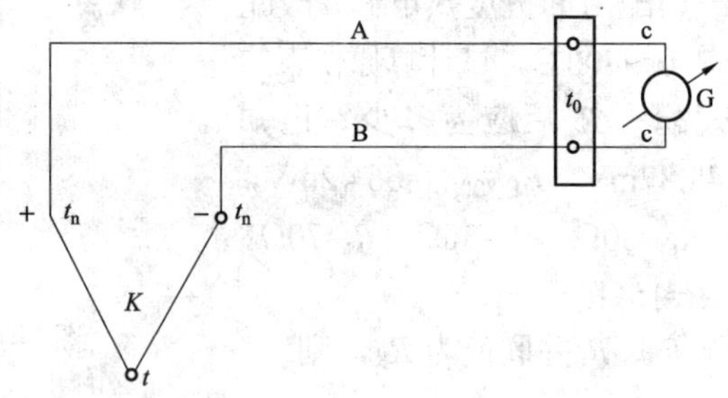

图 D-17

解：K 分度热偶配铜–铜镍补偿导线，在 0～100℃范围内与K分度热偶热电特性相似。若补偿导线极性接反，加入仪表信号为

$$E=E_K(t,t_n)-E_{com}(t_n,t_0)+E_K(t_0,0)$$
$$=E_K(t,0)-E_K(t_n,0)-E_{com}(t_n,0)+E_{com}(t_n,0)+E_K(t_n,0)$$
$$=E_K(t,0)-2E_K(t_n,0)+2E_K(t_n,0)$$
$$=20.640-2\times2.022+2\times0.798$$
$$=18.192\text{（mV）}$$

答：仪表输入的热电势为 18.192mV。

Je2D4087 校验温度为 1000℃时，测得被校 K 分度热电偶的热电势为 40.72mV，标准 S 分度热电偶的热电势为 9.458mV，冷端温度为 20℃。由标准热电偶证书已知标准热电偶在 1000℃时的修正值为 C_s=–0.025mV，求被校 K 分度热电偶在 1000℃时的偏差和修正值。已知 E_s（20, 0）=0.113mV，E_K（20, 0）=0.798mV；E_s（996.5, 0）=9.546mV，E_K（996.5, 0）=41.152mV。

解：标准热电偶冷端为 0℃时的热电势为

$$E_s=9.458+0.113=9.571\text{（mV）}$$

加上该校点的修正值后为

$$E_s+C_s=9.571+(-0.025)=9.546\text{（mV）}$$

在 S 分度表上，9.546mV 对应温度为 996.5℃。

被校 K 分度热电偶冷端为 0℃时的热电势为

$$E_K=40.72+0.798=41.518\text{（mV）}$$

查 K 分度表，在 996.5℃时，对应的热电势为 41.152mV。

K 分度热电偶在 1000℃时的偏差值为

$$\Delta E_k=41.518-41.152=0.366\text{（mV）}$$

修正值为负值，即

$$\Delta L_K=-0.366\text{mV}$$

答：被校 K 分度热电偶在 1000℃时的偏差为 0.366mV，修正值为–0.366mV。

Je1D2088　有一台以测频法设计的电子数字转速表采样时间为2s，若要表计直接显示转速值，应配用每转脉冲数Z为多少的转速传感器？

解：因为要达到直接显示转速，必须满足 Z_t=60，现已知采样时间为2s，则

$$Z=\frac{60}{2}=30$$

答：应配用传感器每转脉冲应为30。

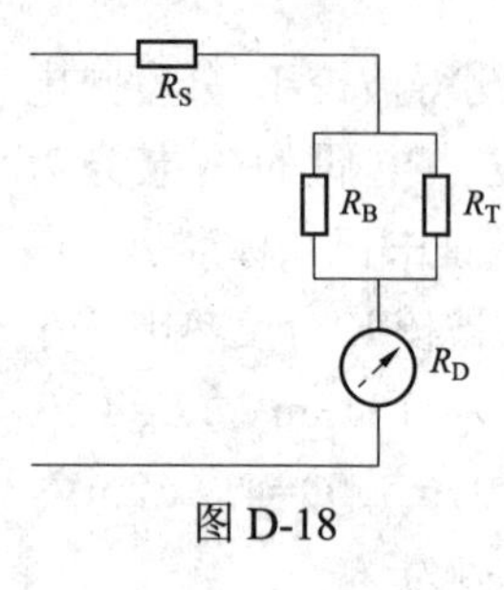

图D-18

Je1D4089　图D-18所示为XCZ-101型动圈仪表，原仪表配K分度热电偶，测量范围为0～800℃。现改配用E分度热电偶，改配后测量范围为0～600℃，试计算原仪表的阻值R_S改配为R_S'后应为多少？已知：E_k（800，0）= 33.277mV，E_E（600，0）=45.085mV，R_S=107Ω，R_D=80Ω，R_B=30Ω，R_T=70Ω，外接电阻R_e=15Ω。

解：R_B与R_T并联后的电阻值R_K为

$$R_K=\frac{R_BR_T}{R_B+R_T}=\frac{30\times70}{30+70}=21\ (\Omega)$$

仪表的总内阻R_i为

$$R_i=R_K+R_S+R_D=21+107+80=208\ (\Omega)$$

要使仪表的量程不改，即流过动圈的最大电流不改变，则仪表的总内阻应随热电势而改变。改变后仪表的总内阻R_i'为

$$R_i'=R_D+R_K+R_S'=80+21+R_S'=101+R_S'$$

$$\frac{E_k(800,0)}{R_i+R_e}=\frac{E_E(600,0)}{R_i'+R_e}$$

$$R_i'=\frac{E_E(600,0)}{E_k(800,0)\times(R_i+R_e)-R_e}$$

$$=\frac{45.085}{33.277\times(208+15)-15}\approx 287\text{（}\Omega\text{）}$$

因为 R_S'=287−101=186（Ω），则

所以 R_i'=101+R_S'=287（Ω）

答：仪表的 R_S 应改为 186Ω。

Je4D4090 对 0.5 级 DDZ-Ⅱ型差压变送器（0～10mA）进行校验，校验点为 8mA 时，测得其正行程输出电流值为 7.95mA，反行程输出电流值为 7.99mA，试计算其基本误差和回程误差各为多少，并判断该差压变送器是否合格。

解：该变送器的基本允许误差Δ=±10×0.5%=±0.05（mA），允许的回程误差为 0.05mA。

而正行程的测量误差为

$$\Delta=7.95-8=-0.05\text{（mA）}$$

反行程的测量误差为

$$\Delta=7.99-8=-0.01\text{（mA）}$$

回程误差为

$$\Delta=|-0.05+0.01|=0.04\text{（mA）}$$

故测量误差及回程误差均在允许范围内，该差压变送器合格。

答：正、反行程的测量误差分别为−0.05mA 和−0.01mA，回程误差为 0.04mA，该差压变送器合格。

Je1D4091 测量锅炉汽包水位时，使用的简单平衡容器如图 D-19 所示。计算在绝对压力为 10.5MPa、平衡容器内水温为 40℃时、水位在正常水位线上（Δh=0）所输出的压差。当平衡容器水温升到 80℃时，求输出压差的误差。已知 L=550mm，h_0=300mm。当压力为 10.5MPa 时，ρ'=69.67kg/m^3，ρ''=5.86kg/m^3；当温度为 40℃、压力为 10.5MPa 时，ρ_1=101.60kg/m^3；当温度为 80℃、压力为 10.5MPa 时，ρ_1'=99.52kg/m^3。

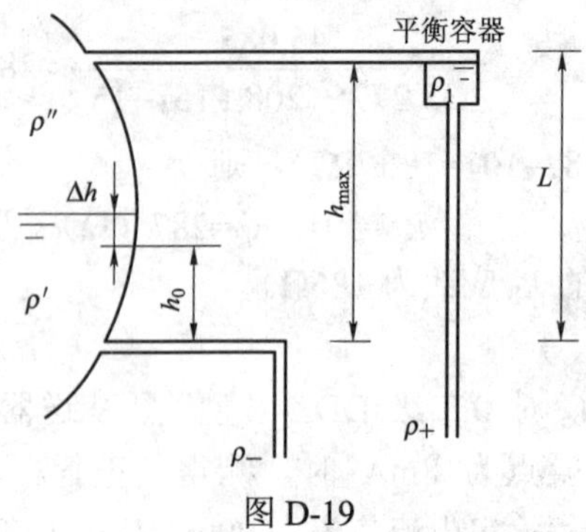

图 D-19

解： $\Delta p = p_+ - p_- = Lg(\rho_1 - \rho'') - h_0 g(\rho' - \rho'') - \Delta hg(\rho' - \rho'')$

$= 550\times10^{-3}\times9.81\times(101.60-5.86)$

$-300\times10^{-3}\times9.81\times(69.67-5.86)$

$=328.77$（Pa）

由于ρ_1改变引起的误差为

$\Delta p_{80} - \Delta p_{40} = Lg(\rho_1' - \rho_1)$

$=550\times10^{-3}\times9.81\times(99.52-101.60)$

$=-11.22$（Pa）

即绝对误差为−11.22Pa。

$$相对误差=\frac{\Delta p_{80}-\Delta p_{40}}{\Delta p_{40}}=\frac{-11.22}{328.77}\times100\%=-3.4\%$$

答： 当温度为40℃、压力为10.5MPa时的压差为328.77Pa；当温度为 80℃时，正常水位线上输出压差的绝对误差为−11.22Pa，相对误差为−3.4%。

Je1D4092 用单室平衡容器测量除氧器水位，如图 D-20所示，变送器测量范围为0～3000mmH_2O，要使得输出电流与水位变化方向相同，电容式变送器应如何调校？当水位为1000mm 时，变送器输出电流为多少？当环境温度升高时，对输出电流有什么影响？已知ρ_1=998.50kg/m^3，ρ''= 3.11kg/m^3，ρ'=909.10kg/m^3。

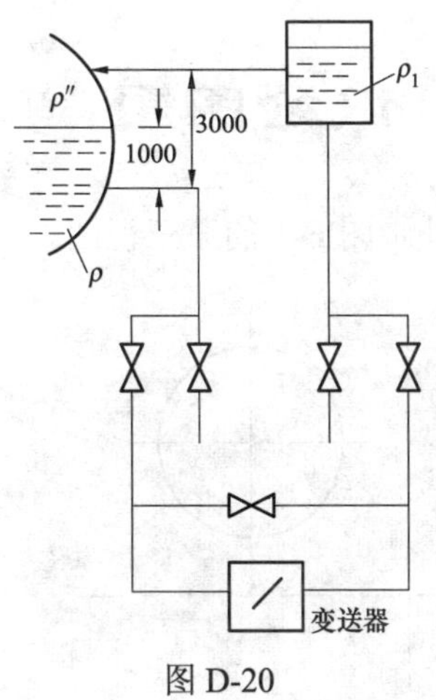

图 D-20

解：

$$\Delta p_{max}=3\times(998.50-3.11)\times9.807=29\,285.37\text{（Pa）}$$

$$\Delta p_{min}=3\times(998.50-909.10)\times9.807=2630.26\text{（Pa）}$$

$$\Delta p_{n}=(3\times998.50-1\times909.10-2\times3.11)\times9.807$$
$$=(2995.5-908.10-6.224)\times9.807=20\,400.29\text{（Pa）}$$

$$I_{n}=\frac{-20\,400.29-(-29\,285.37)}{-2630.36-(-29\,285.37)}\times(20-4)+4=9.33\text{（mA）}$$

答：要使变送器输出电流与水位变化方向相同，则变送器应进行负迁移，调校时输入–29 285.37Pa，输出为 4mA，输入–2630.36Pa，输出为 20mA，使用时输入信号反接（单室平衡容器输出压力接变送器的低压侧）。

当水位为 1000mm 时，变送器输出电流应为 9.33mA。

当环境温度升高时，平衡容器侧导压管中水的密度减小，引起变送器输入减小，对于上述变送器，它的输出电流将增大。

4.1.5 识绘图题

La5E1001 补画图 E-1 的第三视图。

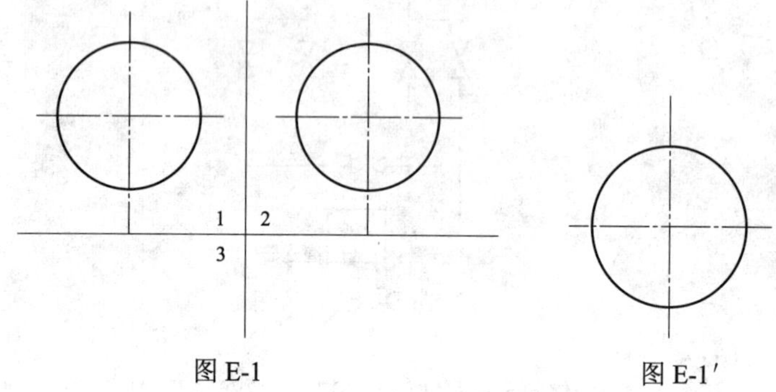

图 E-1　　图 E-1′

答：视图如图 E-1′所示。

La5E2002 补画图 E-2 第（1）、（2）视图的缺线。

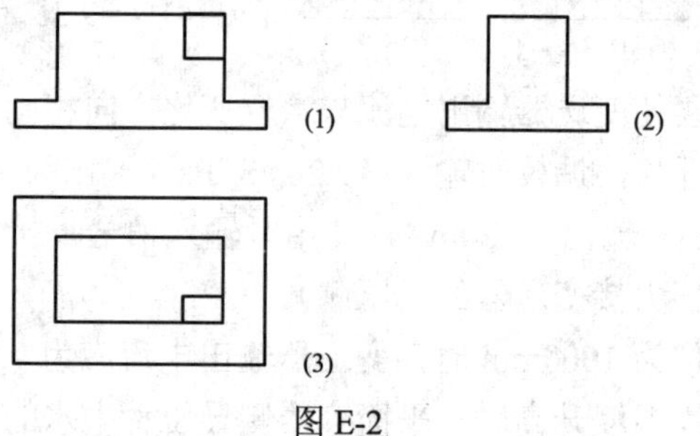

图 E-2

答：如图 E-2′所示。

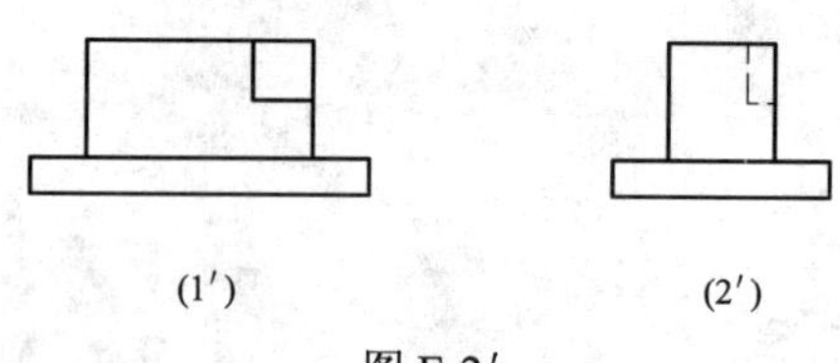

图 E-2′

La4E1003 根据图 E-3，补画三视图。

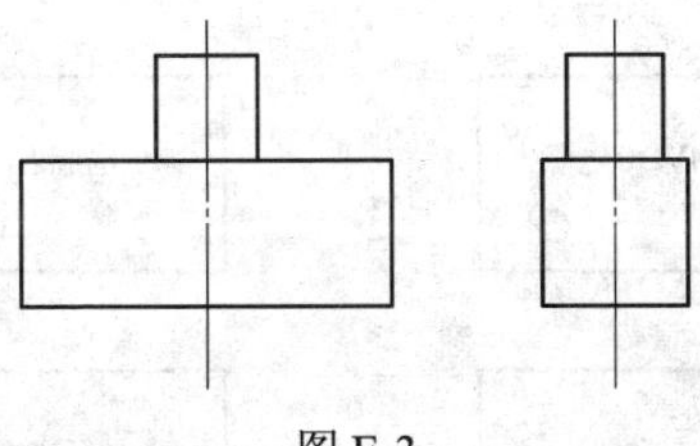

图 E-3

答：三视图如图 E-3′所示。

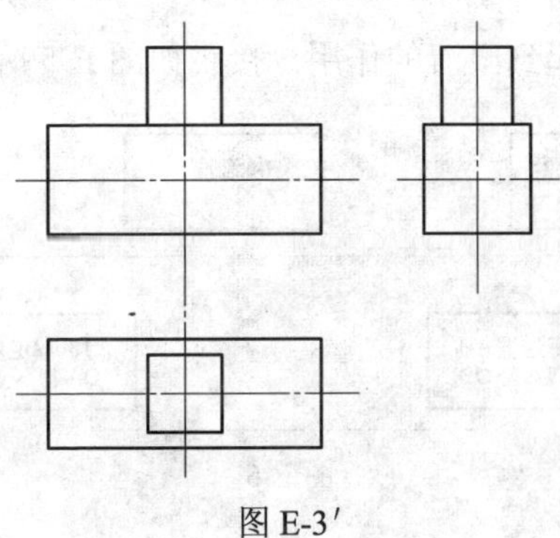

图 E-3′

La4E3004 根据图 E-4，画出三视图。

答：三视图如图 E-4′所示。

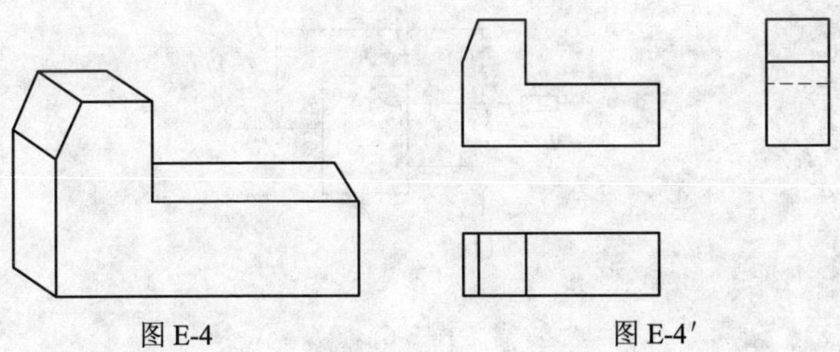

图 E-4　　图 E-4′

Je5E3005 如图 E-5 所示校验两线制变送器，请将下列设备用导线连接起来，并说出电阻的作用。

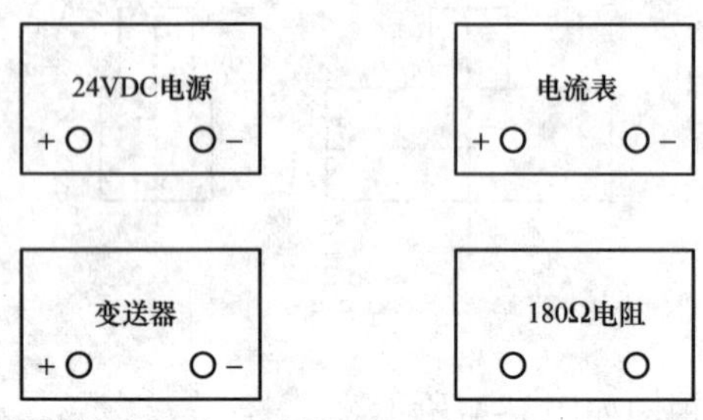

图 E-5

答：电阻起到限流的作用。接线如图 E-5′所示。

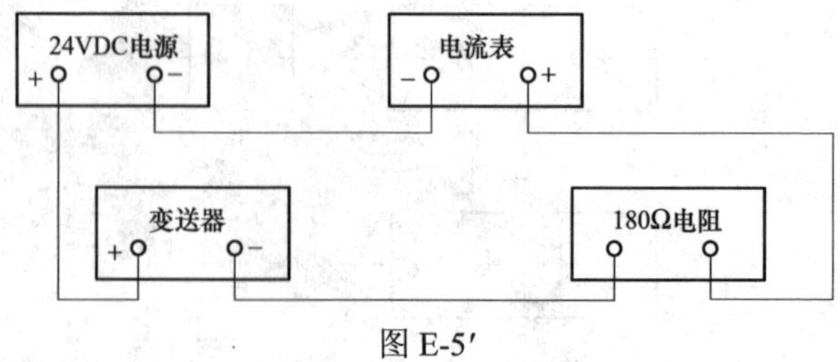

图 E-5′

La4E3006 画出一个由运算放大器构成的积分运算电路图。

答：积分运算电路图如图 E-6 所示。

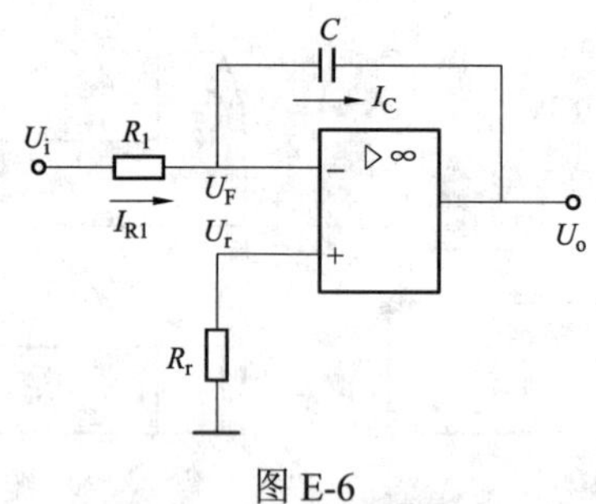

图 E-6

La3E2007 补画图 E-7 的第三视图缺线。

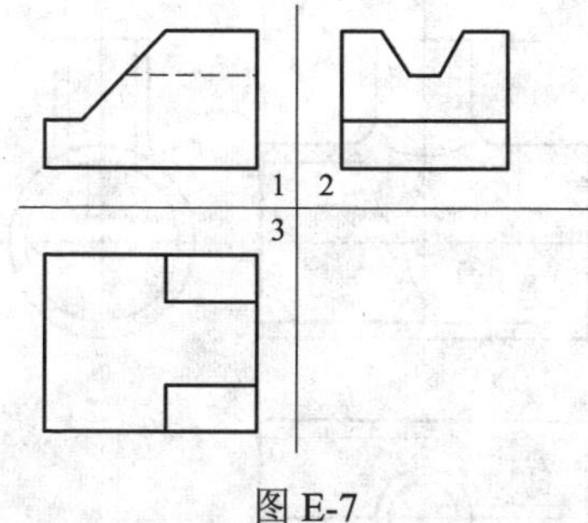

图 E-7

答：如图 E-7′所示。

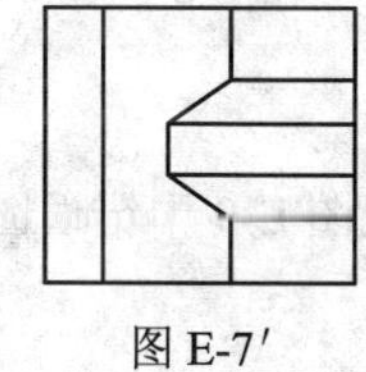

图 E-7′

La3E2008 根据三面投影图 E-8，补画漏掉的线。

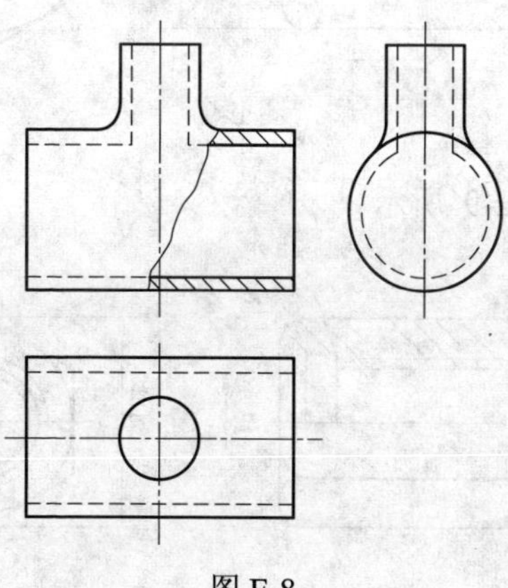

图 E-8

答：如图 E-8′所示。

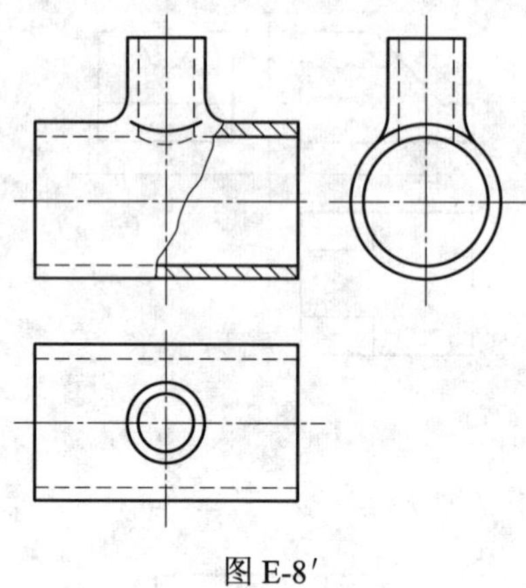

图 E-8′

La3E3009 改正视图 E-9 中错误图线。

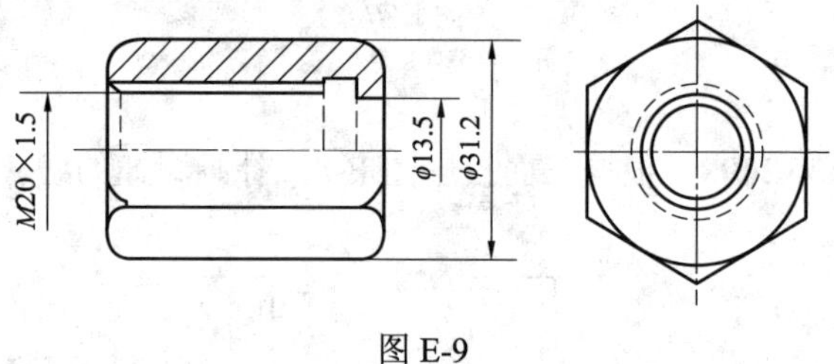

图 E-9

答：如图 E-9′所示。

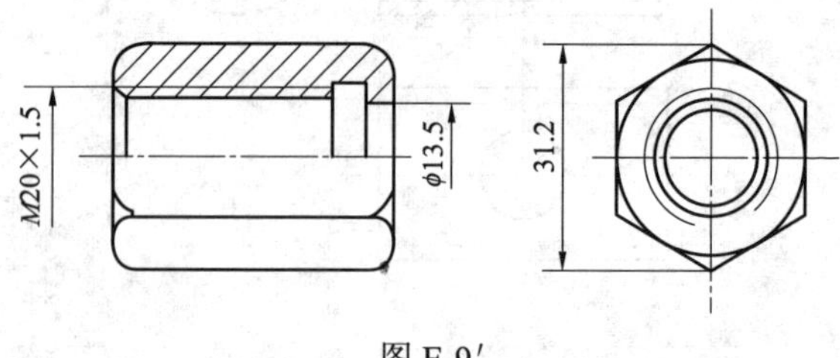

图 E-9′

La3E3010　补画图 E-10 的第三视图。

答：第三视图如图 E-10′所示。

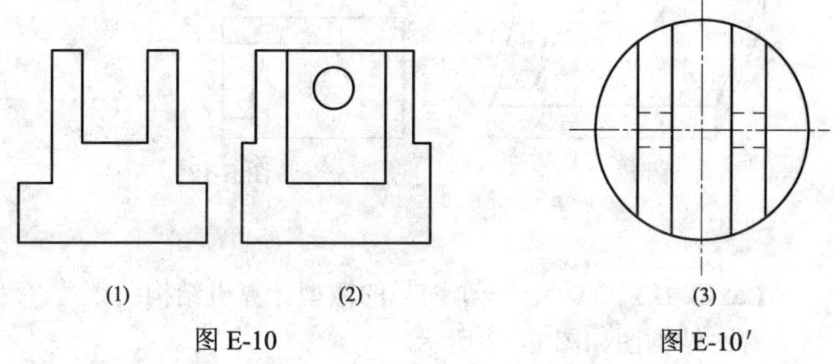

图 E-10　　图 E-10′

La3E3011　写出如图 E-11 所示各图形符号的名称。

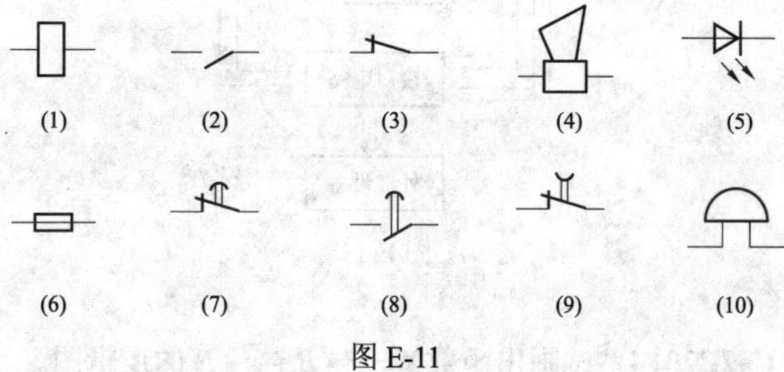

图 E-11

答：（1）继电器线圈的一般符号；（2）动合触点；（3）动断触点；（4）电喇叭；（5）发光二极管一般符号；（6）熔断器一般符号；（7）延时闭合的动断触点；（8）延时断开的动合触点；（9）延时断开的动断触点；（10）电铃。

La2E2012　根据立体图 E-12，画出三视图。

答：三视图如图 E-12′所示。

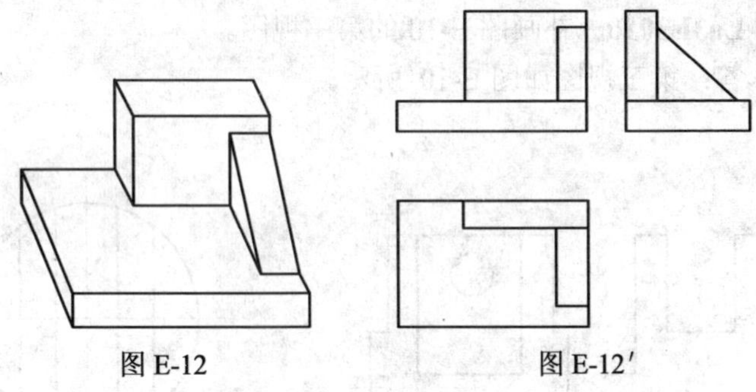

图 E-12　　　　图 E-12′

La2E2013　试绘出一个简易的微型计算机结构图。

答：结构图如图 E-13 所示。

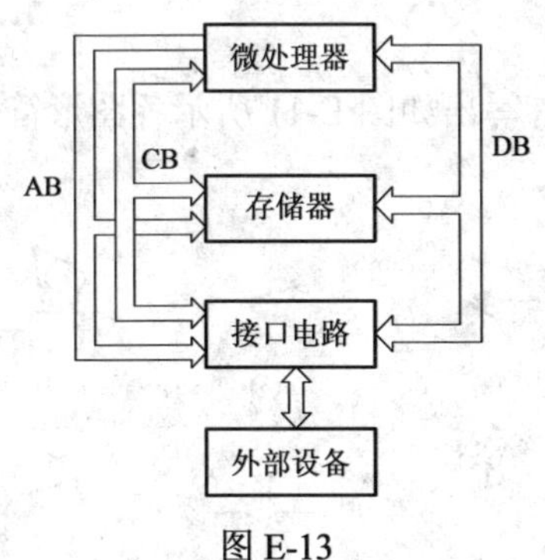

图 E-13

La2E2014　试画出函数 $Y = A \cdot B + \overline{A} \cdot \overline{B}$ 的逻辑图。

答：逻辑图如图 E-14 所示。

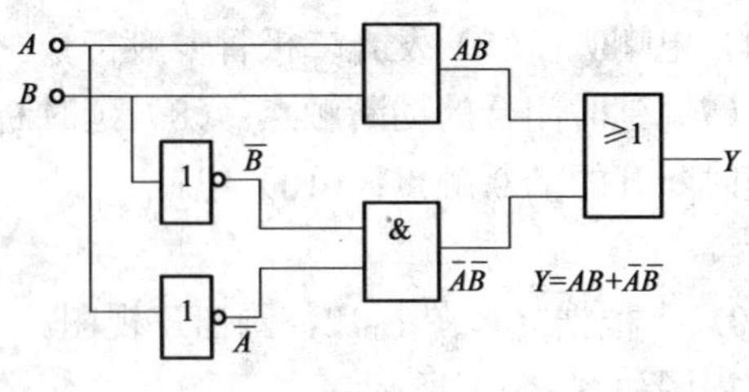

图 E-14

La2E3015 试画出由与非门构成的微分型单稳态触发器的逻辑图。

答：逻辑图如图 E-15 所示。

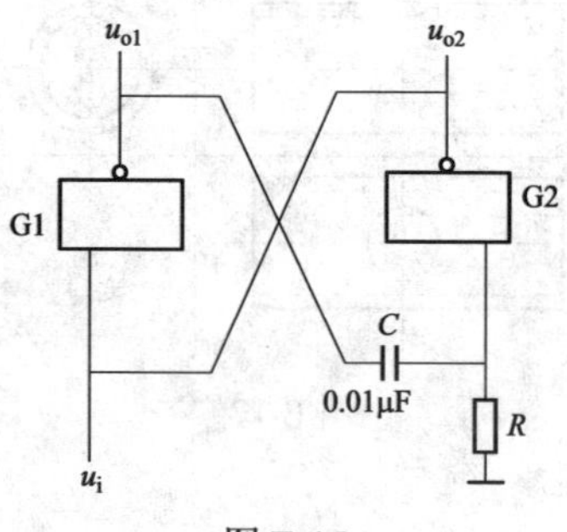

图 E-15

La2E3016 试画出 3/4 表决逻辑图。

答：3/4 表决逻辑图如图 E-16 所示。

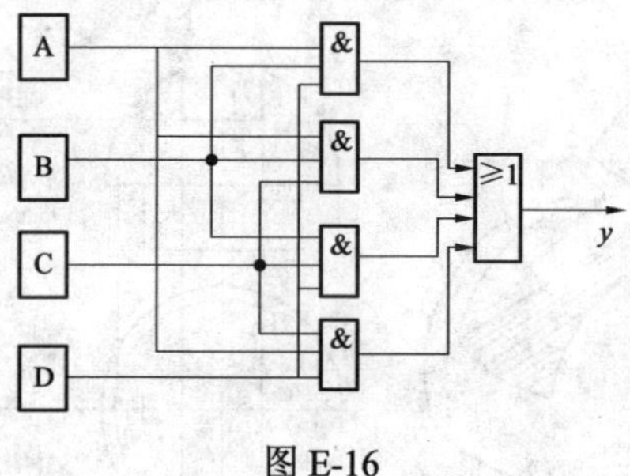

图 E-16

La1E3017 对照图 E-17 所示的立体图，画三视图。

图 E-17

答：三视图如图 E-17′所示。

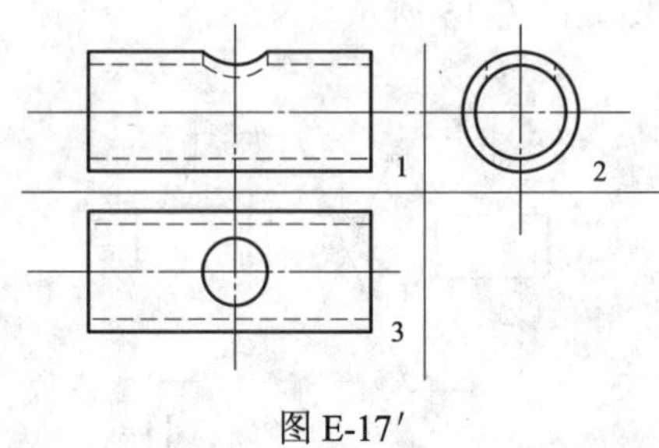

图 E-17′

La1E4018 根据破头螺钉头部立体图 E-18，画出三面投影图。

答：三面投影图如图 E-18′所示。

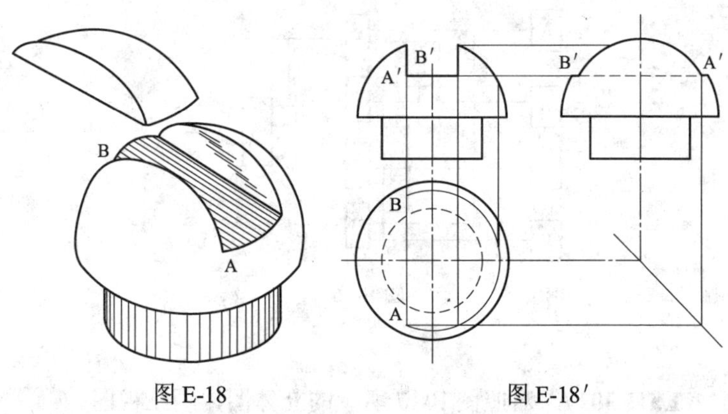

图 E-18 图 E-18′

La1E4019 如图 E-19 所示由 D 触发器组成的电路，设 Q_1、Q_2、Q_3 初态为 0，试分析电路的组成情况并画出 CP、Q_1、Q_2、Q_3 相应的波形图。

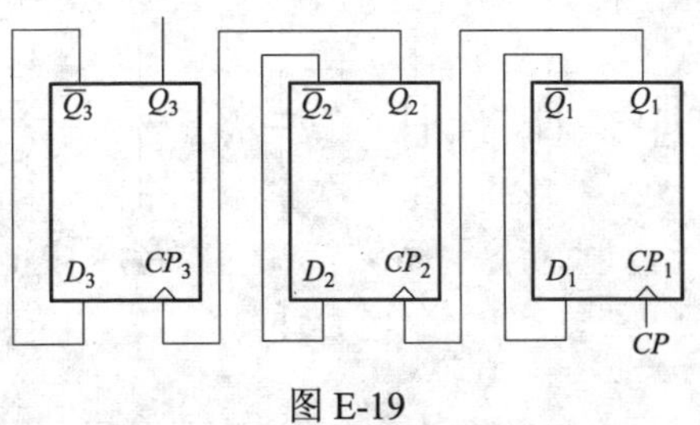

图 E-19

答：逻辑图 E-31 中每个触发器 D 端状态与 $\overline{Q}$ 端是相同的，CP_2 与 Q_1、CP_3 与 Q_2 均因导线相连而状态相同，每个触发器均要接受正脉冲才能触发，波形见图 E-19′。

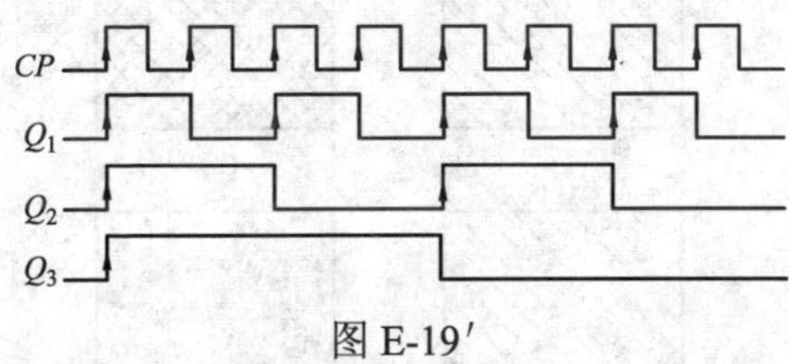

图 E-19′

Lb5E20020　画出就地安装仪表、盘内安装仪表、电动执行机构图形符号。

答：如图 E-20 所示。（1）为就地安装仪表；（2）为盘内安装仪表；（3）为电动执行机构。

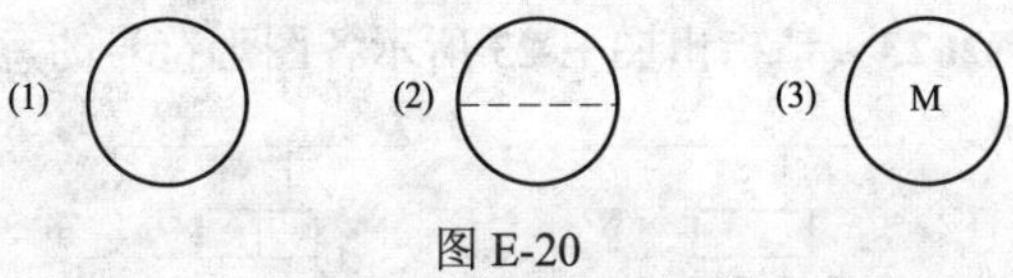

图 E-20

Lb5E2021　在图 E-21 所示的热控单元原理接线图中，下列图例各表示什么元件？

答：（1）为双极单投开关；（2）为熔断器；（3）为电阻；（4）为可变电阻；（5）为电容；（6）为可变电容；（7）为电感；（8）为可变电感。

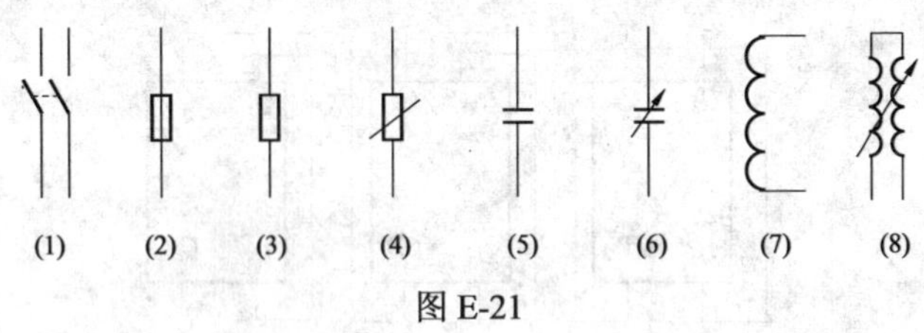

图 E-21

Lb5E3022 写出图 E-22 所示的剖面符号分别表示什么材料。

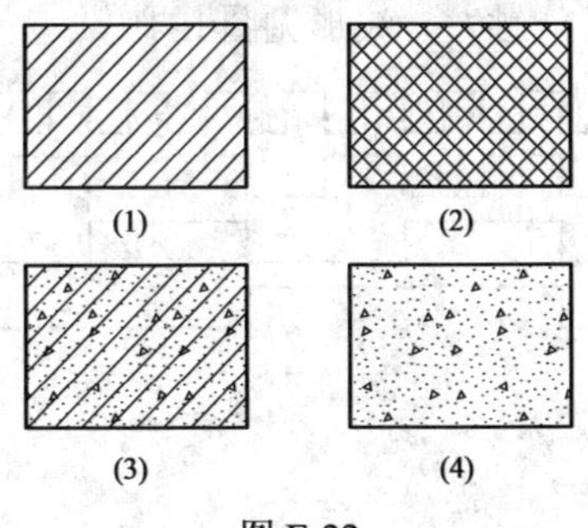

图 E-22

答：（1）为金属材料；（2）为非金属材料；（3）为钢筋混凝土材料；（4）为素混凝土材料。

Lb4E2023 请指出图 E-23 所示各图形符号的意义。

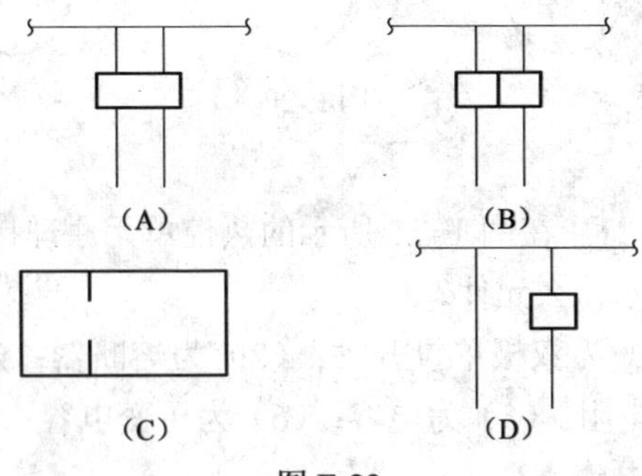

图 E-23

答：（A）为双室平衡容器；（B）为冷凝器；（C）为孔板；（D）为单室平衡容器。

Lb4E2024　图 E-24 所示为三种基本逻辑电路，试分别写出 K_1 与 K_2、K_3 关系的逻辑表达式。

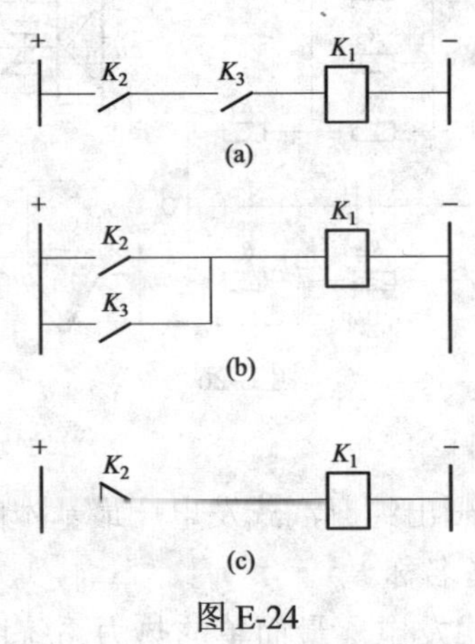

图 E-24

答：（a）$K_1=K_2 \cdot K_2$ 为"与"关系；（b）$K_1=K_2+K_3$ 为"或"关系；（c）$K_1=\bar{K}_2$ 为"非"关系。

Lb4E3025　如图 E-25 所示的图形符号各表示什么元件？

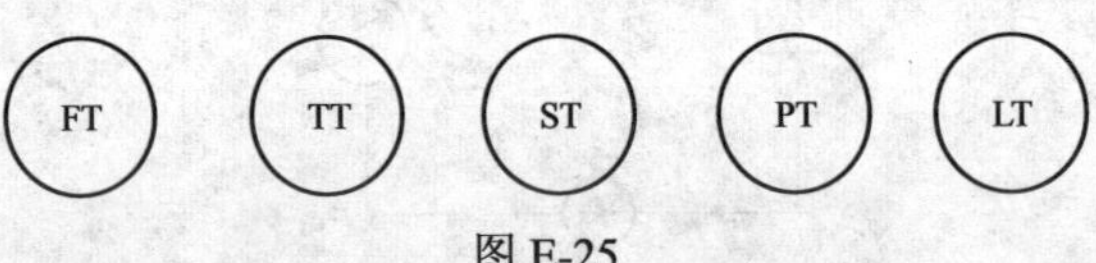

图 E-25

答：FT 为流量变送器；TT 为温度变送器；ST 为转速变送器；PT 为压力变送器；LT 为液位变送器。

Lb4E4026　画出电子电位差计的测量桥路，并简述各元件的作用。

答：如图 E-26 所示，E=1V，R_2 为桥臂电阻（锰铜丝绕制），R_B 为工艺电阻，R_3、R_4 为限流电阻，R_5 为量程电阻，R_6 为零位电阻，R_p 为滑线电阻，R_L 为冷端温度补偿铜电阻。

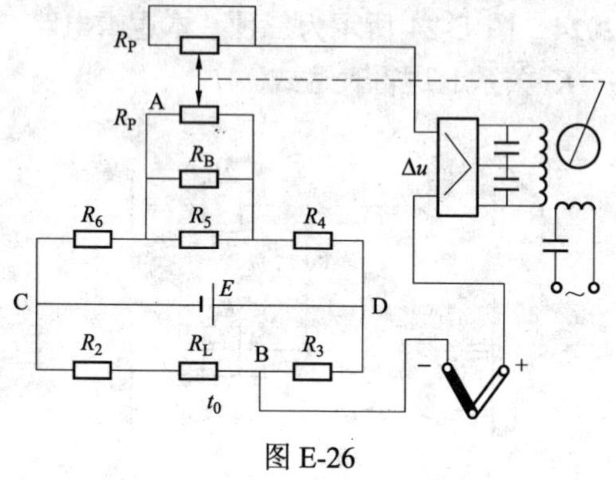

图 E-26

Lb3E2027 画出纯凝汽式发电厂最基本的热力系统图？并写出其热力设备名称。

答：纯凝汽式发电厂最简单的热力系统图如图 E-27 所示。1 为锅炉；2 为汽轮机；3 为发电机；4 为凝汽器；5 为给水泵。

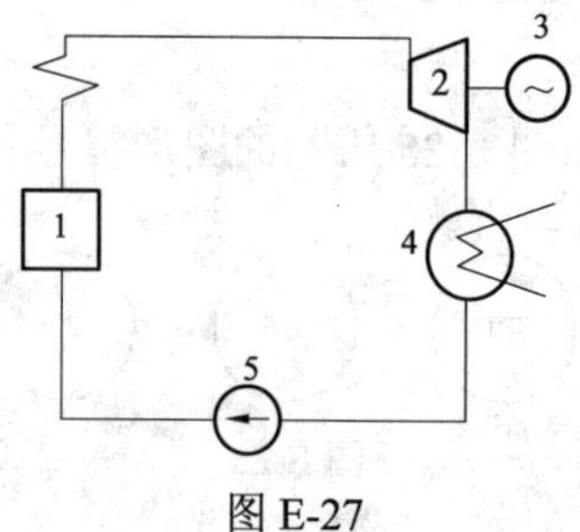

图 E-27

Lb3E2028 请画出调节系统的动态误差和静态误差示意图。

答：如图 E-28 所示为调节系统的一段调节过程曲线。A 为动态误差；C 为静态误差。

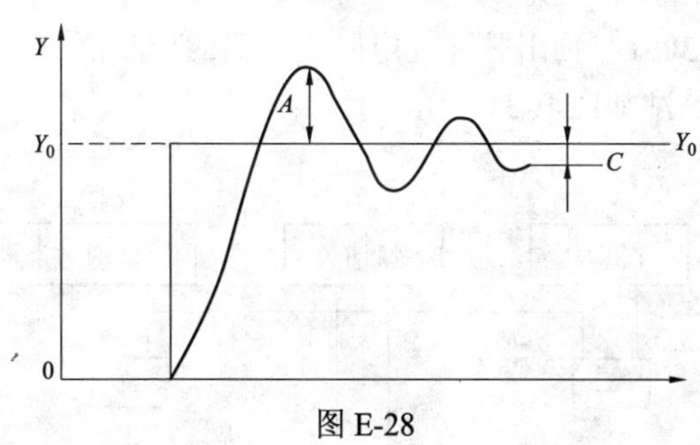

图 E-28

Lb3E3029 指出如图 E-29 所示调节系统属于什么调节系统。

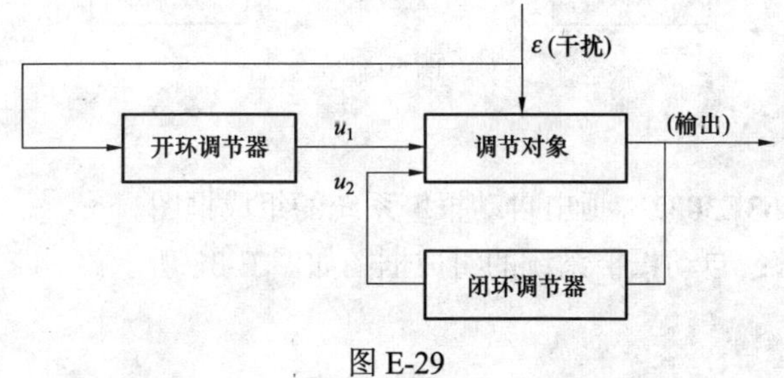

图 E-29

答：该系统属于具有前馈调节的反馈调节系统。

Lb3E3030 试画出 FSSS 的组成框图。

答：FSSS 的组成框图如图 E-30 所示。

图 E-30

Lb3E3031 画出脉冲式电磁安全门的控制框图。

答：脉冲如图 E-31 所示。

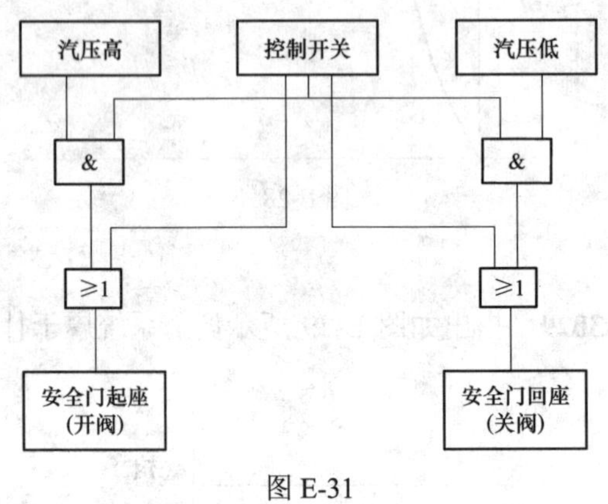

图 E-31

Lb3E3032 画出自动报警系统的组成框图。

答：自动报警系统的组成框图如图 E-32 所示。

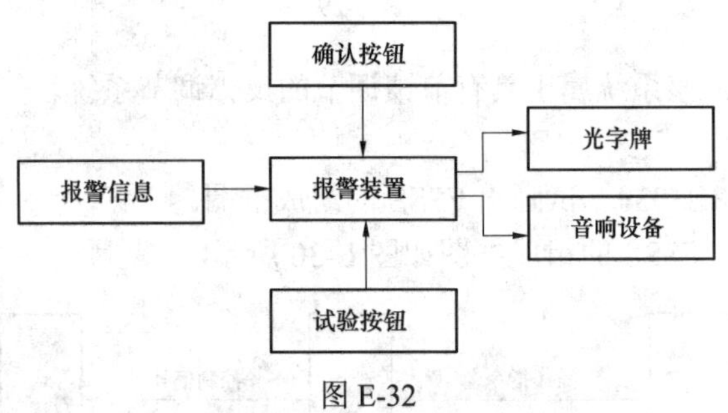

图 E-32

Lb3E3033 图 E-33 所示为中间再热机组的简单热力系统图，试说明图中各设备的名称，并简单叙述该机组的工作过程。

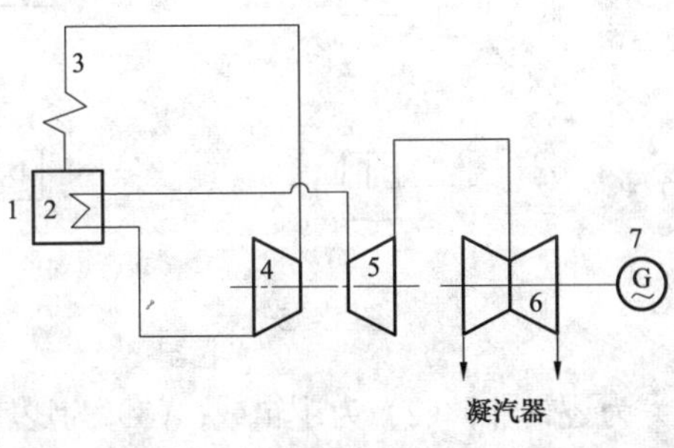

图 E-33

答：1 为锅炉；2 为再热器；3 为过热器；4 为高压缸；5 为中压缸；6 为低压缸；7 为发电机。

从锅炉过热器产生的新蒸汽，进入汽轮机高压缸中做功后排出，排出的蒸汽进入锅炉的再热器中加热后，再回到汽轮机的中、低压缸继续做功，乏汽由低压缸排出进入凝汽器。

Lb2E3034 画出 2/4 火焰指示和故障电路图。

答：2/4 火焰指示和故障电路图如图 E-34 所示。

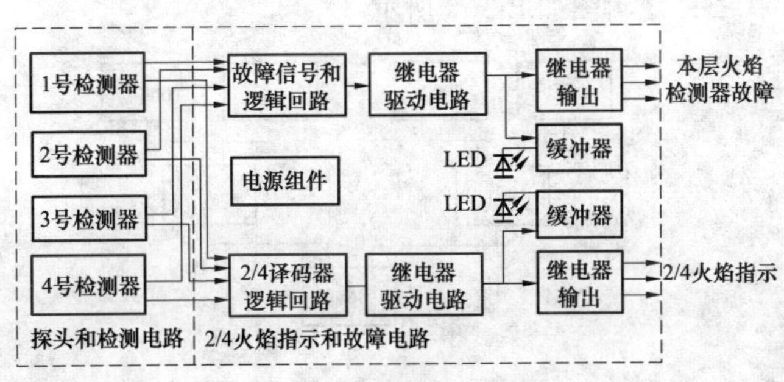

图 E-34

Lb2E3035 在计算机逻辑图中，图 E-35 所示各符号代表什么含义？

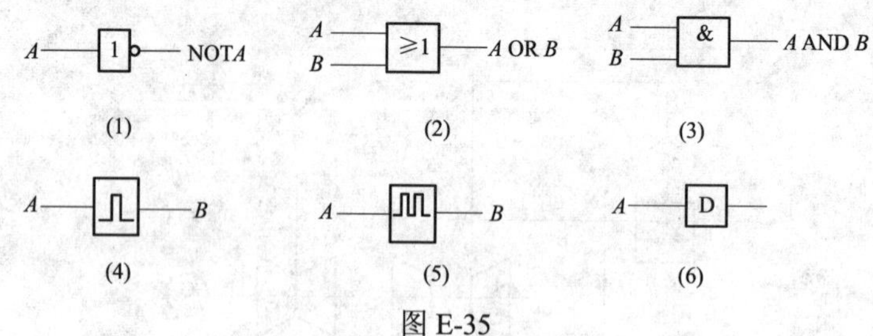

图 E-35

答：（1）为逻辑非；（2）为逻辑或；（3）为逻辑与；（4）为脉冲发生器；（5）为多谐振荡器；（6）为 D 触发器。

Lb1E4036 根据图 E-36 所示梯形图，画出相应逻辑图。

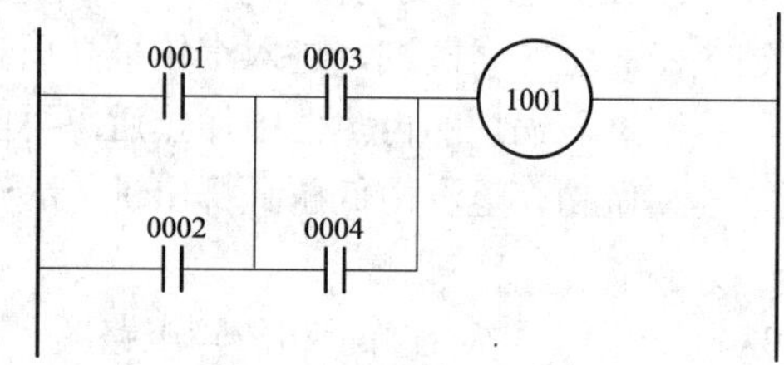

图 E-36

答：逻辑图如 E-36′ 所示。

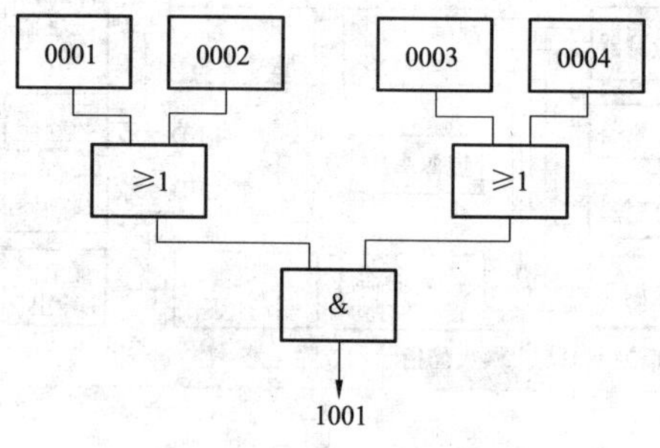

图 E-36′

Lb1E5037 试画出 FSSS 系统的结构框图。

答：FSSS 系统的结构框图如图 E-37 所示。

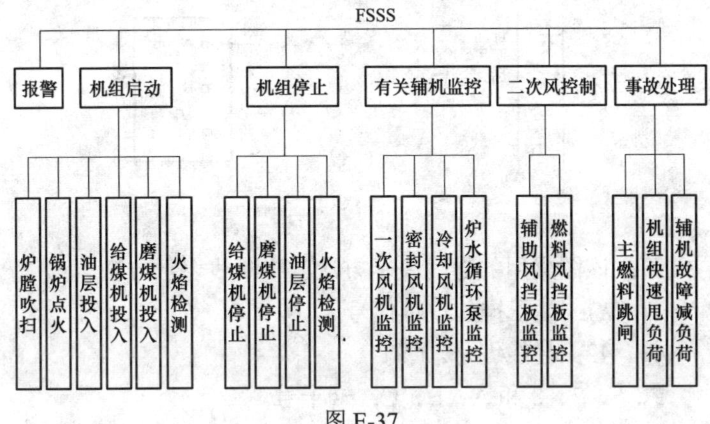

图 E-37

Jd5E3038 在热控测量系统图中，图 E-38 所示图形符号各表示什么取源测量元件？

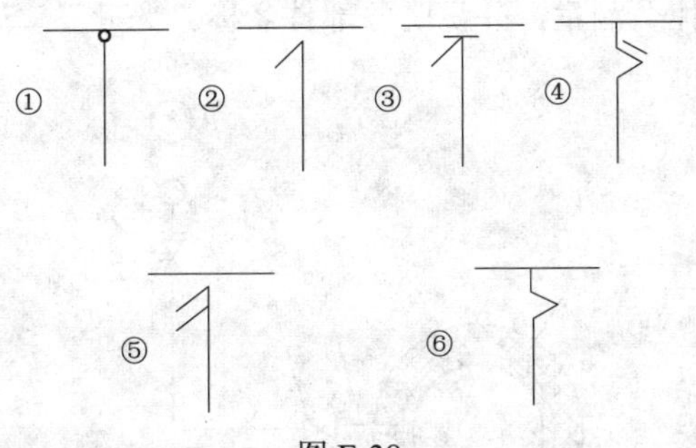

图 E-38

答：① 为测量点；② 为热电偶（单支）；③ 为热电偶（表面）；④ 为热电阻（双支）；⑤ 为热偶（双支）；⑥ 为热电阻（单支）。

Jd5E4039 说明接线图 E-39 中所用的导线表示方法及各文字符号的含义，并说明导线的连接关系。

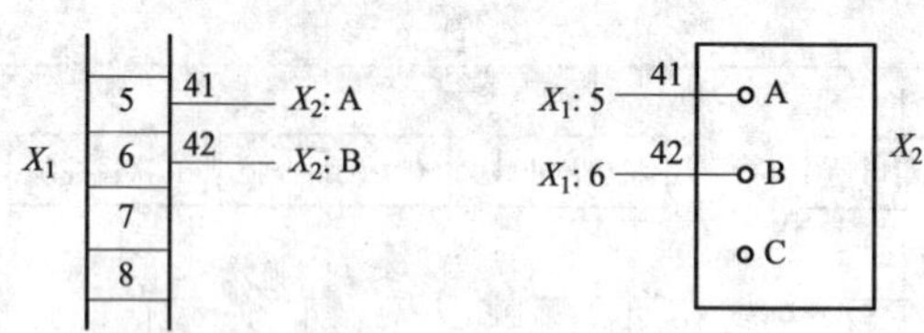

图 E-39

答：该图采用的导线表示方法为中断线表示方法。

X_1、X_2：端子排的项目代号。

41、42：导线编号。

5、6、7、8 和 A、B、C：端子号。

该图采用远端标记系统，X_1 端子排端子 5 上的线 41 接 X_2 端子排上的端子 A；X_1 端子排上端子 6 上的线 42 接 X_2 端子排上的端子 B。

Jd4E3040 根据图 E-40 所示就仪表安装地点和所测介质判断属于什么测量，并说明各部件名称。

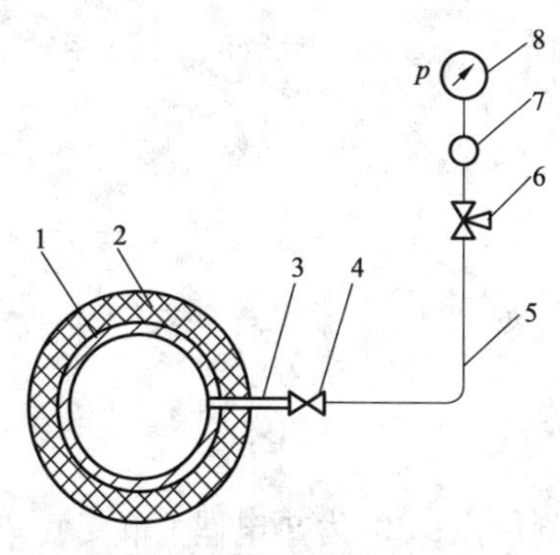

图 E-40

答：图 E-40 属于就地压力测量示意图。

1 为测介质管道；2 为管道保温层；3 为取压插座（短管）；4 为取压一次门；5 为连接仪表管路；6 为三通二次门；7 为环形圈；8 为压力指示表。

Jd4E3041 在热力系统图中，图 E-41 图例各表示什么阀门？

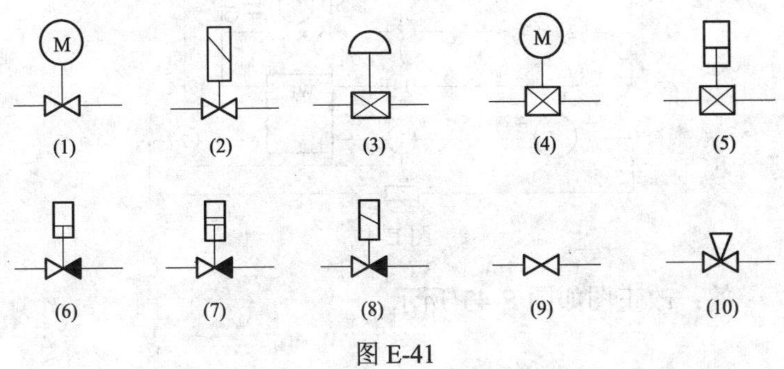

图 E-41

答：（1）为电动阀门；（2）为电磁阀；（3）为薄膜调节阀；（4）为电动调节阀；（5）为气动调节阀；（6）为气动止回阀；（7）为液动止回阀；（8）为电磁止回阀；（9）为截止阀；（10）为三通阀。

Je5E4042 画出配热电偶的动圈表校验接线图。

答：校验接线图如图 E-42 所示。

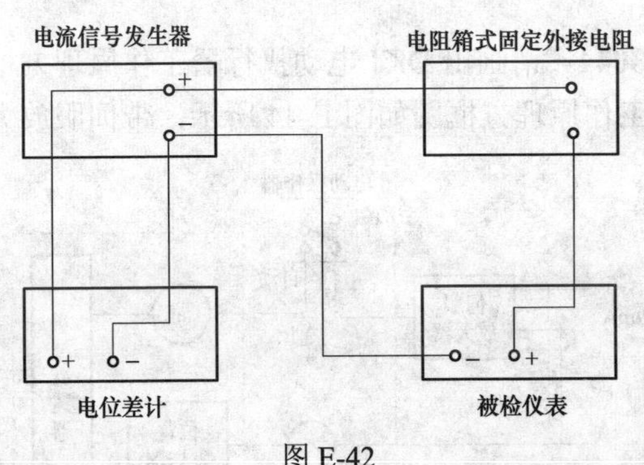

图 E-42

Je4E3043 图 E-43 所示为 DKJ 型执行机构原理接线图，试改正图中错误。

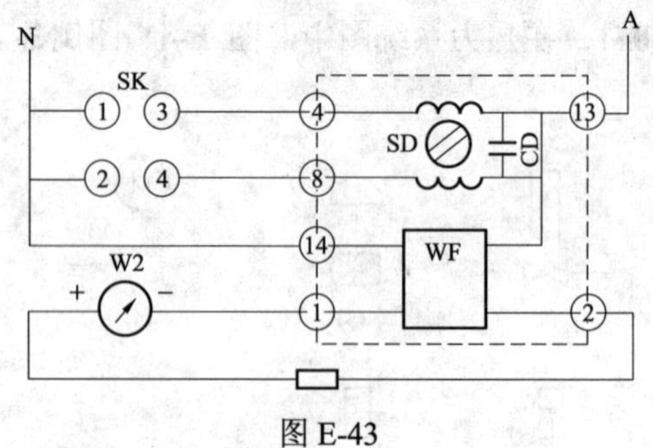

图 E-43

答：改正图如图 E-43′所示。

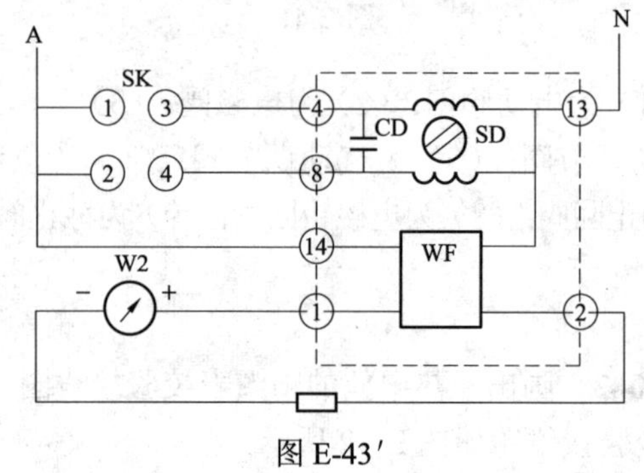

图 E-43′

Je4E3044　请画出 DKJ 电动执行器工作原理方框图。

答：工作原理方框图如图 E-44 所示，带伺服放大。

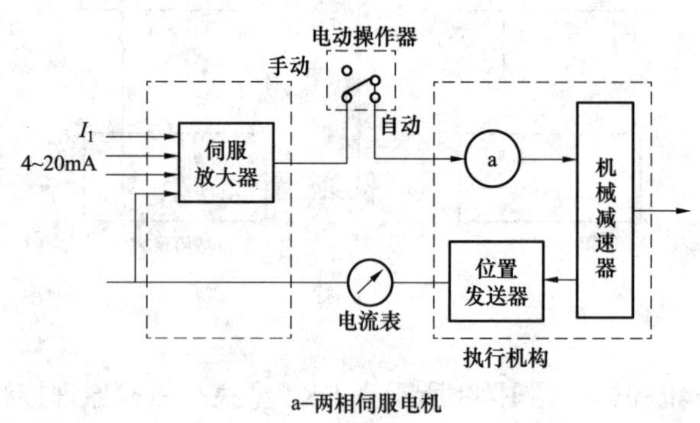

图 E-44

Je4E3045 试画出火力发电厂主要汽水系统示意图。

答：火力发电厂主要汽水系统图见图 E-45。

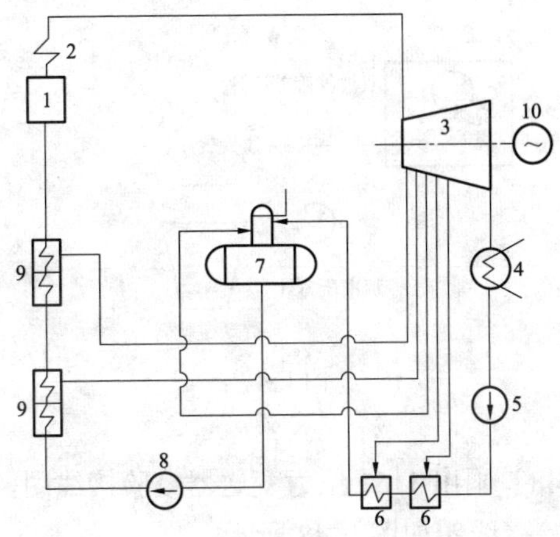

图 E-45

1—锅炉；2—过热器；3—汽轮机；4—凝汽器；5—凝结水泵；6—低压加热器；7—除氧器；8—给水泵；9—高压加热器；10—发电机

Je4E3046 画出用两支同型号热电偶测量某两点温差的线路连接示意图。

答：测温差的线路连接图，如图 E-46 所示。所测温度为 t_1-t_2，即 t_1 与 t_2 的温度差。

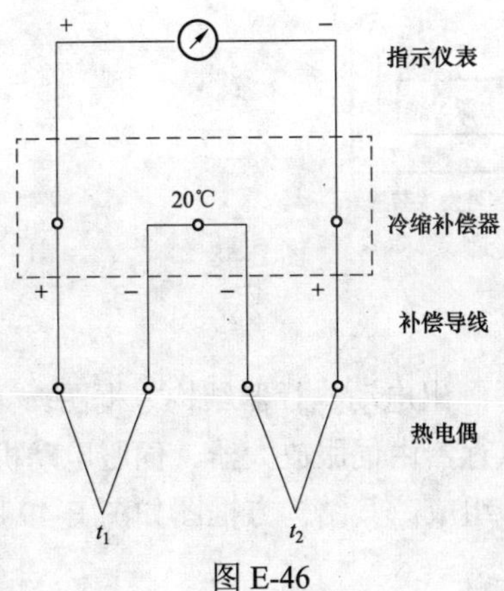

图 E-46

Je4E3047 画出校验双波纹管差压计管路连接图。

答：管路连接图如图 E-47 所示。

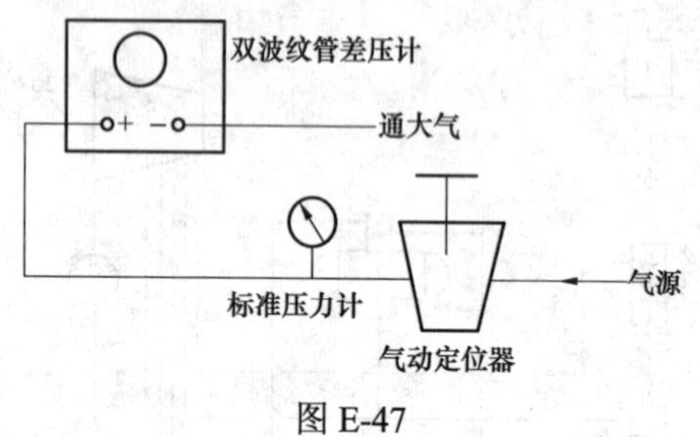

图 E-47

Je4E3048 画出 1151 压力变送器校验接线图。

答：校验接线图如图 E-48 所示。

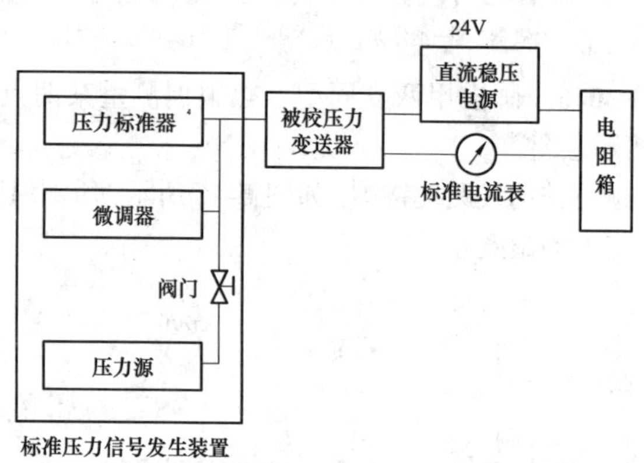

图 E-48

Je4E4049 画出电动执行器结构方框图。

答：电动执行器由伺服放大器、伺服电动机、减速器和位置发送器等部分组成。其结构方框图如图 E-49 所示。

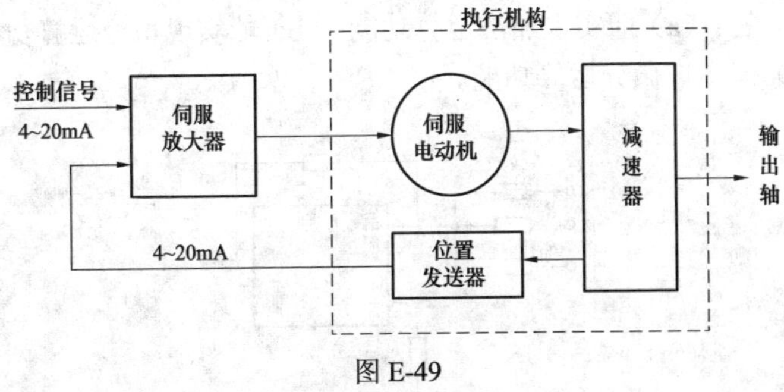

图 E-49

Je3E2050 按运行要求，汽轮机在润滑油压低Ⅰ值时发出热工信号，低Ⅱ值时启动备用油泵，低Ⅲ值时停机，试画出一简单的控制原理图（三组输出信号只画出接点即可）。

答：如图 E-50 所示，润滑油压低值的信号均由润滑油压力控制提供。低Ⅰ值、低Ⅱ值、低Ⅲ值时，可再延一定时间停机。

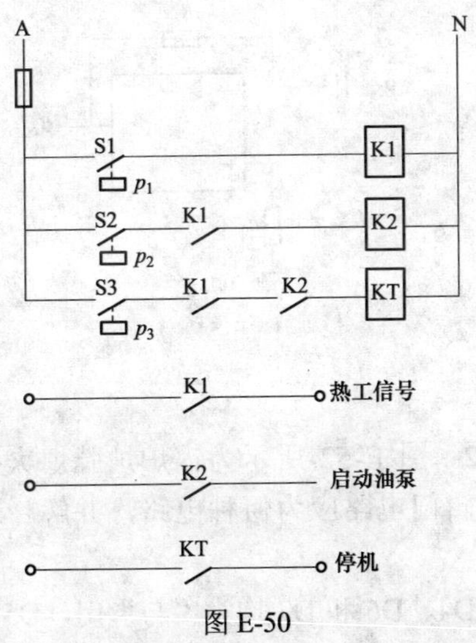

图 E-50

Je3E3051 图 E-51 所示为组装仪表常用的几种电路，试说明它们各自能实现什么运算功能。

答:（a）能实现加法运算功能;（b）能实现积分运算功能;（c）能实现微分运算功能。

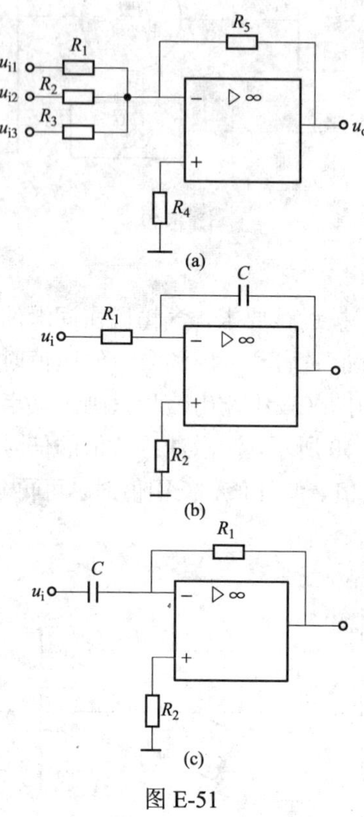

图 E-51

Je3E30352 图 E-52 所示为锅炉炉膛熄火判别逻辑图，说明图中各逻辑门电路应为何种电路，并解释逻辑图的工作原理。

答：D1～D4、D6 和 D7 均为“与”门，D5 为“或”门。

其工作原理是：当一层中四个角火焰有三个火焰失去，即该层火焰熄灭。若四层火焰都熄灭，且燃料证实信号存在时，则认为全炉膛灭火，发出 MFT 指令。

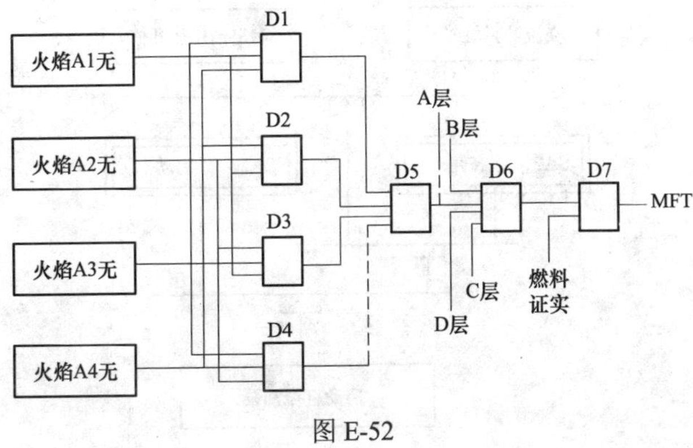

图 E-52

Je3E4053 试画出交流油泵、直流油泵启动控制框图。

答：框图如图 E-53 所示：交流油泵启动控制框图如图 E-53（a）所示；直流油泵启动控制框图如图 E-53（b）所示。

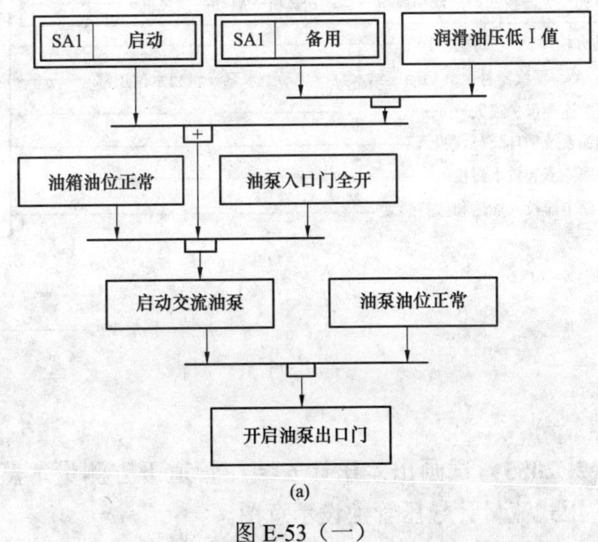

(a)

图 E-53（一）

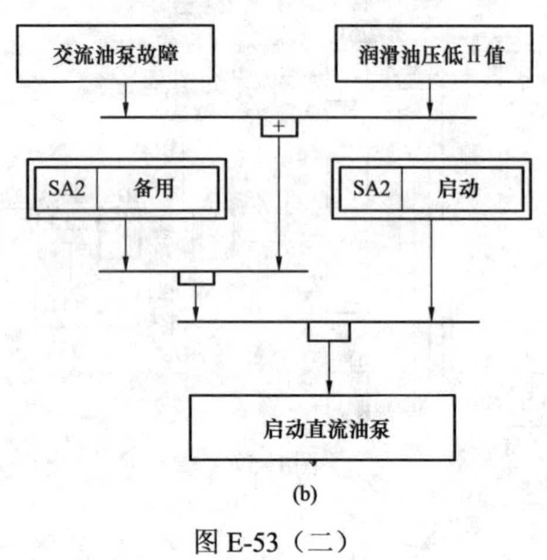

(b)

图 E-53（二）

Je3E4054 试画出汽包锅炉点火程序框图。

答：锅炉点火程序框图如图 E-54 所示。

空气预热器投入→启动引风机→启动送风机→启动一次风机
→启动火检风机→炉膛吹扫
凝汽器补水→启动凝结水泵→启动给水泵→汽包水位正常
锅炉连锁保护投入
燃油系统循环→辅汽投入
炉底除渣装置水封投入
电除尘器投入加热和振打装置
&
锅炉点火

图 E-54

Je2E2055 试画出差压计安装在管道下方测量水蒸气流量的差压式流量计导压管敷设示意图。

答：如图 E-55 所示。1 为节流装置；2 为一次阀；3 为二次阀；4 为冷凝器；5 为沉降器；6 为排污阀；7 为平衡阀。

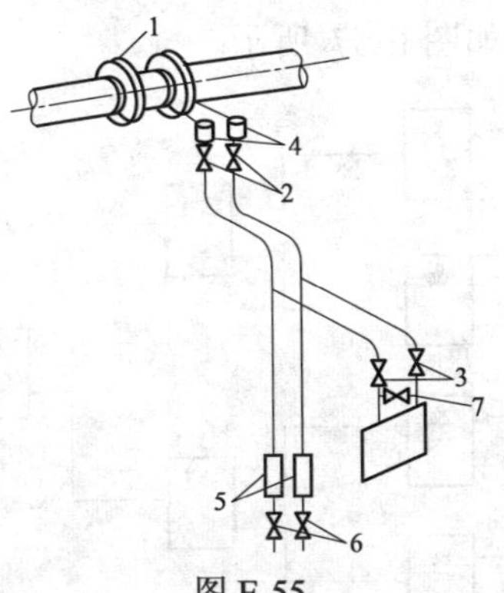

图 E-55

Je2E3056 试根据如图 E-56 所示梯形图叙述动作过程。

答：当 0003 为 ON 时，JMP 与 JME 之间的程序依次执行。

当 0003 为 OFF 时，JMP 与 JME 之间的指令不执行，输出继电器 0500、0504、1001 保持原状态，而转移到执行 JME 以下的指令。

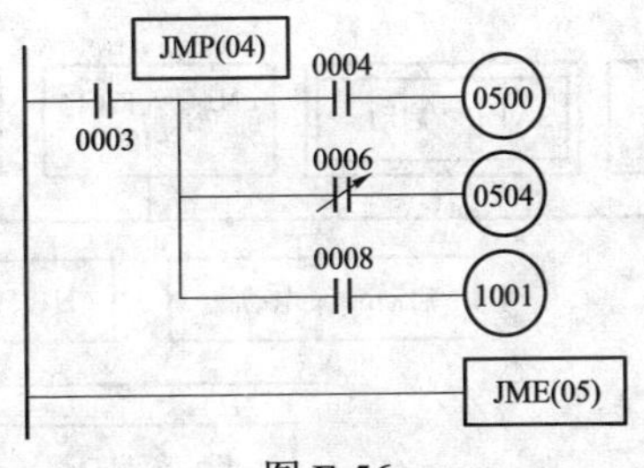

图 E-56

Je2E4057 根据图 E-57 所示可编程序控制器的梯形图，试画出其对应的逻辑图。

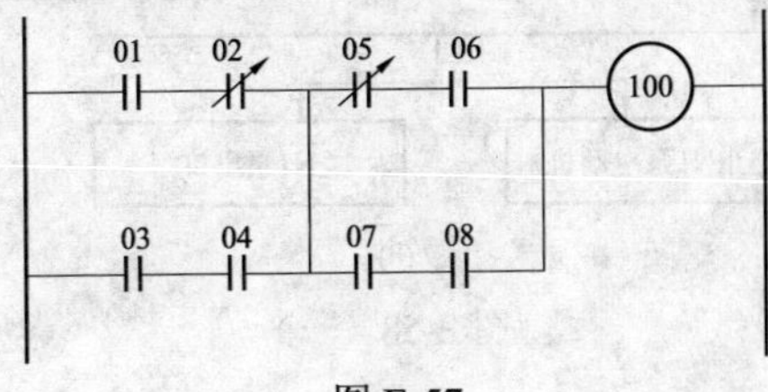

图 E-57

答：逻辑图如图 E-57′所示。

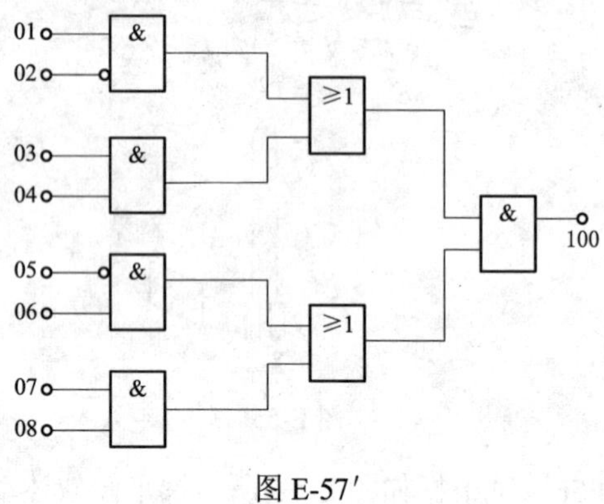

图 E-57′

Je2E4058 试画出两台水泵联动控制框图。

答：两台水泵联动控制的框图如图 E-58 所示。

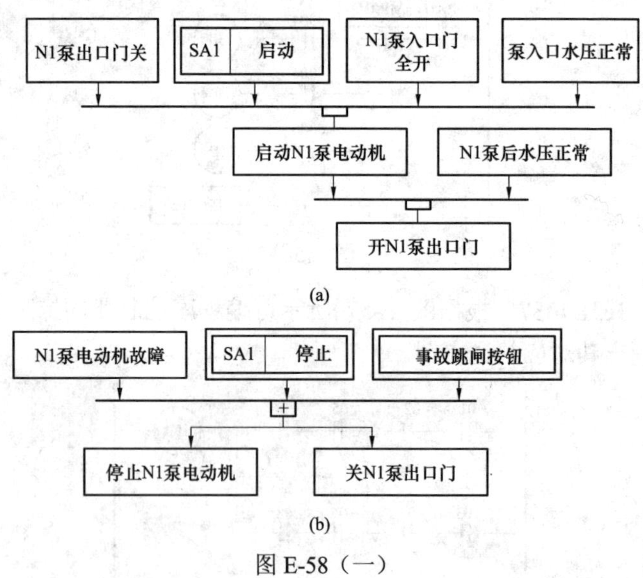

图 E-58（一）

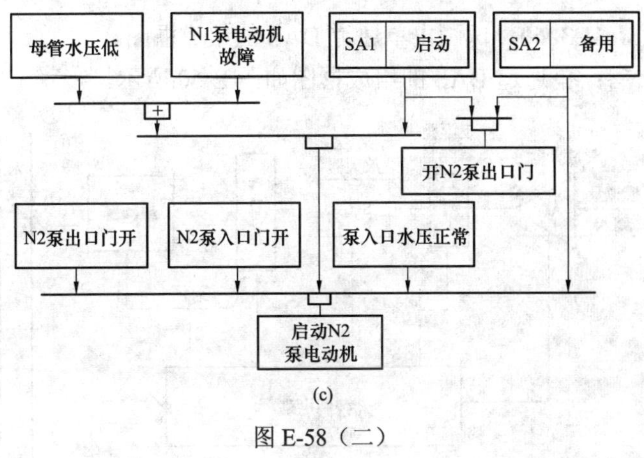

(c)

图 E-58（二）

Je2E5059 画出测量蒸汽时差压流量计高于节流装置的安装示意简图。

答：如图 E-59 所示。1 为放气阀；2 为气体收集器；3、7 为截止阀；4 为差压计；5 为节流装置；6 为冷凝器；8 为排污阀。

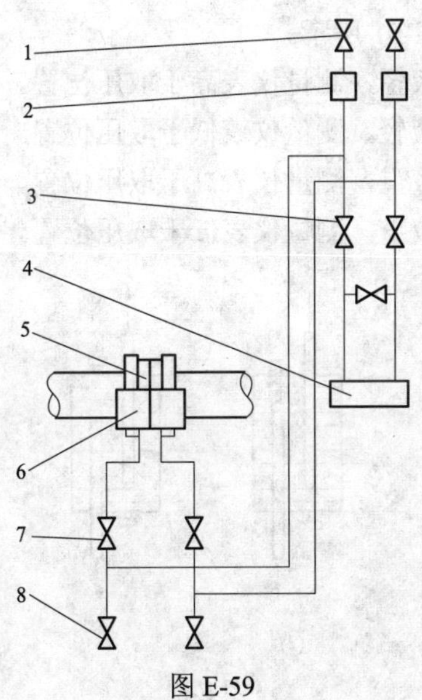

图 E-59

Je1E3060 试画出单通道 DAS 的组成框图。

答： 单通道 DAS 的组成框图如图 E-60 所示。

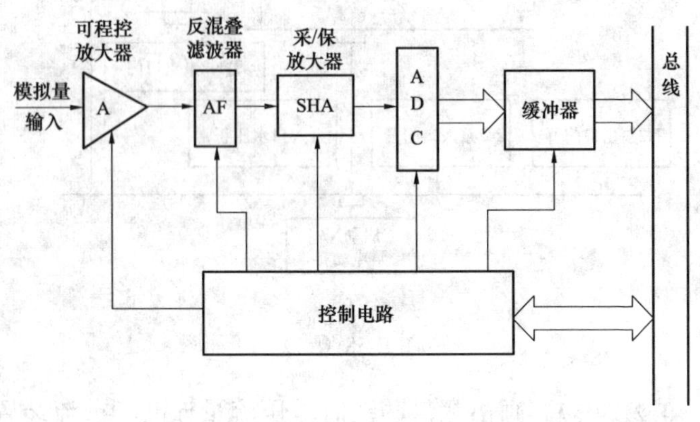

图 E-60

Je1E3061 按被测介质与隔离的轻重不同，以及取压点与测量仪表所处的位置不同，画出隔离容器的结构示意图。

答： 如图 E-61 所示。

（1）隔离液轻，测量仪表高于取压位置。

（2）隔离液轻，测量仪表低于取压位置。

（3）隔离液重，测量仪表高于取压位置。

（4）隔离液重，测量仪表低于取压位置。

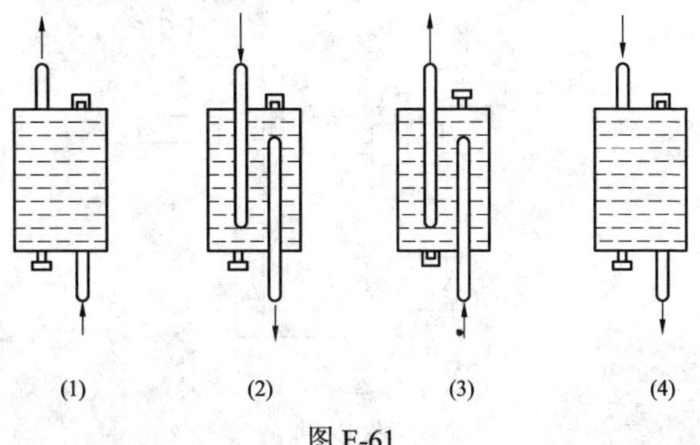

图 E-61

Je1E3062 试画出汽包水位保护框图。

答：汽包水位保护框图如图 E-62 所示。图 E-62（a）所示为水位低保护，图 E-62（b）所示为水位高保护。

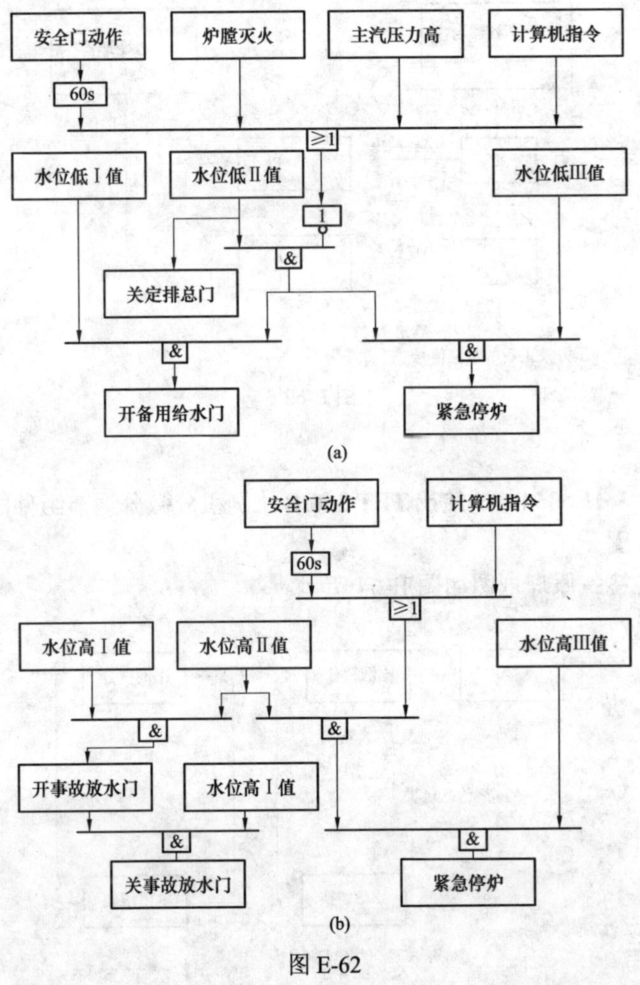

图 E-62

Je1E4063 试画出带有压力校正的汽包水位计测量系统方框图。

答：方框图如图 E-63 所示。

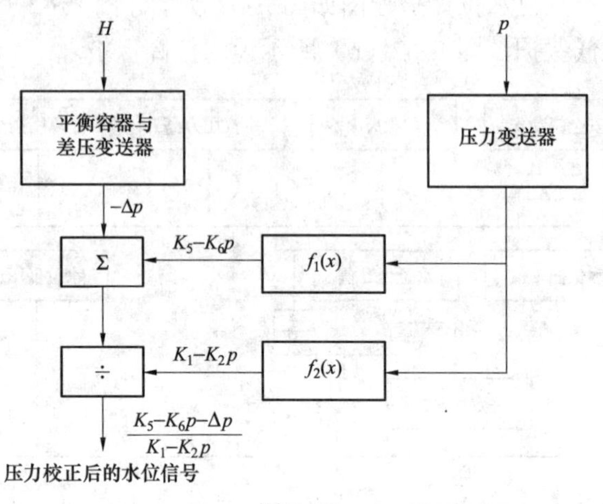

图 E-63

Je1E5064　试绘出 TFT-060/B 比例积分微分调节组件的原理框图。

答：原理框图如图 E-64 所示。

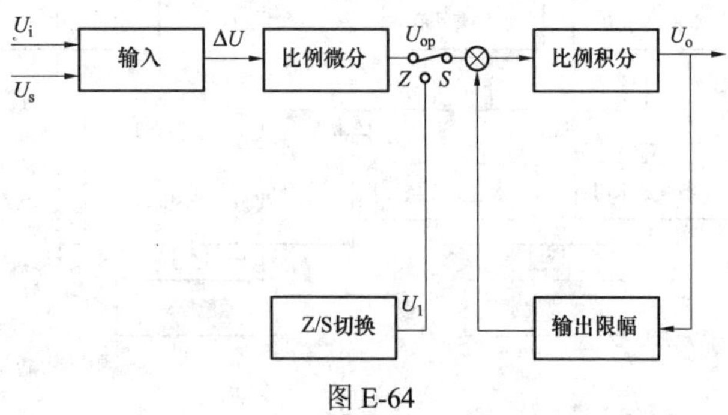

图 E-64

Je1E5065　试画出胶球清洗系统工艺流程图。

答：胶球清洗系统工艺流程图如图 E-65 所示。

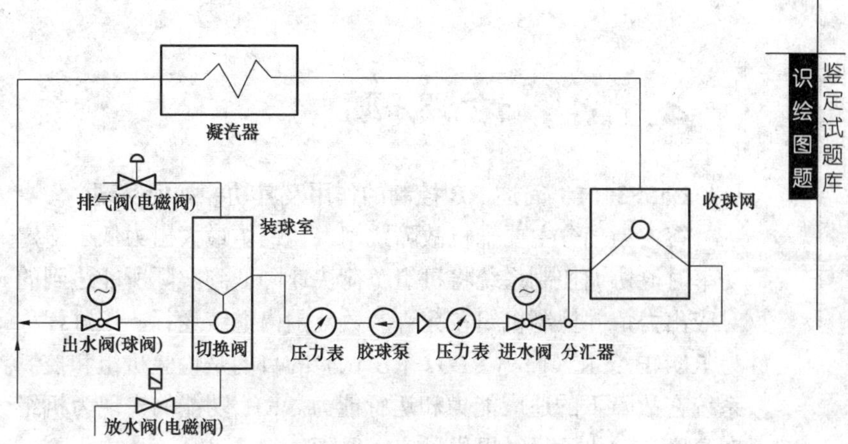

图 E-65　胶球清洗工艺流程图

4.1.6 论述题

La5F3001 简述 RB 控制的作用及其功能如何实现。

答：当部分主要辅机故障跳闸，使锅炉最大出力低于给定功率时，协调控制系统将机组负荷快速降低到实际所能达到的对应出力，并控制机组在允许参数范围内继续运行，该过程称为 RUNBACK（简称 RB）。RB 试验的目的是检验机组和控制系统在故障下的适应能力和运行能力。RB 功能的实现为机组在高度自动化运行时提供了安全保障。

RB 控制策略主要由模拟量控制系统（MCS）和燃烧器管理系统（BMS）共同实现。BMS 的任务是控制燃料的投入量，保证在低负荷运行期间燃烧稳定。RB 发生后，通常做法是切除最上层燃料，跳闸 1~2 台磨煤机（或给粉机），如果需要投油稳燃，则 BMS 还将决定油枪投入的数量和方式。

在协调控制系统中，一般设计有特定 RB 控制回路的是：机组最大出力计算、负荷指令变化速率设定、协调控制方式切换、主蒸汽压力控制方式切换、降压控制速率设定、RB 优先控制（RB 优先迫升/迫降、禁止偏差切手动、汽轮机调门禁开等），以及减温水门关闭的超驰控制等。

汽轮机数字电液控制系统在 RB 工况下，一般担任协调控制系统的执行级，对机前压力进行调节。辅机顺序控制系统则通过连锁保护逻辑，实现 RB 时送风机、引风机、空气预热器的同侧联跳，以保证锅炉烟风系统快速平衡，避免由于锅炉压力保护动作引起锅炉主燃料跳闸（MFT）。

La3F5002 设有一台电动机，其运行与否受 *A*、*B*、*C* 三个条件的控制，要求只有当三个条件中任何一个或两个条件存在时电动机才运行，否则，任何情况下都不准运行，试设计其控制线路。

答：根据题目要求列出逻辑关系为

$$K = A\overline{BC} + \overline{A}B\overline{C} + \overline{AB}C + \overline{A}BC + A\overline{B}C + AB\overline{C}$$

应用逻辑代数进行优化处理，即

$$\begin{aligned} K &= A(\overline{BC} + B\overline{C} + \overline{B}C) + \overline{A}(B\overline{C} + \overline{B}C + BC) \\ &= A[\overline{C}(\overline{B} + B) + \overline{B}C] + \overline{A}[B\overline{C} + (C\overline{B} + B)] \\ &= A(\overline{C} + \overline{B}C) + \overline{A}(B\overline{C} + C) \end{aligned}$$

因为 $\overline{C} + \overline{B}C = \overline{B} + \overline{C}$ $B\overline{C} + C = B + C$

所以 $K = A(\overline{C} + \overline{B}) + \overline{A}(B + C)$

由此，逻辑网络图如图 F-1 所示。

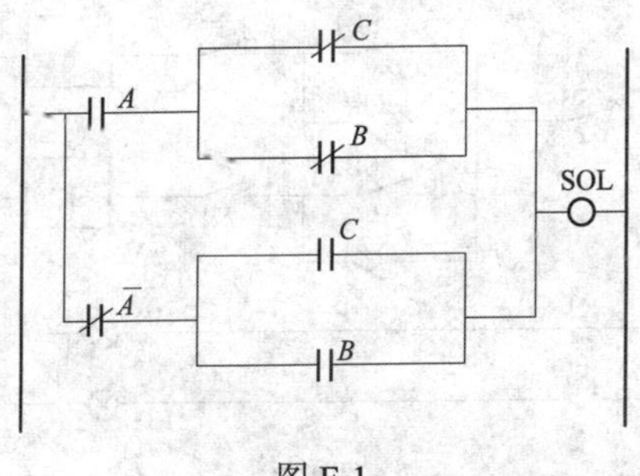

图 F-1

La2F3003 编写可编程序控制器（PLC）的应用程序有哪些具体步骤？

答：编写 PLC 的应用程序有以下具体步骤：

（1）必须充分了解被控制对象的生产工艺、技术特性及对自动控制的要求。

（2）设计 PLC 控制系统图（工作流程图、功能图表等），确定控制顺序。

（3）确定 PLC 的输入/输出器件及接线方式。

（4）根据已确定的 PLC 输入/输出信号，分配 PLC 的 I/O 点编号，给出 PLC 的输入/输出信号连接图。

（5）根据被控对象的控制要求，用梯形图符号设计出梯形图。

(6)根据梯形图按指令编写出用户程序。

(7)用编程器依次将程序送到PLC中。

(8)检查、核对、编辑、修改程序。

(9)程序调试、进行模拟试验。

(10)存储已编好的程序。

La1F5004 分析图F-2所示逻辑的功能。

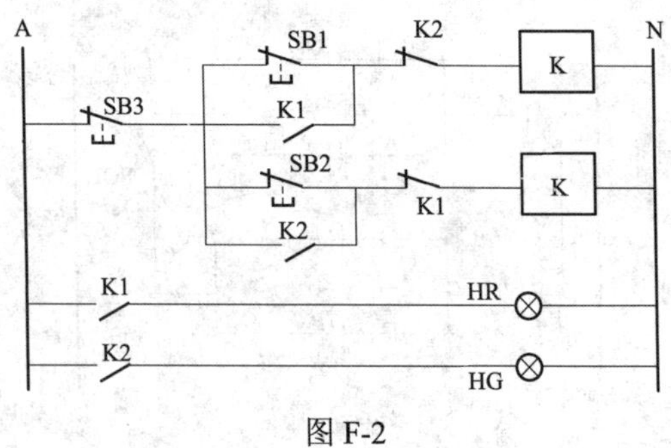

图F-2

答: 图F-2所示逻辑实现的功能是获取按钮SB1和SB2谁先动作的信息，即实现首次记忆，并使相应信号灯亮，用SB3按钮复位。

Lb5F3005 试述热电偶测温时，为什么要求参考端处于0℃。

答: 由热电偶测温原理可知，热电势的大小与热电偶两端温度的大小有关。要准确地测量温度，必须使参考端的温度固定。热电偶的分度表和根据分度表刻度的温度仪表或温度变送器，其参考端都是以0℃为条件的，所以一般将热电偶参考端固定在0℃，这也使得制造厂商有统一的标准。因此在使用中热电偶的参考端要求处于0℃。如果使用时参考端不是0℃，必须进行修正。

Lb5F3006　简述 YX-150 型、0～1.6MPa、1.5 级电接点压力表示值检定方法及技术要求。

答：① 将压力表安装好，用拨针器将两个信号接触指针分别拨到上限及下限以外，然后开始示值检定；② 压力表的示值检定按照标有数字的分度线进行（包括零位），检定时逐渐升压，当示值达到测量上限后，耐压 3min，然后按原检定点降压回检；③ 检定点应均匀选取，且不少于 5 点；④ 压力表轻敲表壳前及轻敲表壳后的示值与标准器示值之差均应不超过 ±0.024MPa；⑤ 压力表的回程误差不应超过 0.024MPa；⑥ 压力表在轻敲表壳后，其指针示值变动量不超过 0.012MPa；⑦ 压力表指针的移动，在全分度范围内应平稳，不得有跳动或卡阻现象。

Lb5F4007　试述热电偶测温的三个定律。

答：（1）由一种均质导体组成的闭合回路。不论导体的截面面积，以及各处的温度分布如何，都不能产生热电势。

（2）由不同材料组成的闭合回路。当各种材料接触点的温度都相同时，则回路中热电势的总和为零。

（3）接点温度为 t_1 和 t_3 的热电偶，它产生的热电势等于接点温度分别为 t_1、t_2 和 t_2、t_3 的两支同性质热电偶所产生热电势的代数和。

Lb5F4008　试述活塞式压力计的工作原理及其结构。

答：活塞式压力计是根据流体静力学的力平衡原理及帕斯卡定律为基础，进行压力计量的工具。密闭管路中工作介质的压力与活塞、承重盘及加放在承重盘上砝码的质量产生的重力相平衡，即

$$mg=sp$$

$$p=\frac{mg}{S}$$

式中 p——密闭管路中工作介质的压力，Pa；

m——活塞、承重盘及砝码的总质量，kg；

g——当地的重力加速度，m/s^2；

S——活塞的有效面积，m^2。

当活塞式压力计的活塞浮起并处于平衡位置时，可以根据已知的活塞有效面积，活塞、承重盘及加放在承重盘上的砝码的总质量，以及当地的重力加速度，求出密闭管路中工作介质的压力值。

活塞式压力计由活塞、活塞筒、专用砝码、油管道系统、加压泵、阀门等组成。

Lb4F4009　试述热工仪表及控制装置验收时，应具备的资料。

答：应具备以下资料：

（1）热工仪表（主要参数的）及控制装置的校验记录。

（2）制造厂提供的技术资料。

（3）高温高压管道管件及阀门等的材质及焊条的检验报告。

（4）现场试验记录（热工保护试验记录、管路严密性试验见证书等）或试验报告。

（5）线路电阻测量及配置记录。

（6）隐蔽工程安装检查记录。

（7）电缆敷设记录。

（8）节流装置设计书及安装记录。

（9）竣工图。

（10）设计变更通知书，设备、材料代用单位和合理化建议。

（11）仪表设备交接清单。

（12）未完工程项目明细表。

Lb4F4010　热工仪表在正式投入前应检查哪些项目？

答：热工仪表在正式投入前应检查下列项目：

（1）各热工仪表的标牌、编号应正确、清楚、齐全。

（2）各熔断器的熔丝熔断温度应符合仪表或设备的要求，并检查其通断情况，各电源开关应在“断开”位置。

（3）仪表的电气接线正确。具有线路调整电阻的测量系统应按规程装配完毕。

（4）热工仪表在送电前，应检查线路及其设备的绝缘，绝缘电阻一般应不小于1MΩ。用绝缘电阻表检查绝缘时，应将晶体管元件设备上的端子拆下检查。

（5）当双回路供电时，并列前应查对电的相序是否正确。

（6）投入各种电源后，检查其电源，应符合各使用设备的要求。

（7）仪表、阀门、管件和管路接头处的垫圈应合适且无损，接头牢固。有隔离容器的应加好隔离液。所有一、二次门均处于关闭位置（差压仪表的中间平衡门应处于开启位置）。

Lb4F5011　配热电阻所用的动圈仪表外线路电阻为什么要进行调整？按图 F-3 简述线路电阻的测量方法并计算出应配制的线路调整电阻 r、r'、r''。

答：配热电阻的动圈仪表采用不平衡电桥线路进行测量，与热电阻连接的两根导线分别接入电桥的两个相邻臂内。在设计电桥时，为使电桥在仪表刻度始点温度时达到平衡，导线电阻均规定为一定数值，一般均规定为5Ω±0.05Ω。在现场实际使用时，导线电阻不符合要求应进行调整，否则将引起测量误差。

如图 F-3 所示，线路电阻的测量、计算方法如下：

（1）切断电源。

（2）拆下该回路未经配制的线路调整电阻，用短路导线代替。

（3）将 R_1 的接线柱 B、C 短路。

（4）将图 F-3 中显示的仪表 1、2、3 接线柱上的导线拆下，

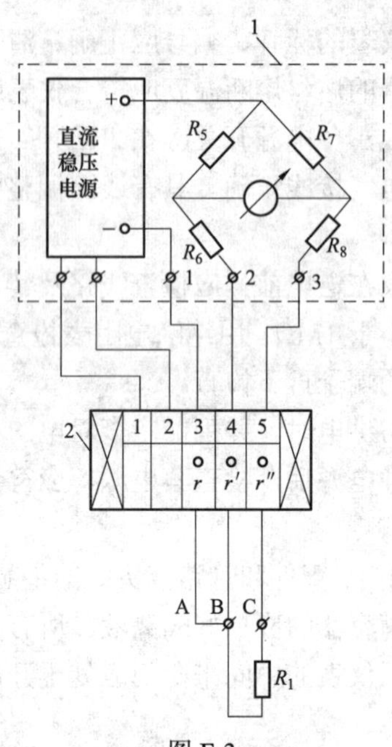

图 F-3

1—显示仪表；2—端子排

r、r'、r''—线路调电阻；R_1—热电阻

用电桥分别测得 1 与 2、1 与 3、2 与 3 的导线电阻 R_{1+2}、R_{1+3}、R_{2+3}。

（5）计算三根导线的电阻值为

$$R_1=(R_{1+2}+R_{1+3}-R_{2+3})/2$$
$$R_2=(R_{1+2}+R_{2+3}-R_{1+3})/2$$
$$R_3=(R_{1+2}+R_{2+3}-R_{1+2})/2$$

若三根导线的材料、截面积和长度相同，只需测出 R_{1+2}，即

$$R_1=R_2=R_3=R_{1+2}/2$$

（6）配制的线路调整电阻 r、r'、r''应为 $r=R_L-R_1$，$r'=R_L-R_2$，$r''=R_L-R_3$（R_L 为仪表标尺板上标明的外接线路电阻值）。

（7）配制好线路调整电阻接入回路中。

（8）按上述方法测得各回路总电阻值，与 R_L 之差不超过±0.05Ω。

（9）合上电源。

Lb4F5012　试述热电偶参考端温度补偿的意义和方法。

答：根据热电偶测温原理，要求热电偶参考端温度应恒定，一般恒定在0℃。热电偶分度表是在参考端温度为0℃的条件下制作的，显示仪表按分度表刻度，故在使用中应使热电偶参考端温度保持在0℃。如果参考端温度不是0℃，甚至是波动的，则必须对参考端温度进行补正。

热电偶参考端温度补偿方法一般有两种，即恒温法和补偿法。

恒温法是利用恒温器或冰点器（或零点仪等），使得热电偶参考端所处的温度恒定在某一温度或0℃。

补偿法是采取补偿措施来消除因环境温度变化造成热电偶测量结果的误差。

补偿法分为热电偶参考端温度不为0℃，而等于某一常温 t_n 时的补正方法，以及热电偶参考端温度 t_n 为一波动值时的补正方法两种。

（1）热电偶参考端温度 t_n 等于某一恒定的温度（$t_n \neq 0℃$）的补正方法包括：① 热电势补正法，即热电势计算法，计算公式为 $E(t, t_0)=E(t, t_n)+E(t_n, t_0)$；② 调整配用测温仪表机械零点，该办法是将显示仪表指针从刻度零点调到事先已知的参考端温度上，再进行测温。

（2）热电偶参考端温度 t_n 为一波动值的补偿方法包括：① 用补偿导线将热电偶的热电极延长到环境温度变化较稳定的地方，然后按方法（1）补偿；② 恒温器法，将热电偶的参考端置于恒温器中，使参考端恒定在某一温度值（如 t=0℃）；③ 电桥补偿法，是在热电偶回路中串接一个参考端温度补偿器，用来自动补偿因热电偶参考端温度的变化对热电偶测温时输出的热电势值的影响。

Lb3F3013　试述火电厂计算机实时监控系统应有的功能。

答：火电厂计算机实时监控系统应具有以下功能：数据采集、运行监视、报警记录、跳闸事件顺序记录、事故追忆打印、机组效率计算、重要设备性能计算、系统运行能量损耗计算、操作指导、打印报表。

Lb3F3014　为什么要设汽轮机轴向位移保护？

答：汽轮机运行过程中，会产生相当大的轴向推力，因此在汽轮机上均设有推力轴承，来平衡这一轴向推力。在正常运行时，汽轮机转子轴的推力盘依靠油膜支持在推力轴承的乌金瓦上。汽轮机的负荷过大或者蒸汽参数变化过大，都可能导致轴向推力增大，当轴向推力过大破坏了推力瓦油膜时，就会造成推力瓦磨坏或汽轮机动静部分碰擦等严重事故。因此，汽轮机应设轴向推力过大保护。但是，轴向推力检测问题很难解决，所以通常检测汽轮机转子的轴向位移来间接反映转子的轴向推力，此时称为轴向位移保护。

Lb3F3015　试述保证氧化锆（ZrO_2）氧量计正确测量的条件。

答：（1）因为当含氧量一定时，电动势 E 和温度 T 成正比例关系，因此在测量系统中应有恒温装置，保证工作温度稳定，或者采用温度补偿装置。

（2）为了有足够的灵敏度，工作温度 T 应选在 800℃以上，一般选 850℃。因为 ZrO_2 本身烧结温度为 1200℃，所以使用温度不能超过 1150℃。

（3）必须有参比气体，参比气体中的氧分压要恒定不变，同时要比被测气体中的氧分压大得多，这样输出灵敏度大。

（4）由于浓差电池两侧有趋于一致的倾向，必须保证烟气和空气都有一定的流速。

Lb3F3016　试述 DDZ 型仪表为什么要采用直流毫安电流做标准信号。

答：（1）直流不受交流感应的影响。

（2）不受传输线电感、电容和负载性质的限制。

（3）便于与巡回检测和数据处理装置及控制计算机配用。

（4）直流信号容易获得基准电压。

（5）电流与磁场作用容易产生机械力。

（6）传输线电阻在一定范围内变化，不影响电流值，便于信号的远距离传递。

（7）需要电压输入的场合，可将电流转换成电压。

（8）一个调节信号可同时、同值控制若干台执行机构时，采用该信号。

Lb3F4017　试画出汽轮机跟随控制方式的方框图，并简述其工作原理、特点、适用范围。

答：方框图如图 F-4 所示。

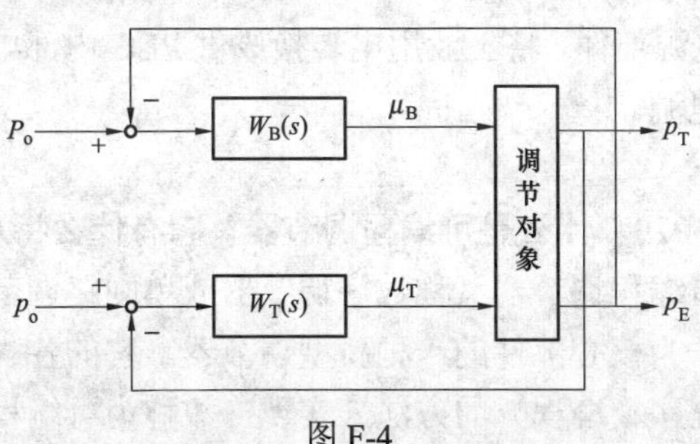

图 F-4

（1）工作原理。功率给定值 P_o 改变时，通过锅炉控制器 W_B（s）控制燃料率。待机前压力 p_T 改变后，才通过汽轮机控制器 W_T（s）去控制汽轮机调节阀开度，使输出功率符合功率给定值要求。

（2）特点。适应负荷慢，p_T 变化小。

（3）适用范围。① 机组带基本负荷；② 机组出力受锅炉限制。

Lb3F4018　试述可编程序控制器的基本结构及各部分的作用。

答： 可编程序控制器由中央处理机、存储器、输入/输出组件、编程器和电源组成。

（1）中央处理器。处理和运行用户程序，对外部输入信号作出正确的逻辑判断，并将结果输出以控制生产机械按既定程序工作。另外，还对其内部工作进行自检和协调各部分工作。

（2）存储器：存储系统管理、监控程序、功能模块和用户程序。

（3）输入/输出组件。输入组件将外部信号转换成 CPU 能接受的信号。输出组件将 CPU 输出的处理结果转换成现场需要的信号输出，驱动执行机构。

（4）编程器。用以输入、检查、修改、调试用户程序，也可用来监视 PLC 的工作。

（5）电源部件。将工业用电转换成供 PLC 内部电路工作所需的直流电源。

Lb4F5019　什么是可编程调节器？它有什么特点？

答： 可编程调节器又称数字调节器或单回路调节器。它是以微处理器为核心部件的一种新型调节器。它的各种功能可以通过改变程序（编程）的方法来实现，故称为可编程调节器。其主要特点如下：

（1）具有常规模拟仪表的安装和操作方式，可与模拟仪表兼容。

（2）具有丰富的运算处理功能。

（3）一机多能，可简化系统工程，缩小控制室盘面尺寸。

（4）具有完整的自我诊断功能，安全可靠性高。

（5）编程方便，无需计算机软件知识即可操作，便于推广。

（6）通信接口能与计算机联机，扩展性好。

Lb2F3020　简述微机分散控制系统的通信网络结构主要有哪三种形式，并叙述各种形式。

答：微机分散控制系统的通信网络结构主要有星形结构、环形结构和总线结构三种形式。星形结构的结点分为中心结点和普通结点，它们之间用专用通信线以辐射的方式相连。环形结构是将分散的结点连成一个封闭的环，信息沿环路单向或环向传递，各结点有存储和转发的功能。总线结构是树形只有主干的特例，可看做一个开环，它将网络结点全部连接到一根共享的总线上。对于不同型号的分散系统或同一型号的分散系统的不同层次而言，制造厂以达到最好的效果为目的来选用合适的通信网络系统。

Lb2F3021　微机数据采集系统有哪些主要功能？

答：数据采集系统主要功能如下：

（1）CRT 屏幕显示。包括模拟图、棒形图、曲线图、相关图、成组显示、成组控制。

（2）制表打印。包括定时制表、随机打印（包括报警打印、开关量变态打印、事件顺序记录、事故追忆打印、CRT 屏幕拷贝）。

（3）在线性能计算。包括二次参数计算、定时进行经济指标计算、操作指导、汽轮机寿命消耗计算和管理。

工程师工作站可用作运行参数的设置和修改，以及各种应用软件、生产管理和试验分析等软件的离线开发。

Lb2F3022　利用节流装置测量蒸汽的流量为什么要进行密度自动补偿？

答：标准节流装置是根据额定工况下的介质参数设计的，

只有在额定工况下，才可将α、ε、d、ρ等参数看作常数，流量和节流件前后差压才有确定的对应关系，这时差压式流量计的测量才能准确可靠。在实际生产过程中，蒸汽的压力、温度等参数是经常波动的，造成α、ε、d、ρ变化，使流量与节流装置给出差压的关系与设计时不同，引起流量测量误差，特别是密度的影响最大。为了减少蒸汽流量在非额定工况下的测量误差，必须对密度进行自动补偿。

Lb2F3023　试述汽包锅炉虚假水位是怎样造成的，以及它对水位自动调节有何影响。

答：虚假水位是由于汽包内压力的变化造成的。汽包内部压力是随蒸汽负荷及锅炉工况变化而变化的。如当锅炉燃烧强度未变，而负荷突然增加，需从汽包内多取出一部分蒸汽量，水位应下降，但此时燃料未及时增加，势必引起汽包压力下降，使整个汽水混合物的体积增大，结果反使水位升高。这与物质量平衡对水位的影响规律相反，故称为虚假水位。待燃料增加后，压力才能逐步恢复到额定值，虚假水位现象才逐步消除。虚假水位有使给水量的变化方向与负荷变化方向相反的趋势，会造成错误调节动作。

Lb2F4024　热工保护反事故措施中的技术管理包括哪些内容？

答：对热工保护反事故措施中的技术管理应当特别注意做好下列工作：

（1）建立健全必要的图纸资料。为了能够正确地掌握保护情况，在工作时有所依据，消灭误接线事故，应具备符合实际情况的设备布置图、原理接线图、端子排出线图和各种检修试验记录等。

（2）对原保护系统进行修改时，必须事先做好图纸或在原图上修改，并经领导批准。

（3）现场仪表设备的标志牌、铭牌应正确齐全。

（4）现场检修作业时，必须持有工作票。工作票应有详细的安全措施。

（5）认真作好保护切除和投入的申请记录工作。

（6）加强对职工的技术培训，经常开展技术问答和技术交流活动。

（7）必须认真贯彻事故调查规程和评价规程，对所有热工保护的不正确动作，应当及时分析找出原因，提出措施并认真处理。

Lb2F3025　试述施工技术交底一般包括哪些内容。

答：应包括下列内容：

（1）工地（队）交底中的有关内容。

（2）施工范围、工程量、工作量和施工进度要求。

（3）施工图纸的解说。

（4）施工方案措施。

（5）操作工艺和保证质量安全的措施。

（6）工艺质量标准和评定办法。

（7）技术检验和检查验收要求。

（8）增产节约指标和措施。

（9）技术记录内容和要求。

（10）其他施工注意事项。

Lb2F4026　编制专业施工组织设计的主要依据是什么？

答：施工组织专业设计依据总设计和有关专业施工图编制，将总设计中有关内容具体化，凡总设计中已经明确的，可以满足指导施工要求的项目不必重复编写。

（1）工程概况。① 本专业的工程规模和工作量；② 本专业的设备及设计特点；③ 本专业的主要施工工艺说明等。

（2）平面布置。

（3）主要施工方案，如自动化装置安装调试等。

（4）有关机组启动试运的特殊准备工作。

（5）施工技术及物资供应计划，如施工图纸交付度、物资供应计划等。

（6）综合进度安排。

（7）保证工程质量、安全，降低成本，以及推广重大技术革新项目等的指标和主要技术措施。

Lb1F5027　试简述涡流式位移监测保护装置工作原理。

答：涡流式位移监测保护装置能把位移量转换为电气信号，可作为汽轮机转子轴向位移、胀差、大轴弯曲、振动等检测保护用。

涡流式位移检测保护装置由探头、前置器、监视器组成，工作原理如图 F-5 所示。涡流式位移检测保护装置的探头是一个不锈钢管子，其端部绕有多股高强度漆包线圈，线圈与电容 C 组成并联 LC 振荡器。通过耦合电阻 R 接于高频（5000～2×10^6Hz）振荡电源中。前置器内部有石英晶体振荡器，向探头的端部线圈提供稳频稳幅的高频电流。前置器输出与检测距离相应的输出电压（稳态时为直流），监视器将前置器输出电压进行处理，以适应检测指示、越限报警的需要。

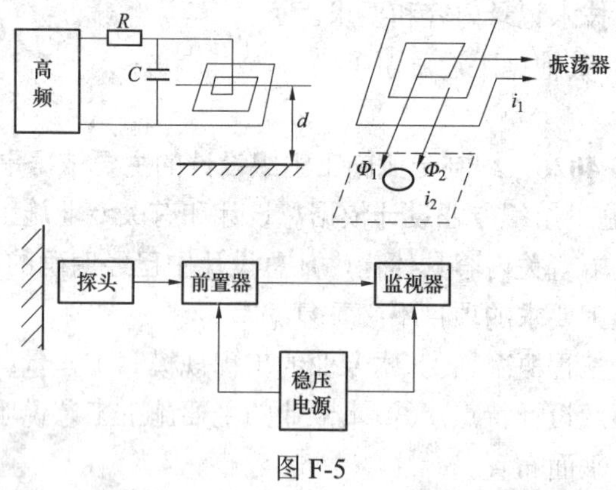

图 F-5

当线圈附近有铜、铁、铝等被测材料时，线圈中高频电流 i_1 产生的高频磁通 Φ_1 会在导电材料表层感应出高频涡流 i_2（见图 F-5）。i_2 将产生磁通 Φ_2（与 Φ_1 相反），使通过线圈的有效磁通减小，因而线圈的电感 L 减，电荷 Q 值下降，线圈两端电压下降。被测物体越靠近线圈，即 Q 越小，涡流效应越大，线圈两端电压下降越快。

Lc3F4028　试述全面质量管理的含义。

答：全面质量管理包括四个含义：① 参加对象：全体职工及有关部门；② 运用方法：专业技术、经营管理、数理统计和思想教育；③ 活动范围：施工准备、施工、投运使用、工程回访服务等活动全过程；④ 追求目标：用最经济的手段，建设用户满意的工程。

全面质量管理的基本核心是充分发挥质量职能作用，以提高人的工作质量来保证施工准备质量、施工质量和工程投运后回访服务质量，从而保证工程质量。其基本特点是从过去的检验把关为主转变为预防、改进为主，从管结果变为管因素，运用科学管理的理论、程序和方法，使施工过程处于受控状态。

Lc3F4029　试述推行全面质量管理的要领。

答：（1）思想。全面质量管理是一种思想。体现了与现代科学技术和现代施工发展相适应的现代管理思想。

（2）目标。全面质量管理是为一定的质量目标服务的。这个质量目标就是保证和提高工程质量。

（3）体制（体系）。全面质量管理要具体化为一种管理体制（或体系），一种系统、有效地提高工程质量的管理组织和管理体制。

（4）技术。全面质量管理还是一整套能够控制质量和提高质量的管理技术。

Lc3F4030 试述图纸会审的重点内容是什么。

答：图纸会审的重点内容如下：

（1）图纸及说明是否齐全、清楚、明确，有无矛盾。

（2）施工图与设备和基础设计是否一致。

（3）设计与施工主要技术方案是否相适应，是否符合施工现场的实际条件。

（4）图纸表达深度能否满足施工需要。

（5）各专业设计之间是否协调。如设备外形尺寸与基础尺寸、建筑物预留孔洞及埋件与安装图纸要求、设备与系统连接部位、管线之间相互关系等。

（6）实现设计采用的新结构、新材料、新设备、新工艺、新技术的技术可能性和必要性，以及施工技术、机具和物资供应上有无困难。

Je5F3031 试通过计算说明，能否用 0.4 级、0～16MPa 的精密压力表检定 1.5 级、0～10MPa 的一般压力表。

答：被检表的允许误差$\delta_m=\pm 10\times\frac{1.5}{100}=\pm 0.15$（MPa）

精密表的允许误差$\delta_n=\pm 16\times\frac{0.4}{100}=\pm 0.064$（MPa）

通过计算可知，精密表允许误差的绝对值为 0.064MPa，大于被检表允许误差绝对值的 1/3，即大于 0.05MPa，因此，不能用 0.4 级、0～16MPa 的精密压力表检定 1.5 级、0～10MPa 的一般压力表。

Je5F3032 校验工业用压力表应注意哪些事宜？

答：应注意以下事项：

（1）应在 20℃±5℃室温下进行。

（2）压力表的指针轴应位于刻度盘孔中心。当轻敲表壳时，指针位置不应变动。

（3）标准表与被校压力表安装在校验台上时，两表的指针轴高度应相等，以免由于传压管内液位的高度不同而造成附加误差。

（4）检验中应仔细观察表的指针动态。校对示值时，应使被校压力表指针对准刻度线中心，读取标准压力表的示值，并算出误差值。

（5）校验中应进行两次读数。一次是轻敲表壳前，另一次是轻敲表壳后。当轻敲位移符合要求后，才能判断检验点的误差。

（6）计算各检验点的误差时，以轻敲表壳后的指示值为准，每个校验点的误差都不应超过规定的允许误差。

Je5F3033　试述弹簧管式一般压力表的示值检定项目、对标准器的要求及对检定时的环境温度和工作介质的规定。

答：弹簧管式一般压力表的示值检定项目有：零位示值误差、基本误差、回程误差，以及轻敲表壳后，其指针示值变动量。

检定时，标准器的综合误差应不大于被检压力表基本误差绝对值的1/3。检定时环境温度应为20℃±5℃。

对于测量上限值不大于0.25MPa的压力表，工作介质须为空气或其他无毒、无害、化学性质稳定的气体；对于测量上限值大于0.25MPa的压力表，工作介质应为液体。

Je5F4034　试述弹簧管式一般压力表测压时，量程和准确度等级选取的一般原则。

答：弹簧管式一般压力表通常用于现场长期测量工艺过程介质的压力。因此，选择压力表时既要满足测量的准确度要求，又要安全可靠、经济耐用。当被测压力接近压力表的测量上限时，虽然测量误差小，但仪表长期处于测量上限压力下，会缩短使用寿命。当被测压力在压力表测量上限值的1/3以下时，虽然压力表的使用寿命长，但测量误差较大。为了兼顾压力表的使用寿命和具有足够的测量准确性，通常在测量较稳定的压力时，被测压力值应处于压力表测量上限值的 2/3 处；测量脉动压力时，被测压力值应处于压力表测量上限值的 1/2 处；一般情况下被测压力值不应小于压力表测量上限的 1/3。压力表的准确度等级，只要能满足工艺过程对测量的要求即可。

Je5F4035　试述弹簧管式压力表为什么要在测量上限处进行耐压检定，检定的时间是如何确定的？

答：弹簧管式压力表的准确度等级，主要取决于弹簧管的灵敏度、弹性后效及弹性滞后残余变形的大小。而这些弹性元件的主要特性除灵敏度外，其他特性只有在极限压力下工作一段时间后，才能显示出来。进行耐压检定的同时，亦可借此检验弹簧管的渗漏情况。根据国家计量检定规程的规定，对弹簧管式一般压力表在进行示值检定时，当示值达到测量上限后，耐压 3min；弹簧管重新焊接过的压力表应在测量上限处耐压 10min。

Je5F4036　检定一台测量范围为 0～10MPa、准确度为 0.5 级的压力变送器，试确定检定时所采用的压力标准器及其准确度等级、量程。

答：当选用等量程的标准器时，标准器的准确度等级 a 应为

$$a \leqslant 1/3 \times \text{被检表的准确度等级}$$

$$a \leqslant (1/3) \times 0.5 = 0.17\text{（级）}$$

目前弹簧管式精密压力表最高等级为 0.25 级，所以只能选用基本误差为±0.05%的二等标准活塞式压力计作为标准器。二等标准活塞式压力计的基本误差为：当压力值在测量上限的 10%以下时，按测量上限 10%的±0.05%计算；当压力值在测量上限的 10%～100%时，按实际测量压力值的±0.05%计算。因

此，只要被检表的测量上限（或测量的压力值）超过活塞式压力计测量上限的10%，且活塞式压力计的测量上限足够时，其准确度就能满足要求。所以，可选用1～60MPa的二等标准活塞式压力计作为标准器。若被检表的测量上限小于活塞式压力计测量上限的10%，则应核算允许误差，以确定能否满足要求。

Je5F5037　试述弹簧管式精密压力表及真空表的使用要求。

答：弹簧管式精密压力表及真空表使用要求如下：

（1）精密表只允许在无损坏且具有尚未过期的检定证书时才能使用。

（2）300 分格的精密表必须根据检定证书中的数值使用，证书中没有给出的压力值，需编制线性内插表。

（3）在未加压力时，精密表处于正常工作位置的情况下，轻敲表壳后指针对零点的偏差，或由于轻敲表壳引起指针示值变动量超过规定时，仪表不能使用。

（4）精密表允许在20℃±10℃下使用，其指示值误差满足下式要求，即

$$\Delta=\pm(\delta+\Delta t\times 0.04\%/℃)$$
$$\Delta t=|t_2-t_1|$$

式中　δ——仪表允许误差；

t_2——仪表使用时的环境温度；

t_1——由 t_2 决定，当 t_2 高于22℃或23℃时，t_1 为22℃或23℃，当 t_2 低于18℃或17℃时，t_1 为18℃或17℃。

Δ的表示方法与基本误差相同。

（5）用精密表检定一般弹簧管式压力表时，精密表的绝对误差须小于被检仪表允许绝对误差的 $\frac{1}{3}$，方可使用。

Je4F3038　试述检定XCT-101动圈式温度表时，为什么一定要在通电情况下进行检定。

答：因为XCT-101动圈式温度表带有断偶保护电路，保护

电路中的二极管 D_p 在正向导通时，总有一个小电流流过。只有当仪表的外接电阻很小时，流过 D_p 的电流才可以忽略，这时 D_p 可视为开路。当 D_p 的正向电阻与仪表外接电阻相比阻值相差不太大时，流过 D_p 的电流就不能忽略不计，即二极管 D_p 不能视为开路，这时断偶保护电路就会输出一个附加直流电流。所以在检定时，若在未通电时调好机械零位，则在接通电源后就会出现指针高于零位的现象。

Je4F3039　电子电位差计中，灵敏度调整电位器和阻尼调整电位器的作用是什么？如何调整？

答：电子电位差计中，灵敏度电位器的作用是调整放大器的放大倍数。阻尼电位器的作用是调整仪表的动态特性，原理是当仪表运行达到平衡点时，由于惯性作用产生冲量，阻尼可使仪表指针很快稳定下来。

仪表在使用过程中，当不灵敏区超时，要调整放大器的灵敏度电位器。如果动态特性不能满足阻尼特性，主要调整阻尼电位器。仪表灵敏度及阻尼如都需调整，首先应调整放大器的灵敏度电位器，在满足仪表不灵敏区要求的前提下，再调整阻尼电位器，使指针摆动小于两个“半周期”。

Je4F4040　使用直流电位差计时应注意哪些事项？

答：使用直流电位差计时应注意如下事项：

（1）根据所要求的测量精度及被测电动势的大小选择合适的电位差计。

（2）检查 0.5 级仪表时，电位差计配用的标准电池采用Ⅱ级标准电池。

（3）配用的检流计应满足精度要求。

（4）电位差计的工作电流小于 10mA 时，一般可用干电池供电，大于 10mA 时应用蓄电池或用高稳定度的整流稳压电源供电。

（5）在连接电位差计线路时，应注意标准电池、辅助电源或被测电动势的极性必须与电位差计上所标的极性相符，而且电压数值应在规定范围内。

（6）在每次测量前都必须首先校准工作电流。

（7）用电位差计测量电流、电阻时，应尽量选取适当的标准电阻。

（8）测量电路应有良好的绝缘。

（9）精密测量低电势时，应注意消除热电势引起的误差。

（10）携带搬运电位差计时，一定要注意把检流计的按钮按下，以免线圈振断。

Je4F4041　画出检定自动平衡电桥连接线路图，并简述示值误差的检定方法及如何计算示值误差。

答：检定自动平衡电桥连接线路图如图 F-6 所示，指示基本误差的检定应在刻度尺粗分度线上进行，且不少于 5 个点（使用中的仪表可根据实际情况确定）。具体方法是：先按示值增大方向检定，增加标准电阻箱的阻值，使指针依次缓慢地停在各个被检刻度线上，读取电阻箱的阻值。然后按示值减小方向检定，减小标准电阻箱阻值，使指针依次缓慢地停在各个被检刻度线上，读取电阻箱的数值。指示基本误差应按下式计算：

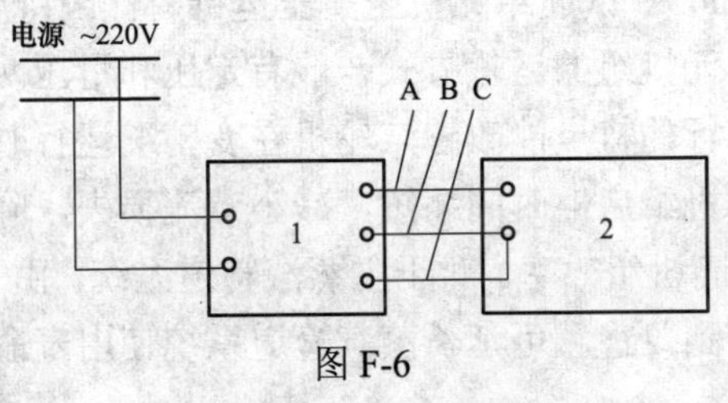

图 F-6

1—被检仪表；2—标准线阻箱

A、B—专用连接导线；C—铜导线

$$\delta R_d = R_m - R_d$$

$$\delta R_{rev}=R_m-R_{rev}$$

式中 δR_d、δR_{rev}——增大方向、减小方向时指示基本误差，Ω；

R_m——与被检分度线示值相应的热电阻值，Ω；

R_d、R_{rev}——增大方向、减小方向标准电阻箱示值，Ω。

Je4F4042　试述 1151 型电容式压力变送器零点及量程调整的方法。

答：1151 型电容式压力变送器检定时，如果发现零点、量程不准，则需要进行调整。

（1）调整前先将阻尼电位器逆时针调到极限位置（阻尼最小处）。

（2）当输入压力为零时，调整零点电位器使变送器输出电流为 4mA。

（3）输入所调整量程压力，调整量程电位器使变送器输出电流为 20mA。

（4）由于调量程时影响零点输出，而调零点时不影响量程输出，因此，零点和量程调整需反复几次，直至零点和量程输出电流分别为 4mA 和 20mA 时为止。

零点和量程调整完后，再将阻尼电位器调到合适位置。

Lb2F4043　试述单元机组滑压运行有什么特点。

答：单元机组的运行方式一般有定压和滑压两种。

滑压运行的特点能改善汽轮机在变工况运行时的热应力和热变形，使机组启停时间缩短，减小节流损失，降低给水泵功率消耗，提高机组效率。对于主蒸汽管道系统，由于压力降低，应力状态得到改善，可延长蒸汽管道系统使用寿命。

Je4F5044　检定工业用镍铬–镍硅热电偶（300℃以上各点）需要哪些设备？并画出双极比较法检定时的连接线路图。

答：检定工业用镍铬–镍硅热电偶（300℃以上各点）需要

以下设备：

（1）标准器。二等标准铂铑 10⁻铂热电偶一支。

（2）仪器设备。① 准确度不低于 0.05 级、最小步进值为 1μV 的低电动势直流电位差计一套，或具有同等准确度的其他电测设备；② 多点转换开关 1 台，寄生电动势小于 1μV；③ 管式检定炉 1 台，其长度约为 600mm，常用温度为 1200℃，最高温区偏离检定炉管中心位置不应超过 30mm；④ 冰点恒温器 1 个，测量范围为–20～50℃、最小分度值小于 0.5℃的精密水银温度计 1 只；⑤ 控温设备 1 台；⑥ 热电偶测量端焊接装置一套。

双极比较法连接线路如图 F-7 所示，直接测量标准热电偶与被检热电偶的热电势。

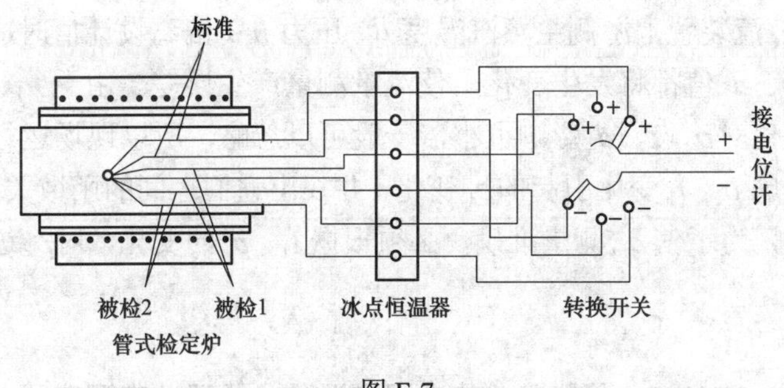

图 F-7

Lb2F3045　试述直流锅炉有何特点，对调节有何影响。

答：直流锅炉没有汽包和下降管，水冷壁管采用小管径管，制造简单，省钢材。直流锅炉可采用超临界压力参数运行方式，启停时间短，经济效益高。

直流锅炉的缺点包括：由于没有汽包，对给水品质要求高；汽水管道阻力比汽包锅炉大，给水泵的压头高，耗电量大；从运行操作看，直流锅炉操作比汽包锅炉复杂，安全性要求更高。

直流锅炉与汽包锅炉在结构上的主要区别是汽水系统不

同。直流锅炉的各段受热面之间没有明显的分界面，给水从省煤器到过热器产生蒸汽的过程是连续不断进行的。直流锅炉的给水调节、燃烧调节和汽温调节不是相对独立的，而是密切相关、相互影响的，即一个调节机构动作，可能影响到其他几个运行参数，自动调节较困难，要求有较高的自动控制水平和相应的保护措施。

Je3F4046　为什么要对主蒸汽流量的测量结果进行压力、温度的修正？

答：节流装置的流量基本公式为

$$q_m = \alpha\varepsilon\frac{\pi d^2}{4}\sqrt{2\rho_1\Delta p}$$

根据节流装置的流量基本公式可知，当实际过热蒸汽参数（即节流装置上游侧主蒸汽温度 t_1、压力 p_1）偏离设计值时，α、ε、ρ、d 值都将发生变化，使流量测量产生误差。由于 t_1、p_1 的变化对α、ε、d 影响很小，一般可以忽略，所以现场运行中只考虑 p_1、t_1 变化引起的ρ_1 变化，并找出它们之间的函数关系。因此，为了使 q_m 测量准确，必须根据 t_1、p_1 的变化，对ρ_1 进行修正。

Je3F4047　简述工业热电阻测温的主要误差来源有哪些。对于工业铂热电阻，是否选用铂丝纯度越高，其测温准确度就越高？

答：工业热电阻测温误差的来源主要有：

（1）分度误差。

（2）电阻体自热效应误差。

（3）外线路电阻误差。

（4）热交换引起的误差。

（5）动态误差。

（6）配套显示仪表的误差。

对于工业铂电阻，只要铂丝纯度符合标准的要求即可。因为工业铂热电阻的分度表是按照相关标准规定的铂丝纯度编制的，要配合分度表使用，所以提高铂丝的纯度，就会偏离编制分度表时的基础条件。因此没有必要提高铂丝的纯度。

Je3F4048 氢纯度表在运行中应注意哪些事项？

答：（1）运行中应保持测量系统严密不泄漏。

（2）检查浮子流量计中的浮子是否处于红线位置，也就是检查氢气流量是否为 0.5～1L/min。若浮子不处于红线位置，应利用进出口阀门调整好氢气的流量。若进出口阀门均已全开，即流量仍达不到要求，说明取样管堵塞，应关一次阀门，利用取样管低位处的排污阀门放出油和水，并重新调整氢气流量为规定值。

（3）停机时，二次仪表和变送器必须停电，因为停机时测量系统进出口没有压差，测量系统管内的氢气不流动。若变送器不停电，桥路铂电阻可能超温，从而影响变送器的寿命，使管内的氢气温度局部升高。

（4）检查棉花过滤器是否纯净。

（5）按下检查开关，检查指针是否迅速回零。

（6）经常与化学分析结果进行对照，并检查“氢纯度低”信号是否正确。

（7）做现场检验时，通入标准气样必须特别注意安全。校验场地应通气良好，禁止烟火，不允许存放易燃易爆物品，并杜绝其他产生火花的可能性，现场应准备必需的灭火器。

Je3F5049 怎样做汽包炉给水流量扰动下的飞升特性试验？

答：按如下步骤进行飞升特性试验：

（1）锅炉保持在稳定负荷下运行。

（2）水位变化范围在 100mm 左右（–50～50mm）。若进行上升试验，应先将水位稳定在–50mm；若进行下降试验，水位应稳定在+50mm。

（3）在稳定的运行情况下，启动记录仪表或试验人员每隔5s记录一次主蒸汽流量、给水压力、给水流量、汽包压力和汽包水位变送器的输出电流等参数，其中给水压力、汽包压力和蒸汽流量为参考数据。

（4）记录至0.5s时，由运行人员迅速改变给水量至额定负荷的20%～25%。

（5）试验一直进行到水位达到试验所规定的数值为止。

（6）试验应在水位上升下降两个方向进行三次，然后取平均值。

Je5F5050　试述气动阀门定位器有哪些作用。

答：气动阀门定位器接受调节器输出的信号，并将信号放大后去控制气动执行器；同时在接受阀杆位移量的负反馈。定位器和执行器组成了一个闭环回路，使执行器的性能大为改善。

气动阀门定位器的主要作用如下：

（1）消除执行器薄膜和弹簧的不稳定性及各可动部分产生的干摩擦影响，提高调节阀的精确度和可靠性，实现准确定位。

（2）增大执行器的输出功率，减小调节信号的传递滞后，加快阀杆移动速度。

（3）改变调节阀的流量特性。

Je2F3051　说明炉膛安全监控保护装置的投入必须具备哪些条件？

答：炉膛安全监视保护装置必须具备下列条件方可投入运行：

（1）炉膛压力取压装置、脉冲管路等连接牢固、严密、畅通。

（2）压力开关、传感器、风压表等应处于完好状态，越限报警和保护动作值整定正确、动作可靠。

（3）火焰检测器安装正确牢固，周围温度不得超过允许值。

（4）火焰探头的冷却风系统运行正常、风压正常。

（5）炉膛安全监视保护系统的逻辑功能正确无误。

（6）整套系统的静态试验和动态试验合格。

Je2F3052　数字电液控制系统（DEH）的自动汽轮机控制（ATC）方式启动试验包括哪些内容？

答：在 DEH 的 ATC 方式下，目标转速、目标负荷、升速率和升负荷率都是通过 ATC 程序由主计算机确定的最佳值。用 ATC 方式进行自动升速、暖机、主汽门/调节汽门切换，以及并网带 5%初始负荷时，要通过试验进一步验证程序是否正确，验证热应力计算所用常数是否正确。

Je2F3053　汽包水位、给水流量、蒸汽流量的测量为什么要进行压力温度的修正？自动校正的方法是什么？

答：锅炉从启动到正常运行或从正常运行到停炉的过程中，蒸汽参数和负荷在很大的范围内变化，会使汽包水位、给水流量和蒸汽流量的准确性受到影响。为了实现全程自动测量和控制，要求这些测量信号能自动地进行压力、温度的修正。

基本方法是：先推导出被测参数随温度、压力变化的数学模型，然后利用各种算法进行电路运算，实现自动校正。

Je2F4054　试述标准孔板角接取压方式的取压口设置方法。

答：标准孔板角接取压方式有两种形式，即单独钻孔取压口和夹持环（环室）取压口。这两种形式的取压口可以设在管道或管道法兰上，也可设在夹持环上。取压口轴线与孔板各相应端面之间的间距等于管道直径的一半或取压口环隙宽度的一半。取压口出口边缘与管壁内表面平齐，如采用单独钻孔取压，则取压口的轴线应尽量与管道轴线垂直。若在同一个上游或下游取压口平面上有几个单独取压口，则各取压口的轴线应等角度均匀分布，大小应符合规程规定。

Je2F4055 试述节流装置的选择原则有哪些？

答：选择节流装置应遵循以下原则有：

（1）孔板、喷嘴和文丘里喷嘴，一般都用于直径 $D \geqslant 50\text{mm}$ 的管道中，如被测介质为高温高压，可选用孔板和喷嘴。文丘里管只适用于低压的流体介质。

（2）要求节流装置所产生的压力损失较小时，可采用喷嘴或文丘里管。

（3）测量某些易使节流装置脏污、磨损或变形的脏污介质或腐蚀性介质时，选用喷嘴较好。

（4）喷嘴精度高，所以直管段要求也较短。

（5）在加工、制造和安装中，孔板要求最简单，喷嘴次之，文丘里管最复杂。

Je5F4056 试述一个调节系统在试投时应进行哪些动态试验。

答：动态试验一般包括调节阀门特性试验、调节对象飞升特性测试及扰动试验。前两项试验在试投前进行；试投时的扰动试验，主要是检验调节品质及进一步修改参数。

扰动试验的项目一般有：① 给定值扰动；② 内部扰动（调节量扰动）；③ 外部扰动（负荷扰动）。通过这几种扰动，观察和记录被调量的变化情况，根据超调量、过程时间、衰减率等来修改调节器的整定参数。

Je1F4057 根据图 F-8 简述单元机组机炉协调控制原理。

答：当“负荷要求”P_0 改变时，设 P_0 增大。P_0 一方面经比例调节 P 作用迅速开大进汽门，充分利用锅炉蓄热量以满足需求；另一方面经比例微分 PD 作用迅速增加燃料量和送风量，以加强燃烧。之后 P_0 与 P_E 比较，经汽轮机主控制器 W_T（s）运算后，向汽轮机发出控制指令 M_T，增加进汽量。由于进汽阀开度增大，主蒸汽压力下降，p_T 与 p_0 的偏差经锅炉主控制器 W_B（s）运算后发出控制指令 M_B，使锅炉生产的蒸汽量满足需要；另外，为了保证汽压在允许范围内变动，p_T 与 p_0 的差值经非线性环节运算后去限制进汽阀开度。这样经过一段平稳的调节过程后，机组的输出功率 P_E 等于 P_0，汽压 p_T 也恢复到给定值 p_0。

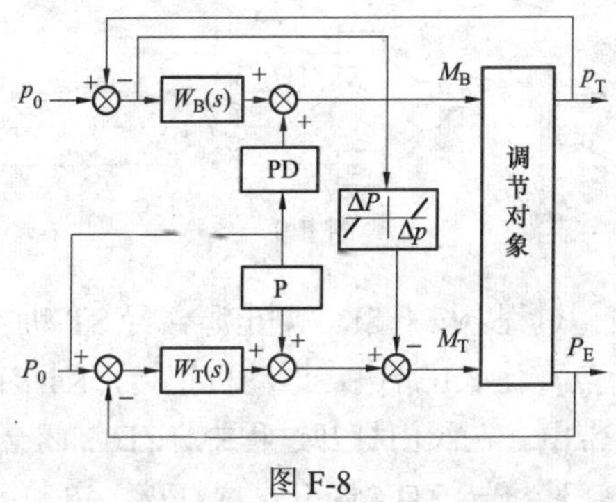

图 F-8

Je1F5058　画三按钮电动阀门原理图，并简述其工作过程。

答：三按钮电动阀门原理图如图 F-9 所示。

图 F-9 中，KL 为带闭锁的电动—手动切换开关，ZDK、ZDG 为终端开关，ST、SK、SB 为停、开、关控制按钮，HD、LD、YD 为红、绿、黄指示灯，K1、K2 为开、关继电器线圈，RJ 为热继电器。

工作过程如下：

（1）将 KL 切换到电动位置，设阀门在全关闭位置，则绿灯亮，红灯灭。

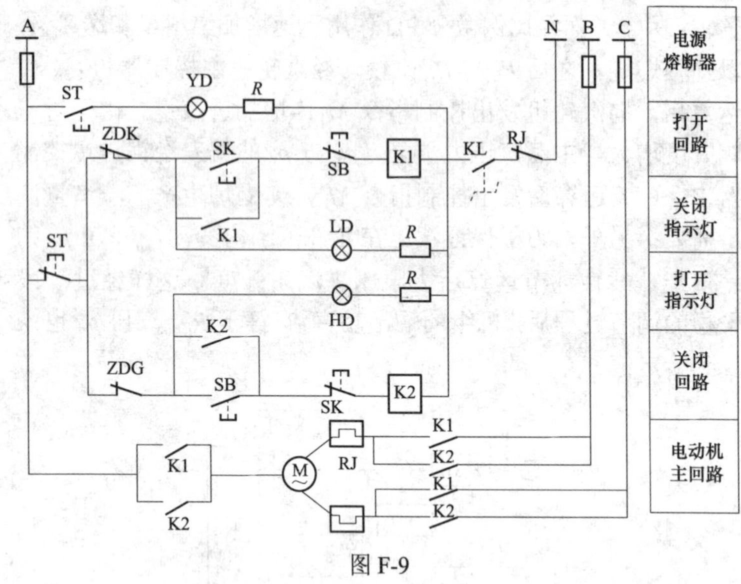

图 F-9

（2）开阀门过程。按下 SK，则电源 A 经 ST 动断点→ZDK→SK→SB 动断点，使 K1 带电，电动机正转，K1 的自保持点使 K1 线圈一直带电。在阀门打开过程中，ZDG 闭合，红、绿灯都亮，直到阀门全开。ZDK 断开，绿灯灭，电动机停转。

（3）关阀门过程。按下 SB，则 K2 带电，并由自保持触点保持。在关闭阀门过程中，红、绿灯都亮，直到阀门全关，ZDG 断开，红灯灭，电动机停转。

（4）当阀门处于中间位置时，红、绿灯都亮。若按下 ST，则红、绿灯灭，黄灯亮，电动机停转；松开 ST，黄灯灭，红、绿灯亮。

Je1F5059　试根据图 F-10，说出炉、机、电大连锁的保护系统的动作过程。

答：（1）当锅炉故障而产生锅炉 MFT 跳闸条件时，延时连锁汽轮机跳闸、发电机跳闸，延时的目的是保证锅炉的泄压和充分利用蓄热。

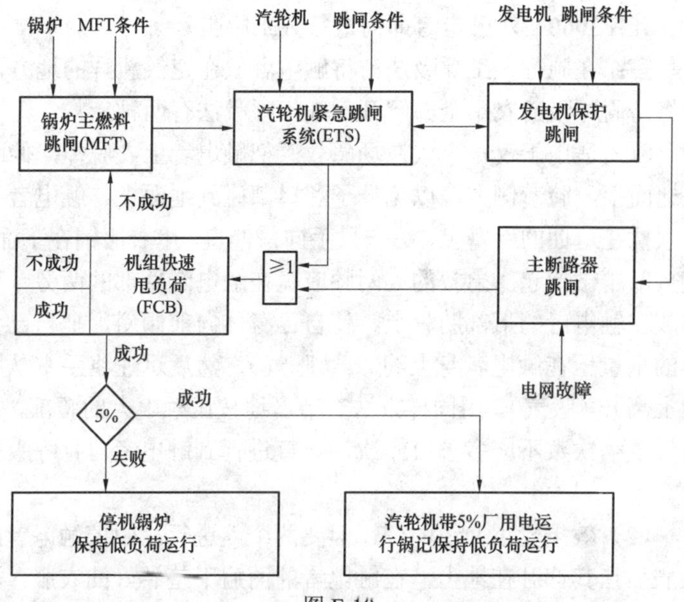

图 F-10

（2）汽轮机和发电机互为连锁，即汽轮机跳闸条件满足而紧急跳闸系统（ETS）动作时，将引起发电机跳闸；而发电机跳闸条件满足而跳闸时，也会导致汽轮机紧急跳闸。不论何种情况都将产生机组快速甩负荷保护（FCB 动作）。若 FCB 成功，则锅炉保持 30%低负荷运行；若 FCB 不成功，则锅炉主燃料跳闸（MFT）紧急停炉。

（3）当发电机—变压器组故障，或电网故障而引起主断路器跳闸时，将导致 FCB 动作。若 FCB 成功，锅炉保持 30%低负荷运行。发电机有两种情况，当发电机—变压器故障时，其发电机负荷只能为零；而电网故障时，则发电机可带 5%厂用电运行。若 FCB 失败，则导致 MFT 动作，迫使紧急停炉。炉、机、电保护系统具有自己的独立回路，且与其他系统相互隔离，避免产生误操作，但炉、机、电的大连锁应该是直接动作的，不受人为干预。

Jf4F3060　对触电者如何进行人工呼吸？

答：在施行人工呼吸法前将触电者放在空气新鲜的地方，并将妨碍呼吸的衣服全部解开。人工呼吸法有两种。

（1）适用于仅一个人在场急救。把触电者上衣脱掉，俯卧在地面上，脸着侧方，以免鼻子和口部碰到地面上。触电者头部须枕在弯曲的手臂上，另一只手向前伸直，用衣服铺在下面，使头部稍微抬起。急救的人两膝应跪在触电者臂部的两旁，手掌放在触电者的下部肋骨上，使自己身体向前倾斜，把自己身体的重量压在触电者身上约 2s（呼气），然后迅速将手掌从肋骨上离开（吸气）。用同样方法有节奏地按压触电人的腰部，每分钟压缩次数不应多于 15 次，一直进行到触电者自行呼吸为止。

（2）效果较小介绍的好，但要两个人进行。脱掉触电者的衣服后让其仰卧在地上，在触电者的两肩下垫卷好的衣服，使其头部向后仰，口张开，拉出触电者的舌头，并用手帕垫上将舌头拉住。施行人工呼吸的人可蹲在触电者的头部前面，以两手握住触电者两个前肘，并将其两手臂举在头部上方，使触电者胸部扩张，空气进入肺部（吸气）然后将其两臂弯曲地压在前胸两侧，使胸部受到压缩，气从肺部排出（呼气）。急救人用均匀的深呼吸来控制人工呼吸，每分钟不超过 15 次。

4.2 技能操作试题

4.2.1 单项操作

行业：电力工程　工种：热工仪表及控制装置试验　等级：初级

<table>
<tr><td colspan="2">编　号</td><td>C05A001</td><td>行为领域</td><td>e</td><td>鉴定范围</td><td>3</td></tr>
<tr><td colspan="2">考核时限</td><td>2h</td><td>题　型</td><td>A</td><td>题　分</td><td>20</td></tr>
<tr><td colspan="2">试题正文</td><td colspan="5">校验普通压力表</td></tr>
<tr><td colspan="2">需要说明的问题和要求</td><td colspan="5">1. 要求单独进行校验
2. 加压时要缓慢进行，不得用力过猛</td></tr>
<tr><td colspan="2">工具、材料、设备场地</td><td colspan="5">标准压力表、压力校验台、扳手等</td></tr>
<tr><td rowspan="10">评分标准</td><td>序号</td><td colspan="2">项目名称</td><td>质量要求</td><td>满分</td><td>得分与扣分</td></tr>
<tr><td>1</td><td colspan="2">检查被校压力表外观有无缺陷</td><td rowspan="9">注意观察轻敲位移量，应小于允许基本误差绝对值的1/2
能正确判断缺陷
选择正确
安装牢固符合要求
操作正确熟练
熟练准确填写报告</td><td>1</td><td rowspan="9">1. 未检查或不正确，扣1～2分
2. 未检查，选择不正确，扣1～3分
3. 不符合要求，扣1～2分
4. 操作不熟练，扣1～2分；出错，扣4～6分
5. 不熟练，扣2分；有错误，扣2～5分</td></tr>
<tr><td>2</td><td colspan="2">检查压力校验台和选用标准压力表</td><td>1</td></tr>
<tr><td>3</td><td colspan="2">将标准表和被校表安装在压力校验台上</td><td>1</td></tr>
<tr><td>4</td><td colspan="2">缓慢升压至被校表量程时，检查被校表指针有无卡涩、跳动现象</td><td>1</td></tr>
<tr><td>5</td><td colspan="2">升压到满量程时，做被校表严密性试验</td><td>2</td></tr>
<tr><td>6</td><td colspan="2">严密性试验合格后，降压至0，通大气压，检查指针是否回0</td><td>1</td></tr>
<tr><td>7</td><td colspan="2">各项检查合格后，按各校验点压力升压进行逐点校验</td><td>5</td></tr>
<tr><td>8</td><td colspan="2">降压校验各点</td><td>5</td></tr>
<tr><td>9</td><td colspan="2">填好校验记录，判定校验结果</td><td>3</td></tr>
</table>

行业：电力工程　工种：热工仪表及控制装置试验　　等级：初级

<table>
<tr><td colspan="2">编　　号</td><td>C05A002</td><td>行为领域</td><td>e</td><td>鉴定范围</td><td>3</td></tr>
<tr><td colspan="2">考核时限</td><td>30min</td><td>题　　型</td><td>A</td><td>题　　分</td><td>20</td></tr>
<tr><td colspan="2">试题正文</td><td colspan="5">焊接通灯</td></tr>
<tr><td colspan="2">需要说明的问题和要求</td><td colspan="5">要求单独完成</td></tr>
<tr><td colspan="2">工具、材料、设备场地</td><td colspan="5">电线、小电珠、烙铁、焊锡、电池、塑料带</td></tr>
<tr><td rowspan="4">评分标准</td><td>序号</td><td>项　目　名　称</td><td>质量要求</td><td>满分</td><td colspan="2">得分与扣分</td></tr>
<tr><td>1</td><td>准备工作（材料及工具）</td><td>电池极性正确</td><td>5</td><td colspan="2">1. 准备不齐全，扣1～5分</td></tr>
<tr><td>2</td><td>焊接</td><td>焊接电珠时必须动作快速，避免过热</td><td>10</td><td colspan="2">2. 焊接不牢，扣1～10分</td></tr>
<tr><td>3</td><td>包扎</td><td>牢固美观</td><td>5</td><td colspan="2">3. 包扎不紧，扣1～5分</td></tr>
</table>

行业：电力工程　工种：热工仪表及控制装置试验　等级：初级

<table>
<tr><td>编　　号</td><td>C05A003</td><td>行为领域</td><td>e</td><td>鉴定范围</td><td colspan="2">3</td></tr>
<tr><td>考核时间</td><td>40min</td><td>题　　型</td><td>A</td><td>题　　分</td><td colspan="2">20</td></tr>
<tr><td>试题正文</td><td colspan="6">接线柜之间电缆对线</td></tr>
<tr><td>需要说明的问题和要求</td><td colspan="6">1. 要求单独完成
2. 需要协助时可向考评员申请，由考评员指定协助人员
3. 要求安全文明生产</td></tr>
<tr><td>工具、材料、设备、场地</td><td colspan="6">1. 对讲机、万用表、电池组对线灯、打号机（记号笔）
2. 接线端子头、短接线
3. 工作现场</td></tr>
<tr><td>操作步骤</td><td colspan="6">1. 先在一侧接线柜需对线的电缆中找一根线作为中心线，与接线柜短接
2. 再在另一侧接线柜处用万用表电阻挡或电池组对线灯一端接地，另一端依次短接需对线电缆的每一根线，直到万用表指示为零或电池组对灯亮为止
3. 用打号机（记号笔）做好标记后，将接线端子头套在已对清楚的结两端
4. 接着将一侧接线柜电缆其他任一根线与中心线短接
5. 在另一侧接线柜处用万用表电阻挡或电池组对灯一端接中心线，另一端依次短接电缆其他每一根线，直到万用表指示为零或电池组对灯亮为止
6. 分别将小白头套在已对清楚的线两端，并用记号笔做好标记
7. 根据同样办法，将电缆所有线对清楚，并做好相应的标记</td></tr>
<tr><td rowspan="7">评分标准</td><td colspan="2">项 目 名 称</td><td>质 量 要 求</td><td>满分</td><td colspan="2">扣　分</td></tr>
<tr><td colspan="2">1. 电缆对线</td><td>对线步骤正确</td><td>4</td><td colspan="2">1. 步骤不正确扣4分</td></tr>
<tr><td colspan="2"></td><td>对线结果无误</td><td>4</td><td colspan="2">对线结果错误扣20分</td></tr>
<tr><td colspan="2">2. 小白头标记</td><td>标记清晰</td><td>3</td><td colspan="2">2. 标记不清晰扣1～3分</td></tr>
<tr><td colspan="2"></td><td>标记准确</td><td>4</td><td colspan="2">标记不准确扣4分</td></tr>
<tr><td colspan="2">3. 使用工具及操作</td><td>工具使用正确</td><td>3</td><td colspan="2">3. 不正确扣1～3分</td></tr>
<tr><td colspan="2"></td><td>操作熟练</td><td>2</td><td colspan="2">操作不熟练扣1～2分</td></tr>
</table>

行业：电力工程　工种：热工仪表及控制装置试验

等级：初级/中级

<table>
<tr><td>编　　号</td><td>C54A004</td><td>行为领域</td><td>f</td><td>鉴定范围</td><td colspan="2">1/1</td></tr>
<tr><td>考核时限</td><td>30min</td><td>题　　型</td><td>A</td><td>题　　分</td><td colspan="2">20</td></tr>
<tr><td>试题正文</td><td colspan="6">盘上补钻设备安装孔</td></tr>
<tr><td>需要说明的问题和要求</td><td colspan="6">1. 要求单独进行施工
2. 注意安全，做到文明施工</td></tr>
<tr><td>工具、材料、设备场地</td><td colspan="6">电钻、钻头、榔头、样冲</td></tr>
<tr><td rowspan="6">评分标准</td><td>序号</td><td>项　目　名　称</td><td>质量要求</td><td>满分</td><td colspan="2">得分与扣分</td></tr>
<tr><td>1</td><td>准备工作（材料及工具）</td><td>当盘上装有仪表时，应拆下仪表，以免受震动而损坏</td><td>4</td><td colspan="2">1. 准备不全，扣1～4分</td></tr>
<tr><td>2</td><td>按孔距要求画线，并打好洋冲印</td><td>钻孔的孔距及孔径必须符合要求</td><td>4</td><td colspan="2">2. 定位不准，扣1～4分</td></tr>
<tr><td>3</td><td>检查电钻完好情况</td><td>注意不得损伤盘面油漆、盘上其他设备及导线绝缘</td><td>2</td><td colspan="2">3. 未检查，扣2分</td></tr>
<tr><td>4</td><td>按钻孔直径夹好钻头</td><td>注意清除铁屑，保证不造成短路现象</td><td>2</td><td colspan="2">4. 未夹牢，扣2分</td></tr>
<tr><td>5</td><td>接好电源施钻</td><td>施钻时，用力不得过猛他，避免较大的震动</td><td>8</td><td colspan="2">5. 未按要求操作，孔钻偏，扣1～8分</td></tr>
</table>

行业：电力工程　工种：热工仪表及控制装置试验　等级：初级

<table>
<tr><td>编　　号</td><td colspan="2">C05A005</td><td>行为领域</td><td>e</td><td>鉴定范围</td><td>5</td></tr>
<tr><td>考核时限</td><td colspan="2">30min</td><td>题　　型</td><td>A</td><td>题　　分</td><td>20</td></tr>
<tr><td>试题正文</td><td colspan="6">处理压力表接头渗漏</td></tr>
<tr><td>需要说明的问题和要求</td><td colspan="6">1. 要求单独进行处理
2. 注意安全</td></tr>
<tr><td>工具、材料、设备场地</td><td colspan="6">垫片、生料带、扳手</td></tr>
<tr><td rowspan="5">评分标准</td><td>序号</td><td colspan="2">项　目　名　称</td><td>质量要求</td><td>满分</td><td>得分与扣分</td></tr>
<tr><td>1</td><td colspan="2">准备工作（材料及工具）</td><td rowspan="4">解列压力表时，必须与有关人员联系，取得同意后方可进行工作
紧固接头或更换密封垫子时，必须关闭一次门和二次门，开启排污门，卸掉压力后才可进行工作
处理完毕后，再通知有关的工作人员</td><td>5</td><td rowspan="4">1. 达不到要求，每项扣1～5分
2. 末联系，扣3分
3. 缺一项，扣2分
4. 消除不了，扣5分
5. 不熟练，扣2分
6. 未联系，扣2分</td></tr>
<tr><td>2</td><td colspan="2">解列压力表</td><td>5</td></tr>
<tr><td>3</td><td colspan="2">关闭压力表一次门及二次门，开启排污门</td><td>5</td></tr>
<tr><td>4</td><td colspan="2">紧固压力表接头或拆下压力表更换密封垫子</td><td>5</td></tr>
</table>

行业：电力工程 工种：热工仪表及控制装置试验 等级：初级

编　号	C05A006	行为领域	d	鉴定范围	2
考核时限	30min	题　型	A	题　分	20
试题正文	就地设备的电缆、导线穿管				
需要说明的问题和要求	注意安全				
工具、材料、设备场地	铅丝、钢丝钳				

评分标准	序号	项目名称	质量要求	满分	得分与扣分
	1	准备工作（材料及工具）	不得损伤电缆或导线绝缘	4	达不到要求，每项扣1～4分
	2	核对电缆或导线	电缆或导线不受机械伤害	4	
	3	向保护管穿铅丝		4	
	4	铅丝与电缆或导线绑扎		4	
	5	穿入电缆		4	

行业：电力工程　工种：热工仪表及控制装置试验

等级：初级/中级

<table>
<tr><td>编　　号</td><td>C54A007</td><td>行为领域</td><td>f</td><td>鉴定范围</td><td>1/1</td></tr>
<tr><td>考核时限</td><td>1h</td><td>题　　型</td><td>A</td><td>题　　分</td><td>20</td></tr>
<tr><td>试题正文</td><td colspan="5">锉扩盘上仪表的安装孔</td></tr>
<tr><td>需要说明的问题和要求</td><td colspan="5">1. 要求单独进行施工
2. 注意安全，文明操作</td></tr>
<tr><td>工具、材料、设备场地</td><td colspan="5">锉刀、榔头、样冲</td></tr>
</table>

<table>
<tr><td rowspan="4">评分标准</td><td>序号</td><td>项 目 名 称</td><td>质量要求</td><td>满分</td><td>得分与扣分</td></tr>
<tr><td>1</td><td>准备工作（材料及工具）</td><td>当盘上装有其他仪表时，应拆下仪表</td><td>5</td><td>1. 准备不全，扣1～5分</td></tr>
<tr><td>2</td><td>画出锉扩圆圈，并打样冲印</td><td>避免大的振动</td><td>5</td><td>2. 不准确，扣1～5分</td></tr>
<tr><td>3</td><td>施锉</td><td>保证锉面光滑，不出现凹凸现象，孔径符合要求

注意清扫铁屑，保证不造成短路现象</td><td>10</td><td>3. 达不到质量要求，扣1～10分</td></tr>
</table>

行业：电力工程　工种：热工仪表及控制装置试验

等级：初级/中级

编　号	C54A008	行为领域	f	鉴定范围	1/1
考核时限	20min	题　型	A	题　分	20
试题正文	使用电钻完成工件上的开孔				
需要说明的问题和要求	1. 要求单独进行施工 2. 注意安全，文明操作				
工具、材料、设备场地	电钻、钻头、毛刷				

评分标准	序号	项目名称	质量要求	满分	得分与扣分
	1	检查电钻是否完好；按钻孔直径和加工件大小、薄厚调好适当的转速，钻孔直径大时，转速应适当减小	使用钻头的直径不准超过电钻的允许值，以免电动机过载	4	未达到要求，每项扣1～4分
	2	钻头必须用钥匙夹紧，不准用其他工具敲击夹钻头	操作时不准戴手套，清扫铁屑时，不能用手直接拨除或用嘴吹，以免伤害手指和眼睛，应用毛刷扫除	4	
	3	根据钻孔工件的需要，调整好钻头上下行程距离		4	
	4	钻孔工件应放置平稳，大型工件应作好固定，小型工件可用钳子夹持，并在工件下面垫好木块		4	
	5	钻孔时，应用力均匀，不得用力过猛，发现异常情况，应立即停钻并查明原因		4	

行业：电力工程　工种：热工仪表及控制装置试验

等级：初级/中级

<table>
<tr><td>编　　号</td><td>C54A009</td><td>行为领域</td><td>e</td><td>鉴定范围</td><td colspan="2">3</td></tr>
<tr><td>考核时间</td><td>60min</td><td>题　　型</td><td>A</td><td>题　　分</td><td colspan="2">20</td></tr>
<tr><td>试题正文</td><td colspan="6">露天电涡流振动探头在线清洗（以本特利公司产品为例）</td></tr>
<tr><td>需要说明的问题和要求</td><td colspan="6">1. 要求单独完成
2. 需要协助时可向考评员申请，由考评员指定协助人员
3. 要求安全文明生产</td></tr>
<tr><td>工具、材料、设备、场地</td><td colspan="6">1. 螺丝刀一把
2. 电子清洗剂一罐
3. 振动探头一个
4. 工作现场</td></tr>
<tr><td>操作步骤</td><td colspan="6">1. 工作票许可，安全技术措施完成
2. 需清洗的振动探头所对应卡件的“DB”开关用螺丝刀打到ON
3. 用电子清洗剂对准需清洗的振动探头进行清洗
4. 清洗约15s后停顿，间隔15s后再清洗
5. 振动探头用肉眼观察已干净，停止清洗
6. 把已清洗干净的振动探头所对应卡件的“DB”开关打到OFF</td></tr>
<tr><td rowspan="5">评分标准</td><td>项目名称</td><td colspan="2">质量要求</td><td>满分</td><td colspan="2">扣　分</td></tr>
<tr><td>1. 工作票办理</td><td colspan="2">工作票填写正确、得到许可</td><td>5</td><td colspan="2">未办理工作票扣10分</td></tr>
<tr><td>2. 信号强制</td><td colspan="2">信号强制正确</td><td>5</td><td colspan="2">信号未强制或强制不正确扣20分</td></tr>
<tr><td>3. 清洗探头</td><td colspan="2">步骤正确</td><td>5</td><td colspan="2">步骤不正确扣1～5分</td></tr>
<tr><td>4. 清洗结果</td><td colspan="2">无杂质附在探头上</td><td>5</td><td colspan="2">有杂质附在探头上扣1～5分</td></tr>
</table>

行业：电力工程　工种：热工仪表及控制装置试验

等级：初级/中级

编　　号	C54A010	行为领域	f	鉴定范围	1/1
考核时限	1h	题　　型	A	题　　分	20
试题正文	安装低压汽水管道上螺纹连接的测温元件				
需要说明的问题和要求	1. 要求单独进行安装 2. 安装测温元件时要小心谨慎，文明施工				
工具、材料、设备场地	扳手、密封垫圈、黑铅粉				

评分标准	序号	项　目　名　称	质量要求	满分	得分与扣分
	1	准备工具及材料，按设计图纸领取设备，核对其规格型号，检查有无缺陷	领取的元件必须检查有无缺陷，型号规格符合设计，并经校验合格	4	1. 未核对或缺项，扣1～4分
	2	清理安装插座		4	2. 未清理，扣2分
	3	试装，使元件螺纹能基本旋入插座内	紧固后应保证密封良好	4	3. 未试装，扣2分
	4	将元件螺纹涂上黑铅粉，垫好密封垫圈，插入插座内安装		4	4. 操作不熟练，扣2分
	5	紧固		4	5. 缺项，扣2～4分
					6. 密封做不好，扣2～4分
					7. 出线口位置不对，扣2分

行业：电力工程 工种：热工仪表及控制装置试验

等级：初级/中级

<table>
<tr><td>编号</td><td>C54A011</td><td>行为领域</td><td>d</td><td>鉴定范围</td><td colspan="2">2/1</td></tr>
<tr><td>考核时限</td><td>30min</td><td>题型</td><td>A</td><td>题分</td><td colspan="2">20</td></tr>
<tr><td>试题正文</td><td colspan="6">热电阻与电缆（导线）的接线</td></tr>
<tr><td>需要说明的问题和要求</td><td colspan="6">1. 要求单独完成
2. 注意文明施工</td></tr>
<tr><td>工具、材料、设备场地</td><td colspan="6">剥线钳、斜口钳、螺丝刀、线芯标志</td></tr>
<tr><td rowspan="7">评分标准</td><td>序号</td><td colspan="2">项目名称</td><td>质量要求</td><td>满分</td><td>得分与扣分</td></tr>
<tr><td>1</td><td colspan="2">准备工作（工具及材料）</td><td rowspan="2">校对导线时，必须保证正确无误
削线芯绝缘时，不得损伤铜芯</td><td>4</td><td>1. 达不到要求，每项扣1～4分</td></tr>
<tr><td>2</td><td colspan="2">校对导线；剪去导线多余的长度；削去线头绝缘，削掉线芯氧化层</td><td>4</td><td>2. 缺项，扣1～2分</td></tr>
<tr><td>3</td><td colspan="2">导线穿入元件接线盒</td><td rowspan="2">线头圈应按顺时针方向连接</td><td>4</td><td>3. 不合要求，扣2分</td></tr>
<tr><td>4</td><td colspan="2">套上线芯标志号；线头弯圈</td><td>4</td><td>4. 缺项，扣2分；不合要求，扣1～2分</td></tr>
<tr><td>5</td><td colspan="2">与元件接线端固定连接</td><td></td><td>4</td><td>5. 错误，扣4分；不牢固，扣2分</td></tr>
<tr><td>6</td><td colspan="2">收尾工作</td><td></td><td></td><td>6. 余线处理不良，盖子不严，未挂牌，各扣1分</td></tr>
</table>

行业：电力工程　工种：热工仪表及控制装置试验　等级：初级

<table>
<tr><td>编　　号</td><td>C05A012</td><td>行为领域</td><td>e</td><td>鉴定范围</td><td>1</td></tr>
<tr><td>考核时限</td><td>10min</td><td>题　　型</td><td>A</td><td>题　　分</td><td>20</td></tr>
<tr><td>试题正文</td><td colspan="5">用数字万用表测量电源电压</td></tr>
<tr><td>需要说明的问题和要求</td><td colspan="5">1. 要求单独进行操作
2. 注意安全</td></tr>
<tr><td>工具、材料、设备场地</td><td colspan="5">交直流电源 380V/220V</td></tr>
<tr><td rowspan="5">评分标准</td><td>序号</td><td>项　目　名　称</td><td>质量要求</td><td>满分</td><td>得分与扣分</td></tr>
<tr><td>1</td><td>根据所测电压大小及交直流情况选择万用表挡位</td><td>万用表必须事先换好挡位，再测量电压</td><td>5</td><td rowspan="4">1. 达不到要求，每项扣 1～5 分
2. 测量前未换好挡位，全题不得分</td></tr>
<tr><td>2</td><td>打开万用表电源开关</td><td rowspan="2">测量时应小心使用表笔，防止短路或人体触及电源</td><td>5</td></tr>
<tr><td>3</td><td>用表笔测量电压并读取测量值</td><td>5</td></tr>
<tr><td>4</td><td>测量完毕后关闭万用表电源开关</td><td></td><td>5</td></tr>
</table>

行业：电力工程 工种：热工仪表及控制装置试验

等级：初级/中级

<table>
<tr><td colspan="2">编　　号</td><td>C54A013</td><td>行为领域</td><td>e</td><td>鉴定范围</td><td>5/2</td></tr>
<tr><td colspan="2">考核时限</td><td>2h</td><td>题　　型</td><td>A</td><td>题　　分</td><td>20</td></tr>
<tr><td colspan="2">试题正文</td><td colspan="5">汽、水介质测量管路及取源部件的严密性试验</td></tr>
<tr><td colspan="2">需要说明的问题和要求</td><td colspan="5">1. 可由他人配合试验
2. 注意人身及设备安全</td></tr>
<tr><td colspan="2">工具、材料、设备场地</td><td colspan="5">扳手、开门专用工具</td></tr>
<tr><td rowspan="6">评
分
标
准</td><td>序号</td><td colspan="2">项　目　名　称</td><td>质量要求</td><td>满分</td><td>得分与扣分</td></tr>
<tr><td>1</td><td colspan="2">汽、水介质测量管路的严密性试验，尽量随主设备一起进行，因此，需在主设备水压试验前做好准备；试验前检查管路及取源部件焊口有无漏焊，所有活连接及丝堵插座应加好垫子并紧固</td><td rowspan="5">在升压过程中，应对参压试验各部位进行检查，遇有渗漏即通知试压指挥人员，不可自行随意处理

压力在0.4MPa以上时，不得松紧阀门、活动连接螺丝及丝堵

注意在带压设备管道上不随意敲打和进行电火焊作业</td><td>4</td><td rowspan="5">达不到要求，每项扣1～4分</td></tr>
<tr><td>2</td><td colspan="2">对管路系统应先关闭好一次门、二次门，开启排污和差压计的平衡门</td><td>4</td></tr>
<tr><td>3</td><td colspan="2">当压力达一定值（4MPa或试验压力的1/3~1/2）时，逐个打开一次门冲洗管路，并核对管路的正确性。然后关闭排污门</td><td>4</td></tr>
<tr><td>4</td><td colspan="2">待压力升到试验压力（1.25倍工作压力）时，检查管路、阀门及取源部件各部有无渗漏</td><td>4</td></tr>
<tr><td>5</td><td colspan="2">试压检查完毕后，打开排污门，再次对管路进行冲洗，以免试压水将污物带入管内存留堵塞管子</td><td>4</td></tr>
</table>

行业：电力工程　工种：热工仪表及控制装置试验

等级：初级/中级

<table>
<tr><td>编　　号</td><td>C54A014</td><td>行为领域</td><td>e</td><td>鉴定范围</td><td>5/2</td></tr>
<tr><td>考核时限</td><td>1h</td><td>题　　型</td><td>A</td><td>题　分</td><td>20</td></tr>
<tr><td>试题正文</td><td colspan="5">处理差压计接头渗漏</td></tr>
<tr><td>需要说明的问题和要求</td><td colspan="5">1. 要求单独进行处理
2. 注意安全</td></tr>
<tr><td>工具、材料、设备场地</td><td colspan="5">扳手、密封垫圈、生料带</td></tr>
<tr><td rowspan="6">评分标准</td><td>序号</td><td>项　目　名　称</td><td>质量要求</td><td>满分</td><td>得分与扣分</td></tr>
<tr><td>1</td><td>与班长、技术员或运行人员联系，得到许可后解列差压计</td><td>工作时，必须征得有关人员同意后，才可将表计解列，开展工作</td><td>4</td><td rowspan="5">达不到要求，每项扣1～4分</td></tr>
<tr><td>2</td><td>关闭取压一次门，开启平衡门，关闭二次门、开启排污门、泄掉管路内压力</td><td>工作时，必须泄掉管路内压力</td><td>4</td></tr>
<tr><td>3</td><td>紧固渗漏接头，若接头已紧固则卸下接头，更换密封垫子再紧固</td><td>表计解列、投运时，必须注意开关各阀门的先后顺序</td><td>4</td></tr>
<tr><td>4</td><td>关闭排污门，打开一次门，待管路内介质温度降至70℃以下时，试投表计</td><td></td><td>4</td></tr>
<tr><td>5</td><td>差压计投运时，先开正压门、关闭平衡门，再开负压门，投运正常后，通知有关人员</td><td></td><td>4</td></tr>
</table>

行业：电力工程　工种：热工仪表及控制装置试验

等级：初级/中级

<table>
<tr><td>编　号</td><td>C54A015</td><td>行为领域</td><td>e</td><td>鉴定范围</td><td colspan="2">4/2</td></tr>
<tr><td>考核时限</td><td>30min</td><td>题　型</td><td>A</td><td>题　分</td><td colspan="2">20</td></tr>
<tr><td>试题正文</td><td colspan="6">测量热电偶线路电阻</td></tr>
<tr><td>需要说明的问题和要求</td><td colspan="6">1. 要求单独进行测量
2. 现场测量时征得有关人员同意</td></tr>
<tr><td>工具、材料、设备场地</td><td colspan="6">万用表、电桥、螺丝刀</td></tr>
<tr><td rowspan="2">评分标准</td><td>序号</td><td>项　目　名　称</td><td>质量要求</td><td>满分</td><td colspan="2">得分与扣分</td></tr>
<tr><td>1
2

3
4</td><td>准备工作（工具及材料）
检查线路、确认接线正确
紧固接线螺丝
测量线路电阻值记录</td><td>热电偶的线路电阻包括：热电偶本身、补偿导线、冷端恒温箱（补偿盒）、连接串缆（导线）及温度切换开关，检查线路时，应从测量表计的接线头开始，经切换开关的点序号至各热电偶逐一校对线路。做到全部正确无误
每个接线螺丝必须注意检查紧固，以免增加接触电阻
使用仪器要放置平稳
测量时要将两线正反各测一次
测量读数时要动作迅速，以免测量仪器工作时间过长而发热，影响测量数据
工作完后应锁好检流计</td><td>5
5

5
5</td><td colspan="2">达不到要求，每项扣1～5分</td></tr>
</table>

行业：电力工程　工种：热工仪表及控制装置试验　　等级：初级

编　　号	C05A016	行为领域	e	鉴定范围	3
考核时限	1h	题　　型	A	题　　分	20
试题正文	弹簧管压力表的线性误差和非线性误差调整				
需要说明的问题和要求	要求单独进行调整				
工具、材料、设备场地	扳手、密封垫圈、螺丝刀、起针器				

评分标准	序号	项　目　名　称	质量要求	满分	得分与扣分
	1	将被校压力表与标准压力表安装在压力校验台上，检查升、降压误差情况	拆装仪表时应小心，用力不能过猛，以免损坏仪表	4	达不到要求，每项扣1～4分
	2	拆下被调校压力表盖、玻璃、指针、刻度盘	调整要掌握方向，非线性误差一般较难调整，可先完成线性误差调整后，再进行非线性误差的调整	4	
	3	压力表为线性误差时，调整拉杆调节螺丝；非线性误差时，调整扇形齿轮与拉杆的夹角		4	
	4	调整后再升压、降压校验检查		4	
	5	调整合格后恢复		4	

行业：电力工程　工种：热工仪表及控制装置试验　等级：中级

<table>
<tr><td>编　　号</td><td>C04A017</td><td>行为领域</td><td>e</td><td>鉴定范围</td><td>1</td></tr>
<tr><td>考核时限</td><td>30min</td><td>题　　型</td><td>A</td><td>题　　分</td><td>20</td></tr>
<tr><td>试题正文</td><td colspan="5">电动执行机构位置发送器零点的调整</td></tr>
<tr><td>需要说明的问题和要求</td><td colspan="5">1. 要求单独进行调整
2. 执行机构选用 DKJ 型</td></tr>
<tr><td>工具、材料、设备场地</td><td colspan="5">扳手、螺丝刀、标准电流表等</td></tr>
<tr><td rowspan="5">评分标准</td><td>序号</td><td>项 目 名 称</td><td>质量要求</td><td>满分</td><td>得分与扣分</td></tr>
<tr><td>1．</td><td>准备工作</td><td rowspan="4">机械挡块紧固后零位有变化，应反复调整直至合格</td><td>5</td><td rowspan="4">达不到要求，每项扣 1～5 分</td></tr>
<tr><td>2</td><td>拆除机械止挡块．松开位置发生器的紧固螺钉，用操作器使执行器沿顺时针方向转动，当调节机构关到零点时，停止操作</td><td>5</td></tr>
<tr><td>3</td><td>将差动变压器稍微向外拉，使电流表指示从零到负，将差动变压器向里轻推，指针示值从负到零，这时可将差动变压器紧固</td><td>5</td></tr>
<tr><td>4</td><td>用操作器进行手动操作，开启执行器，位置指示均匀地由 0 上升到100%，然后停止操作，将机械止挡块紧固</td><td>5</td></tr>
</table>

行业：电力工程　工种：热工仪表及控制装置试验

等级：初级/中级

编　　号	C54A018	行为领域	e	鉴定范围	5/2
考核时限	1h	题　型	A	题　　分	20
试题正文	处理仪表一般故障及缺陷				
需要说明的问题和要求	要求单独进行处理				
工具、材料、设备场地	螺丝刀、万用表等				
评分标准	序号	项　目　名　称	质量要求	满分	得分与扣分
	1	当仪表出现故障时，先查制造厂家说明书，看说明书中有无相应故障时的处理方法，如果有则按说明书中的方法处理	分析故障原因时，应根据仪表的工作原理，功能及结构情况进行分析	5	1. 处理故障程度不熟练，扣5分
	2	根据仪表故障的性质，分析、判断故障原因，找出故障部位	需退厂处理故障的仪表，注意不要随便拆卸	5	2. 不能拟定故障处理办法，扣5分
	3	拟定故障处理办法，一般故障能处理者可进行处理，否则退厂处理	未找到故障点时，切勿变动表内已整定好的参数，如放大器中调放大倍数的仪器等。确有必要调整时，应先做好标记以便复原	5	3. 不能消缺或错判，不得分
	4	对仪表的缺陷，应按照缺陷处理程序办理消缺手续，进行处理		5	

行业：电力工程　工种：热工仪表及控制装置试验

等级：初级/中级

<table>
<tr><td>编　　号</td><td>C54A019</td><td>行为领域</td><td>e</td><td colspan="2">鉴定范围</td><td>4/2</td></tr>
<tr><td>考核时限</td><td>30min</td><td>题　　型</td><td>A</td><td colspan="2">题　　分</td><td>20</td></tr>
<tr><td>试题正文</td><td colspan="6">电容式压力变送器高度差修正</td></tr>
<tr><td>需要说明的问题和要求</td><td colspan="6">1. 要求单独进行修正
2. 此题选用的是 1151 型压力变送器</td></tr>
<tr><td>工具、材料、设备场地</td><td colspan="6">卷尺、压力标准器、电流标准器</td></tr>
<tr><td rowspan="6">评
分
标
准</td><td>序号</td><td>项　目　名　称</td><td>质量要求</td><td>满分</td><td colspan="2">得分与扣分</td></tr>
<tr><td>1</td><td>准备工作（工具及标准器）</td><td rowspan="2">测量高差时，一定要细心、准确

注意迁移方向</td><td>4</td><td colspan="2" rowspan="5">达不到要求，每项扣 1～4 分</td></tr>
<tr><td>2</td><td>测量变送器取样点至变送器水平高度差</td><td>4</td></tr>
<tr><td>3</td><td>根据测量介质的密度计算修正值$\Delta p=\pm\rho hg$ 进行修正</td><td></td><td>4</td></tr>
<tr><td>4</td><td>先按设计量程范围校好变送器，再依据修正值调整变送器零位电位器，使变送器输出 4mA 为修正压力</td><td></td><td>4</td></tr>
<tr><td>5</td><td>做好记录并用漆封电位器</td><td></td><td>4</td></tr>
</table>

行业：电力工程　工种：热工仪表及控制装置试验　等级：中级

<table>
<tr><td>编　号</td><td>C04A020</td><td>行为领域</td><td>e</td><td>鉴定范围</td><td>2</td></tr>
<tr><td>考核时限</td><td>1h</td><td>题　型</td><td>A</td><td>题　分</td><td>20</td></tr>
<tr><td>试题正文</td><td colspan="5">压力变送器的现场投运</td></tr>
<tr><td>需要说明的问题和要求</td><td colspan="5">1. 要求单独进行投运
2. 注意安全</td></tr>
<tr><td>工具、材料、设备场地</td><td colspan="5">扳手、开门专用工具、数字万用表等</td></tr>
<tr><td rowspan="6">评分标准</td><td>序号</td><td>项　目　名　称</td><td>质量要求</td><td>满分</td><td>得分与扣分</td></tr>
<tr><td>1</td><td>准备工作</td><td rowspan="2">投蒸汽压力等测量介质，其温度比较高，开一次门时应站在阀杆侧面，防止阀杆泄漏烫伤</td><td>4</td><td rowspan="5">未达到工作要求，每项扣1～4分</td></tr>
<tr><td>2</td><td>检查取压导管连接，应正确、整齐、无泄漏。关闭一次门、二次门、排污门</td><td>4</td></tr>
<tr><td>3</td><td>在接线正确及绝缘电阻符合要求的条件下给变送器送电，检查其是否工作</td><td rowspan="3">排污完后若仪表管温度比较高需冷却后打开二次门</td><td>4</td></tr>
<tr><td>4</td><td>缓慢打开一次门，检查管路是否泄漏。若无泄漏，打开排污门进行排污，排污完后关闭排污门</td><td>4</td></tr>
<tr><td>5</td><td>缓慢打开二次门，检查变送器是否正常工作；若工作正常便可通知运行人员变送器已投运</td><td>4</td></tr>
</table>

行业：电力工程 工种：热工仪表及控制装置试验 等级：初级

编　号	C05A021	行为领域	e	鉴定范围	4
考核时限	60min	题　型	A	题　分	20
试题正文	单室平衡容器（带丝堵）的灌水				
需要说明的问题和要求	1. 要求单独完成 2. 注意安全				
工具、材料、设备场地	扳手、水壶、洁净水				

评分标准	序号	项目名称	质量要求	满分	得分与扣分
	1	准备工作	灌水应缓慢进行，防止气泡造成假满水	4	未达到工作要求，每项扣1～4分
	2	关上平衡容器一次门，打开排污门，用工具拆开丝堵		4	
	3	用水壶从丝堵孔向平衡容器灌水，待排污门排出水且水变清后关上排污门		4	
	4	灌水直至平衡容器内水灌满		4	
	5	拧紧丝堵密封		4	

行业：电力工程　工种：热工仪表及控制装置试验　等级：中级

<table>
<tr><td>编　号</td><td>C04A022</td><td>行为领域</td><td colspan="2">e</td><td>鉴定范围</td><td>2</td></tr>
<tr><td>考核时限</td><td>40min</td><td>题　型</td><td colspan="2">A</td><td>题　分</td><td>20</td></tr>
<tr><td>试题正文</td><td colspan="6">流量变送器的现场检查和投运</td></tr>
<tr><td>需要说明的问题和要求</td><td colspan="6">1. 要求独立完成
2. 注意安全</td></tr>
<tr><td>工具、材料、设备场地</td><td colspan="6">扳手、数字万用表、绝缘表</td></tr>
<tr><td rowspan="6">评分标准</td><td>序号</td><td>项 目 名 称</td><td>质量要求</td><td>满分</td><td colspan="2">得分与扣分</td></tr>
<tr><td>1</td><td>检查取压导管应连接正确、整齐、牢固无泄漏。一次门、二次门、排污门及平衡门应严密不漏。活动接头垫片装好、紧固无渗漏</td><td>冲洗表管时一定要将二次门关严；开、关门次序不能搞错</td><td>4</td><td colspan="2" rowspan="5">达不到工作要求，每项扣1～4分</td></tr>
<tr><td>2</td><td>关闭一次门、二次门，开启平衡门</td><td></td><td>4</td></tr>
<tr><td>3</td><td>缓慢开启一次门冲洗管路。冲洗完后关好排污门，使导管内介质冷却</td><td></td><td>4</td></tr>
<tr><td>4</td><td>检查变送器电气线路，应接线正确，绝缘电阻值符合要求，接地良好。电源熔丝应为0.5A</td><td></td><td>4</td></tr>
<tr><td>5</td><td>导管内冷却至 70℃以下时，方可启动投入表计。启动时依次开启二次门的正压门、关闭平衡门，再开启负压门</td><td></td><td>4</td></tr>
</table>

行业：电力工程　工种：热工仪表及控制装置试验　　等级：中级

<table>
<tr><td>编　　号</td><td>C04A023</td><td>行为领域</td><td>e</td><td>鉴定范围</td><td>1</td></tr>
<tr><td>考核时间</td><td>30min</td><td>题　　型</td><td>A</td><td>题　　分</td><td>30</td></tr>
<tr><td>试题正文</td><td colspan="5">工业用1.5级，量程为0～0.6MPa差压表校验</td></tr>
<tr><td>需要说明的问题和要求</td><td colspan="5">1. 要求单独完成
2. 需要协助时可向考评员申请，由考评员指定协助人员
3. 要求安全文明生产</td></tr>
<tr><td>工具、材料、设备、场地</td><td colspan="5">1. 10in扳手2把、中型一字螺丝刀1把，十字螺丝刀1把、1.0MPa精密差压表1个
2. 生料带1盒
3. YS-250精度0.05级、量程0～25MPa活塞式压力计1台
4. 热工计量室</td></tr>
<tr><td>操作步骤</td><td colspan="5">1. 水平放置校验台，将压力校验台加油并进行排空
2. 将所校差压表、标准表装到校验台上，并加压检查密封性（差压表应接高压侧）
3. 按表计的满量程分5个校验点。先记录零位
4. 关闭校验台的油杯阀，打开左右二通阀，操作手轮均匀加压到第2个校验点，使压力指示稳定，读标准表读数，同样操作至第3、第4、第5个校验点。记录每个点的标准表读数
5. 稍加压超过量程后，反方向操作手轮，回到满量程，记录读数
6. 同样操作至第4、第3、第2、第1个校验点记录读数
7. 如存在误差，则需进行调整
（1）进行非线性调整，加压到1/2最大量程，调整扇形齿轮与拉杆夹角为90°
（2）进行线性调整，加压到最大量程，调节拉杆传动位置螺丝，使被校表读数与标准表一致，按照3～6步骤反复调整直到合格为止</td></tr>
<tr><td rowspan="9">评分标准</td><td>项目名称</td><td colspan="2">质量要求</td><td>满分</td><td>扣分</td></tr>
<tr><td>1. 校验工具选择</td><td colspan="2">选型正确</td><td>3</td><td>1. 选型不正确扣1～3分</td></tr>
<tr><td>2. 校验点选取</td><td colspan="2">正确选取5点</td><td>3</td><td>2. 不完全正确扣1～3分</td></tr>
<tr><td>3. 基本误差计算</td><td colspan="2">计算无误</td><td>3</td><td>3. 计算有误扣1～3分</td></tr>
<tr><td>4. 被校表、标准表安装</td><td colspan="2">安装位置正确、无泄漏</td><td>6</td><td>4. 安装位置错误扣4分，有泄漏扣2分</td></tr>
<tr><td>5. 上下行程各校一遍</td><td colspan="2">正确</td><td>3</td><td>5. 上行程或下行程漏校扣3分</td></tr>
<tr><td>6. 读数方法正确</td><td colspan="2">要求轻敲前后各读一次</td><td>6</td><td>6. 读数方法不对扣1～6分</td></tr>
<tr><td>7. 判断表计是否合格</td><td colspan="2">判断方法正确，符合规程要求</td><td>3</td><td>7. 判断错误扣3分</td></tr>
<tr><td>8. 校验报告</td><td colspan="2">校验报告完整、清晰、正确</td><td>3</td><td>8. 校验报告有误扣1～3分</td></tr>
</table>

行业：电力工程　工种：热工仪表及控制装置试验　等级：中级

<table>
<tr><td>编　　号</td><td>C04A024</td><td>行为领域</td><td>e</td><td>鉴定范围</td><td>2</td></tr>
<tr><td>考核时限</td><td>1h</td><td>题　　型</td><td>A</td><td>题　　分</td><td>20</td></tr>
<tr><td>试题正文</td><td colspan="5">液位（差压）变送器的现场投运</td></tr>
<tr><td>需要说明的问题和要求</td><td colspan="5">1. 要求独立完成
2. 注意现场安全</td></tr>
<tr><td>工具、材料、设备场地</td><td colspan="5">扳手、数字万用表、绝缘表</td></tr>
</table>

<table>
<tr><td rowspan="6">评分标准</td><td>序号</td><td>项　目　名　称</td><td>质量要求</td><td>满分</td><td>得分与扣分</td></tr>
<tr><td>1</td><td>检查变送器电气回路应接线正确，绝缘电阻符合要求</td><td rowspan="2">若投入汽包水位平衡容器需等一段时间，待平衡容器内水凝结后仪表才能投入</td><td>4</td><td rowspan="5">达不到工作要求，每项扣1～4分</td></tr>
<tr><td>2</td><td>检查取压导管连接应正确、整齐，牢固无泄漏</td><td>4</td></tr>
<tr><td>3</td><td>关闭二次门，打开平衡门、排污门</td><td rowspan="2">若投入除氧器、凝汽器等的水位变送器，则应先给平衡容器内注满水后才能投入</td><td>4</td></tr>
<tr><td>4</td><td>缓慢开启一次门，再打开排污门冲洗管路，冲洗完后关好排污门使导管内介质冷却</td><td>4</td></tr>
<tr><td>5</td><td>导管冷却后，启动投入表计，启动时依次开启二次门的正压门（门开后分别拧松正负压侧排汽丝堵，待排出凝结水后再拧紧丝堵）、关闭平衡门、再开启负压门</td><td></td><td>4</td></tr>
</table>

行业：电力工程　工种：热工仪表及控制装置试验　　等级：中级

<table>
<tr><td>编　　号</td><td>C04A025</td><td>行为领域</td><td>e</td><td>鉴定范围</td><td>1</td></tr>
<tr><td>考核时限</td><td>30min</td><td>题　　型</td><td>A</td><td>题　　分</td><td>20</td></tr>
<tr><td>试题正文</td><td colspan="5">继电器校验</td></tr>
<tr><td>需要说明的问题和要求</td><td colspan="5">1. 要求独立完成
2. 注意安全</td></tr>
<tr><td>工具、材料、设备场地</td><td colspan="5">调压器、数字万用表、秒表（用于时间继电器）</td></tr>
<tr><td rowspan="7">评分标准</td><td>序号</td><td>项　目　名　称</td><td>质量要求</td><td>满分</td><td>得分与扣分</td></tr>
<tr><td>1</td><td>准备工作</td><td>调压器调压时应缓慢调节，注意安全</td><td>4</td><td rowspan="6">达不到工作要求，每项扣1～4分</td></tr>
<tr><td>2</td><td>外观检查应完整无损</td><td></td><td>4</td></tr>
<tr><td>3</td><td>电气绝缘符合要求，线圈电阻符合要求，电压等级符合要求，连接好线路</td><td>注意继电器线圈电压</td><td>4</td></tr>
<tr><td>4</td><td>用调压器将电压调至工作电压，通电检查，继电器动作情况应灵活可靠，触点输出正确</td><td></td><td>4</td></tr>
<tr><td>5</td><td>动作电压和返回电压测试</td><td></td><td>4</td></tr>
<tr><td>6</td><td>填写校验报告</td><td></td><td></td></tr>
</table>

行业：电力工程　工种：热工仪表及控制装置试验

等级：初级/中级

编　　号	C54A026	行为领域	e	鉴定范围	1/1
考核时限	20min	题　　型	A	题　　分	20
试题正文	校验压力变送器进行标准仪器选型				
需要说明的问题和要求	变送器选用 1151 型（0～400kPa）				
工具、材料、设备场地	压力标准器、电流标准器				
评分标准	序号	项　目　名　称	质量要求	满分	得分与扣分
		变送器的准确度等级为 0.5 级，标准仪器允许基本误差的绝对值不大于被检表允许基本误差绝对值的 1/3。据此，校验该变送器所用的标准仪器为：	达到检定规程规定要求	20	选择不正确，每项扣 1～10 分
	1	压力标准器。二等标准活塞式压力计，0.1 级、0～600kPa 精密数字压力表或准确度等级能满足要求的其他压力标准器			
	2	电流标准器。0.1 级、0～20mA 电流表或准确度等级能满足要求的其他电流标准器			

行业：电力工程　工种：热工仪表及控制装置试验

等级：初级/中级

<table>
<tr><td>编　号</td><td>C54A027</td><td>行为领域</td><td>d</td><td>鉴定范围</td><td>2/2</td></tr>
<tr><td>考核时限</td><td>1h</td><td>题　型</td><td>A</td><td>题　分</td><td>20</td></tr>
<tr><td>试题正文</td><td colspan="5">用加温法判断热电偶或补偿导线极性及分度号</td></tr>
<tr><td>需要说明的问题和要求</td><td colspan="5">1. 准备热电偶分度表一份
2. 可由他人配合操作</td></tr>
<tr><td>工具、材料、设备场地</td><td colspan="5">恒温水浴、标准水银温度计、直流电位差计</td></tr>
<tr><td rowspan="6">评分标准</td><td>序号</td><td>项目名称</td><td>质量要求</td><td>满分</td><td>得分与扣分</td></tr>
<tr><td>1</td><td>准备工作（工具及仪表）</td><td rowspan="3">热电偶和测温温度计应在同一深度
热电偶或补偿导线“热端”应拧接牢靠，测量用线应是同一种材质</td><td>4</td><td rowspan="5">达不到工作要求，每项扣1～4分</td></tr>
<tr><td>2</td><td>用温度计测量室温并计下温度值</td><td>4</td></tr>
<tr><td>3</td><td>将热电偶或补偿导线一端（两根线拧在一起）插入已加热的水浴恒温槽内，并用温度计测量水温（高于室温）</td><td>4</td></tr>
<tr><td>4</td><td>用表计测量热电偶或补偿导线另一端输出的热电势，测量值为正即为热电偶或补偿导线正极</td><td></td><td>4</td></tr>
<tr><td>5</td><td>根据热电势及两端温差，查热电偶分度表，确定出分度号</td><td></td><td>4</td></tr>
</table>

行业：电力工程　工种：热工仪表及控制装置试验　等级：初级

编　号	C05A028	行为领域	e	鉴定范围	3
考核时限	1h	题　型	A	题　分	20
试题正文	配热电偶动圈仪表（XFT 型）校验				
需要说明的问题和要求	要求独立完成校验				
工具、材料、设备场地	直流信号发生器、标准电位差计、电阻箱				
评分标准	序号	项　目　名　称	质量要求	满分	得分与扣分
	1	准备工作（工具和标准仪器）	注意热电偶分度是否与表计要求相符	1	1. 未准备，扣 1 分
	2	仪表外观检查	仪表校验应考虑室温补偿	1	2. 未检查，扣 1 分
	3	对仪表电气回路进行绝缘检查	标准仪器使用方法	1	3. 未检查，扣 1 分
	4	校验线路连接		5	4. 连接不正确，扣 5 分
	5	仪表通电，根据热电偶分度表加信号对仪表进行上升、下降校验		5	5. 校验不正确，扣 5 分
	6	上、下限设定，调至设定值并检查动作情况		5	6. 校验不正确，扣 5 分
	7	做好校验记录		2	7. 记录不齐全，扣 1～2 分

行业：电力工程　工种：热工仪表及控制装置试验　等级：初级

编　号	C05A029	行为领域	e	鉴定范围	3
考核时限	1h	题　型	A	题　分	20
试题正文	配热电阻动圈仪表（XFT 型）校验				
需要说明的问题和要求	要求独立完成校验				
工具、材料、设备场地	标准电阻箱、线路电阻（用电阻箱代替）				
评分标准	序号	项　目　名　称	质量要求	满分	得分与扣分
	1	准备工作（工具和标准仪器）	注意热电阻型号是否与表计相符	1	1. 未准备，扣 1 分
	2	仪表外观检查		1	2. 未检查，扣 1 分
	3	对仪表电气回路进行绝缘检查	检查三根线路的电阻是否相同且小于 5Ω	1	3. 未检查，扣 1 分
	4	校验线路连接	标准仪器使用方法	5	4. 连接不正确，扣 5 分
	5	仪表通电，根据热电阻分度值加信号对仪表进行上升、下降校验		5	5. 校验不正确，扣 5 分
	6	上、下限设定，调至设定值并检查动作情况		5	6. 校验不正确，扣 5 分
	7	做好校验记录		2	7. 记录不齐全，扣 1～2 分

行业：电力工程　工种：热工仪表及控制装置试验　　等级：初级

<table>
<tr><td>编　　号</td><td>C05A030</td><td>行为领域</td><td>e</td><td>鉴定范围</td><td colspan="2">3</td></tr>
<tr><td>考核时限</td><td>1h</td><td>题　　型</td><td>A</td><td>题　　分</td><td colspan="2">20</td></tr>
<tr><td>试题正文</td><td colspan="6">压力（差压）开关调校</td></tr>
<tr><td>需要说明的问题和要求</td><td colspan="6">要求独立完成调校</td></tr>
<tr><td>工具、材料、设备场地</td><td colspan="6">压力标准器、加压装置、摇表、螺丝刀、通灯</td></tr>
<tr><td rowspan="8">评分标准</td><td>序号</td><td>项 目 名 称</td><td>质量要求</td><td>满分</td><td colspan="2">得分与扣分</td></tr>
<tr><td>1</td><td>准备工作（工具及标准仪器仪表）</td><td rowspan="7">严格按规程规范进行校验</td><td>1</td><td colspan="2">1. 未准备，扣1分</td></tr>
<tr><td>2</td><td>开关外观检查</td><td>1</td><td colspan="2">2. 未检查，扣1分</td></tr>
<tr><td>3</td><td>开关电气绝缘检查</td><td>1</td><td colspan="2">3. 未准备，扣1分</td></tr>
<tr><td>4</td><td>将开关、标准仪表和加压装置连接好</td><td>5</td><td colspan="2">4. 连接不正确，扣5分</td></tr>
<tr><td>5</td><td>将压力升（降）至设定点，调节开关调整螺钉使之动作，并检查接点动作情况</td><td>5</td><td colspan="2">5. 调整不正确，扣5分</td></tr>
<tr><td>6</td><td>反复调整设定点使之符合要求，切换差也应符合开关设计要求。若切换差可调，对特殊要求的应调整切换差</td><td>5</td><td colspan="2">6. 调整不合格，扣5分</td></tr>
<tr><td>7</td><td>做好开关校验记录</td><td>2</td><td colspan="2">7. 记录不全，扣1～2分</td></tr>
</table>

4.2.2 多项操作

行业：电力工程　工种：热工仪表及控制装置试验

等级：初级/中级

编　　号	C54B031	行为领域	e	鉴定范围	3/1
考核时限	2h	题　　型	B	题　　分	30
试题正文	电接点弹簧管压力表校验				
需要说明的问题和要求	要求独立完成校验				
工具、材料、设备场地	压力校验台、标准压力表、绝缘电阻表、通灯				
评分标准	序号	项　目　名　称	质量要求	满分	得分与扣分
	1	准备工作（包括选择标准表量程和精度）	轻敲表壳位移量不能超差，应小于允许误差绝对值的1/2	3	1. 未做好准备，扣1～3分
	2	外观检查，接点绝缘检查		3	2. 未做好检查，扣1～3分
	3	对电接点弹簧管压力表进行性能检查、示值校验（方法与普通压力表相同）	报警偏差不能超差，应小于允许误差绝对值	15	3. 校验不正确，扣15分
	4	拨动上、下限定值，升、降压，检查接点动作情况		5	4. 未做好检查，扣1～5分
	5	填好校验记录，判定校验结果		4	5. 未正确填写记录，扣1～4分

行业：电力工程　工种：热工仪表及控制装置试验　　等级：中级

<table>
<tr><td>编　　号</td><td>C04B032</td><td>行为领域</td><td>e</td><td>鉴定范围</td><td>1</td></tr>
<tr><td>考核时限</td><td>40min</td><td>题　　型</td><td>B</td><td>题　　分</td><td>30</td></tr>
<tr><td>试题正文</td><td colspan="5">闪光报警器试验</td></tr>
<tr><td>需要说明的问题和要求</td><td colspan="5">1. 要求独立完成试验
2. 选用 XZS-10 型报警器</td></tr>
<tr><td>工具、材料、设备场地</td><td colspan="5">现场试验设备</td></tr>
<tr><td rowspan="6">评分标准</td><td>序号</td><td>项　目　名　称</td><td>质量要求</td><td>满分</td><td>得分与扣分</td></tr>
<tr><td>1</td><td>外观检查完好无损</td><td rowspan="5">满足试验规程的要求</td><td>6</td><td rowspan="5">未达到试验要求，每项扣 1～6 分</td></tr>
<tr><td>2</td><td>按要求接好电源、报警器、音响器和试验按钮，确认按钮无异常</td><td>6</td></tr>
<tr><td>3</td><td>检查安装无误，接入电源，观察有无异常</td><td>6</td></tr>
<tr><td>4</td><td>按试验按钮时，报警器灯光闪烁，发报警声</td><td>6</td></tr>
<tr><td>5</td><td>按确认按钮灯光不闪，声消，解除输入信号灯灭</td><td>6</td></tr>
</table>

行业：电力工程　工种：热工仪表及控制装置试验　　等级：中级

<table>
<tr><td>编　　号</td><td>C04B033</td><td>行为领域</td><td>e</td><td>鉴定范围</td><td>3</td></tr>
<tr><td>考核时间</td><td>30min</td><td>题　　型</td><td>B</td><td>题　　分</td><td>30</td></tr>
<tr><td>试题正文</td><td colspan="5">高能点火器点火头的更换</td></tr>
<tr><td>需要说明的问题和要求</td><td colspan="5">1. 要求单独完成
2. 需要协助时可向考评员申请，由考评员指定协助人员
3. 要求安全文明生产</td></tr>
<tr><td>工具、材料、设备、场地</td><td colspan="5">1. 10in 扳手 2 把、8in 扳手 1 把、管子钳 1 把、英制内六角 1 套
2. 高能点火头 1 支
3. 工作现场</td></tr>
<tr><td>操作步骤</td><td colspan="5">1. 工作票许可，安全技术措施完成
2. 隔离的气源须更换高能点火器点火头的驱动气缸气源
3. 就地点火器控制盘的按钮切到 OFF 位置
4. 用英制内六角扳手松开点火枪的固定螺丝，并做好记号
5. 用手拧开点火枪与电缆的接头
6. 用手拔出高能点火枪
7. 用扳手拧开高能点火枪上的点火头，更换新的点火头并固定
8. 用手插入高能点火枪，插入距离以记号为准
9. 用英制内六角扳手拧紧点火枪的固定螺丝，接上点火枪与电缆的接头
10. 开启隔离的气源，就地点火器控制盘的按钮切到 REMOTE 位置</td></tr>
<tr><td rowspan="9">评分标准</td><td>项 目 名 称</td><td colspan="2">质 量 要 求</td><td>满分</td><td>扣　分</td></tr>
<tr><td rowspan="2">1. 更换前的安全技术措施</td><td colspan="2">开好工作票</td><td>3</td><td>1. 工作票没开扣 3 分</td></tr>
<tr><td colspan="2">做好安全技术措施</td><td>3</td><td>技术措施扣 3 分</td></tr>
<tr><td rowspan="3">2. 更换质量</td><td colspan="2">定位螺丝的位置记号清楚不遗漏</td><td>4</td><td>2. 不清楚扣 1～4 分遗漏扣 4 分</td></tr>
<tr><td colspan="2">更换顺序正确</td><td>4</td><td>不正确扣 1～4 分</td></tr>
<tr><td colspan="2">点火头和点火枪固定牢固</td><td>4</td><td>不牢固扣 1～4 分</td></tr>
<tr><td>3. 更换后的测试</td><td colspan="2">点火功能正常</td><td>5</td><td>3. 不正常扣 5 分</td></tr>
<tr><td rowspan="2">4. 使用工具及操作</td><td colspan="2">工具使用正确</td><td>4</td><td>4. 不正确扣 4 分</td></tr>
<tr><td colspan="2">操作熟练</td><td>3</td><td>不熟练扣 1～3 分</td></tr>
</table>

行业：电力工程　工种：热工仪表及控制装置试验　等级：中级

编　号	C04B034	行为领域	e	鉴定范围	1
考核时限	30min	题　型	B	题　分	30
试题正文	电容式变送器校验				
需要说明的问题和要求	1. 要求独立完成校验 2. 选用 1151 型变送器				
工具、材料、设备场地	压力信号发生器、24V 电源、标准电流表、电阻箱				
评分标准	序号	项　目　名　称	质量要求	满分	得分与扣分
	1	准备工作（工具及标准仪表）	电位器调整应小心，调整好后用漆封住	5	未达到校验方法的要求，每项扣1～5分
	2	根据说明书及技术规范连接线路和表计	加压时应缓慢加压	5	
	3	对变送器做耐压试验	注意量程选择是否符合变送器性能	5	
	4	加压进行量程和零位调整		5	
	5	零点、量程迁移		5	
	6	阻尼调整（对要求阻尼时间的要做）		5	
	7	示值校验			
	8	填写校验报告			

行业：电力工程　工种：热工仪表及控制装置试验　　等级：中级

<table>
<tr><td>编　　号</td><td>C04B035</td><td>行为领域</td><td>e</td><td>鉴定范围</td><td colspan="2">1</td></tr>
<tr><td>考核时限</td><td>2h</td><td>题　　型</td><td>B</td><td>题　　分</td><td colspan="2">30</td></tr>
<tr><td>试题正文</td><td colspan="6">风压管路的严密性试验</td></tr>
<tr><td>需要说明的问题和要求</td><td colspan="6">1. 可由他人配合完成
2. 注意试验安全</td></tr>
<tr><td>工具、材料、设备场地</td><td colspan="6">1. 小型空气压缩机、标准压力表、试验管路及附件、扳手、堵头等
2. 选用现场已安装的管路进行试验</td></tr>
<tr><td rowspan="7">评分标准</td><td>序号</td><td colspan="2">项　目　名　称</td><td>质量要求</td><td>满分</td><td>得分与扣分</td></tr>
<tr><td>1</td><td colspan="2">准备工作（工具、试验设备及材料）</td><td rowspan="6">严格按规范进行试验</td><td>5</td><td rowspan="6">未达到试验方法的要求，每项扣1～5分</td></tr>
<tr><td>2</td><td colspan="2">打开管路仪表端接头和取样端接头</td><td>5</td></tr>
<tr><td>3</td><td colspan="2">从仪表端接入0.1MPa左右的压缩空气，检查管路有无阻塞，并核对管路的正确性</td><td>5</td></tr>
<tr><td>4</td><td colspan="2">堵住取样端接头通入的压缩空气，升压至10kPa时停止供气，憋压持续5min，若仪表管内压力下降不大于50Pa，风压试验即合格</td><td>5</td></tr>
<tr><td>5</td><td colspan="2">若严密性试验不合格，用压缩空气吹管，沿管路寻找漏点，可在接口处涂上肥皂水检查寻找漏点</td><td>5</td></tr>
<tr><td>6</td><td colspan="2">做好试验记录</td><td>5</td></tr>
</table>

行业：电力工程　工种：热工仪表及控制装置试验

等级：中级/高级

<table>
<tr><td>编　　号</td><td>C43B036</td><td>行为领域</td><td>e</td><td>鉴定范围</td><td colspan="2">1/3</td></tr>
<tr><td>考核时限</td><td>40min</td><td>题　　型</td><td>B</td><td>题　　分</td><td colspan="2">30</td></tr>
<tr><td>试题正文</td><td colspan="6">气—电转换器的校验</td></tr>
<tr><td>需要说明的问题和要求</td><td colspan="6">要求独立完成校验</td></tr>
<tr><td>工具、材料、设备场地</td><td colspan="6">气动定值器、标准气压表、标准电流表、电阻箱</td></tr>
<tr><td rowspan="7">评分标准</td><td>序号</td><td colspan="2">项　目　名　称</td><td>质量要求</td><td>满分</td><td>得分与扣分</td></tr>
<tr><td>1</td><td colspan="2">准备工作（工具及标准仪表、外观检查）</td><td rowspan="6">严格按规范进行校验</td><td>5</td><td rowspan="6">未达到校验方法的要求，每项扣1～5分</td></tr>
<tr><td>2</td><td colspan="2">电气回路绝缘检查符合要求；接好电路和气路，然后通电</td><td>5</td></tr>
<tr><td>3</td><td colspan="2">将输入信号调整到20kPa，观察输出是否为4mA，否则调整调零轴使输出为4mA</td><td>5</td></tr>
<tr><td>4</td><td colspan="2">将输入信号调整到100kPa，观察输出是否为20mA，否则调整量程电位器，使之符合要求</td><td>5</td></tr>
<tr><td>5</td><td colspan="2">校好零位和满度值后，以不少于5个检查点检查基本误差、回程误差和灵敏度</td><td>5</td></tr>
<tr><td>6</td><td colspan="2">做好调试记录，填好校验报告</td><td>5</td></tr>
</table>

行业：电力工程 工种：热工仪表及控制装置试验 等级：中级

编 号	C04B037	行为领域	e	鉴定范围	1
考核时限	1h	题 型	B	题 分	30
试题正文	数字温度表的检定				
需要说明的问题和要求	要求独立完成检定				
工具、材料、设备场地	信号发生器（mV）、标准电阻箱、数字电压表、绝缘电阻表				
评分标准	序号	项 目 名 称	质量要求	满分	得分与扣分
	1	外观检查及绝缘电阻的测量	严格按规范进行检定	5	未达到检定内容的要求，每项扣1～5分
	2	按说明书接线		5	
	3	通电检查（包括数码管显示，符号及小数点位检查）		5	
	4	基本误差检定		5	
	5	分辨力检定		5	
	6	稳定性检定		5	
	7	连续运行试验			
	8	填写校验报告			

行业：电力工程　工种：热工仪表及控制装置试验

等级：中级/高级

<table>
<tr><td>编　　号</td><td>C04B038</td><td>行为领域</td><td>e</td><td>鉴定范围</td><td colspan="2">3</td></tr>
<tr><td>考核时间</td><td>45min</td><td>题　　型</td><td>B</td><td>题　　分</td><td colspan="2">30</td></tr>
<tr><td>试题正文</td><td colspan="6">电接点水位计的电极泄漏处理</td></tr>
<tr><td>需要说明的问题和要求</td><td colspan="6">1. 要求单独完成
2. 需要协助时可向考评员申请，由考评员指定协助人员
3. 要求安全文明生产</td></tr>
<tr><td>工具、材料、设备、场地</td><td colspan="6">1. 老虎钳 1 把、19～21in 梅花扳手 1 把
2. 除锈剂 1 罐
3. 电接点水位计 1 个
4. 工作现场</td></tr>
<tr><td>操作步骤</td><td colspan="6">1. 工作票许可，安全技术措施完成
2. 撤出电接点水位计的汽包水位高高和低低保护
3. 用手背面接触电接点水位计的容器，冷却到室温后可以工作
4. 拆除电极的接线，用梅花扳手松开固定电极的 4 颗螺母，注意应对角松开
5. 拆出 4 颗螺母后，拆出旧电极，不可遗漏里面垫圈
6. 安装密封垫圈后再装电极
7. 套上固定压块，拧紧螺母，注意应对角拧紧，接上电极的接线
8. 运行人员恢复安全技术措施
9. 确认电极无泄漏，恢复电接点水位计的汽包水位高高和低低保护</td></tr>
<tr><td rowspan="12">评分标准</td><td>项目名称</td><td colspan="2">质量要求</td><td>满分</td><td colspan="2">扣　分</td></tr>
<tr><td>1. 处理前的安措</td><td colspan="2">开好工作票</td><td>3</td><td colspan="2">1. 工作票没开扣 3 分</td></tr>
<tr><td></td><td colspan="2">做好安全技术措施</td><td>3</td><td colspan="2">技术措施扣 3 分</td></tr>
<tr><td>2. 信号强制</td><td colspan="2">信号查找正确</td><td>4</td><td colspan="2">2. 查找错误扣 30 分</td></tr>
<tr><td></td><td colspan="2">强制无误</td><td>4</td><td colspan="2">强制错误扣 30 分</td></tr>
<tr><td>3. 电极更换</td><td colspan="2">正确</td><td>4</td><td colspan="2">3. 不正确扣 4 分</td></tr>
<tr><td>（1）拆、紧螺母应对角进行</td><td colspan="2">无漏气</td><td>4</td><td colspan="2">漏气扣 4 分</td></tr>
<tr><td>（2）更换后密封性</td><td colspan="2"></td><td>3</td><td colspan="2">不牢固扣 1～3 分</td></tr>
<tr><td>（3）接线</td><td colspan="2">正确、牢固</td><td></td><td colspan="2"></td></tr>
<tr><td>4. 使用工具及操作</td><td colspan="2">工具使用正确</td><td>3</td><td colspan="2">4. 不正确扣 3 分</td></tr>
<tr><td></td><td colspan="2">操作熟练</td><td>2</td><td colspan="2">不熟练扣 1～2 分</td></tr>
</table>

行业：电力工程　工种：热工仪表及控制装置试验

等级：高级/技师

编　号	C32B039	行为领域	e	鉴定范围	3/2
考核时限	40min	题　型	B	题　分	30
试题正文	气动基地式调节仪表（KF 系列）指示机构的调整				
需要说明的问题和要求	要求独立完成校验				
工具、材料、设备场地	螺丝刀、信号源、标准表等				

评分标准	序号	项目名称	质量要求	满分	得分与扣分
	1	准备工作（工具、信号源、气源等）	严格按规范进行调整	5	未达到质量要求，每项扣 1～5 分
	2	零点调整，转动行程连杆的调零螺母，使输入为 0%时，测量指针指在 0		5	
	3	量程调整，转动量程调整旋钮，使供给 80%输入，测量指针指向 80%		5	
	4	线性度调整，在 50%刻度点检查线性度，若检测到的误差大于满刻度 1%，则通过转动调整螺母，改变行程连杆长度（应提前松开调零螺母）		5	
	5	再次检查零点和量程，直至合格		5	
	6	做好校验记录		5	

行业：电力工程　工种：热工仪表及控制装置试验

等级：高级/技师

<table>
<tr><td>编　　号</td><td>C32B040</td><td>行为领域</td><td>e</td><td>鉴定范围</td><td>3/2</td></tr>
<tr><td>考核时限</td><td>40min</td><td>题　　型</td><td>B</td><td>题　　分</td><td>30</td></tr>
<tr><td>试题正文</td><td colspan="5">气动基地式调节仪表（KF 系列）差动机构的校验和调整</td></tr>
<tr><td>需要说明的问题和要求</td><td colspan="5">要求独立完成校验</td></tr>
<tr><td>工具、材料、设备场地</td><td colspan="5">螺丝刀、信号源、标准表等</td></tr>
<tr><td rowspan="6">评
分
标
准</td><td>序号</td><td>项　目　名　称</td><td>质量要求</td><td>满分</td><td>得分与扣分</td></tr>
<tr><td>1</td><td>准备工作（工具、信号源、气源等）</td><td rowspan="5">严格按规范进行调整和校验</td><td>6</td><td rowspan="5">未达到质量要求，每项扣 1～6 分</td></tr>
<tr><td>2</td><td>松开与接收单元连接的连杆，或将测量输入调整在约 50%，使测量指针指示在刻度标尺约 50%处</td><td>6</td></tr>
<tr><td>3</td><td>将给定指针设置在约 50%刻度位置</td><td>6</td></tr>
<tr><td>4</td><td>将调整销插入调整销孔</td><td>6</td></tr>
<tr><td>5</td><td>如果给定指针与测量指针的尖端不重合，则转动给定指针调整螺钉使之重合</td><td>6</td></tr>
</table>

行业：电力工程 工种：热工仪表及控制装置试验

等级：高级/技师

<table>
<tr><td>编号</td><td>C32B041</td><td>行为领域</td><td>e</td><td>鉴定范围</td><td colspan="2">3/2</td></tr>
<tr><td>考核时限</td><td>40min</td><td>题型</td><td>B</td><td>题分</td><td colspan="2">30</td></tr>
<tr><td>试题正文</td><td colspan="6">气动基地式调节仪表（KF 系列）变送机构的调整</td></tr>
<tr><td>需要说明的问题和要求</td><td colspan="6">要求独立完成调整</td></tr>
<tr><td>工具、材料、设备场地</td><td colspan="6">螺丝刀等</td></tr>
<tr><td rowspan="6">评分标准</td><td>序号</td><td>项目名称</td><td>质量要求</td><td>满分</td><td colspan="2">得分与扣分</td></tr>
<tr><td>1</td><td>准备工作（工具、气源等）</td><td rowspan="5">严格按规范进行调整</td><td>6</td><td colspan="2" rowspan="5">未达到质量要求，每项扣 1～6 分</td></tr>
<tr><td>2</td><td>连接好系统</td><td>6</td></tr>
<tr><td>3</td><td>零点调整，将测量指针设在 0，并转动调零使变送压力为 20kPa</td><td>6</td></tr>
<tr><td>4</td><td>量程调整，将测量指针设在 100%，并转动量程调整螺钉使变送压力为 100kPa</td><td>6</td></tr>
<tr><td>5</td><td>重复调整零点和量程，使之符合要求；线性度调整，把测量指针设置在 50%，使输出为 60kPa±0.8kPa，若超差转动零点调整螺母使之符合要求，由此引起的零点漂移需重新调整</td><td>6</td></tr>
</table>

行业：电力工程　工种：热工仪表及控制装置试验

等级：中级/高级

<table>
<tr><td>编　号</td><td>C43B042</td><td>行为领域</td><td>e</td><td>鉴定范围</td><td colspan="2">1/3</td></tr>
<tr><td>考核时限</td><td>1h</td><td>题　型</td><td>B</td><td>题　分</td><td colspan="2">30</td></tr>
<tr><td>试题正文</td><td colspan="6">电信号气动执行机构的校验</td></tr>
<tr><td>需要说明的问题和要求</td><td colspan="6">要求独立完成校验</td></tr>
<tr><td>工具、材料、设备场地</td><td colspan="6">信号源、绝缘电阻表、螺丝刀、气源等</td></tr>
<tr><td rowspan="7">评分标准</td><td>序号</td><td>项　目　名　称</td><td>质量要求</td><td>满分</td><td colspan="2">得分与扣分</td></tr>
<tr><td>1</td><td>准备工作（工具及标准仪表，外观检查应完整无损）</td><td rowspan="6">符合规程及规范要求</td><td>5</td><td colspan="2" rowspan="6">未达到质量要求，每项扣1～5分</td></tr>
<tr><td>2</td><td>按要求接好电路和气路，电气回路绝缘检查符合要求，然后通电</td><td>5</td></tr>
<tr><td>3</td><td>当输入信号为4mA时，调整行程至0</td><td>5</td></tr>
<tr><td>4</td><td>当输入信号为20mA时，调整行程至100%</td><td>5</td></tr>
<tr><td>5</td><td>选择校验点不少于5点，调节电流信号源，逐点单方向（上行程或下行程）进行校验，调整使之符合要求</td><td>5</td></tr>
<tr><td>6</td><td>做好调试记录</td><td>5</td></tr>
</table>

行业：电力工程　工种：热工仪表及控制装置试验

等级：中级/高级

编　号	C43B043	行为领域	e	鉴定范围	2/3
考核时限	2h	题　型	B	题　分	30
试题正文	电动执行机构通电调整试验				
需要说明的问题和要求	1. 要求独立完成调整实验 2. 利用现场设备时应注意安全 3. 选用 DKJ 型电动执行机构				
工具、材料、设备场地	绝缘电阻表、螺丝刀等				
评分标准	序号	项目名称	质量要求	满分	得分与扣分
	1	准备工作（工具及调试仪器）	注意电气线路与电动机的对地绝缘最低不小于 0.5MΩ 才能进行送电调整（用 500 伏绝缘电阻表测试） 操作盘上手动操作“开关”，位置指示器的开关方向与调节机构的开、关方向必须一致 调整完毕后必须切断电源	3	未达到试验方法的要求，每项扣 1～3 分
	2	校对电气线路接线，检查电气线路及电动机绝缘电阻		3	
	3	核对调节机构开关方向，调整执行机构与调节机构的连杆长度		3	
	4	就地手动操作，检查执行机构有无空行程、调节机构能否达到全开全关，检查在全行程范围内有无卡涩，动作是否灵活		3	
	5	将调节机构开度开到 50%投入电源，在操作盘上手动操作，核对全系统开、关方向		3	
	6	调整电动机制动器		3	
	7	调整位置发送器，使位置指示与阀门开度一致		3	
	8	调整机械位置限制器，并进行紧固，有行程开关的一并调整		3	
	9	标明执行机构对应调节机构的开、关方向		3	
	10	调整完毕后切断电源		3	

行业：电力工程　工种：热工仪表及控制装置试验

等级：中级/高级

<table>
<tr><td>编　　号</td><td>C43B044</td><td>行为领域</td><td>e</td><td>鉴定范围</td><td>1/3</td></tr>
<tr><td>考核时限</td><td>1h</td><td>题　　型</td><td>B</td><td>题　　分</td><td>30</td></tr>
<tr><td>试题正文</td><td colspan="5">电信号气动执行机构“三断”保护功能校验</td></tr>
<tr><td>需要说明的问题和要求</td><td colspan="5">1. 要求独立完成试验
2. 利用现场设备时，应注意安全</td></tr>
<tr><td>工具、材料、设备场地</td><td colspan="5">信号源、绝缘电阻表</td></tr>
<tr><td rowspan="7">评分标准</td><td>序号</td><td>项　目　名　称</td><td>质量要求</td><td>满分</td><td>得分与扣分</td></tr>
<tr><td>1</td><td>准备工作（工具及仪表设备，外观检查应完整无损）</td><td rowspan="6">满足厂家说明书及规范的要求</td><td>5</td><td rowspan="6">未达到质量要求，每项扣1～5分</td></tr>
<tr><td>2</td><td>按要求接好电路和气路，电气回路绝缘检查符合要求，然后通电，调节电流信号源，使执行机构输出行程（输出臂转角或阀位电流值）在50%左右</td><td>5</td></tr>
<tr><td>3</td><td>“断气”保护检查，突然关闭气源，观察和记录执行机构输出行程的变化量，输出行程变化量符合要求</td><td>5</td></tr>
<tr><td>4</td><td>“断电”保护检查，断开执行机构供电电源，观察和记录执行机构输出行程的变化量，输出行程变化量符合要求</td><td>5</td></tr>
<tr><td>5</td><td>“断信号”保护检查，突然调节电流信号源至0mA输出或断开电流信号源，观察和记录执行机构输出行程的变化量，输出行程变化量符合要求</td><td>5</td></tr>
<tr><td>6</td><td>做好试验记录</td><td>5</td></tr>
</table>

行业：电力工程 工种：热工仪表及控制装置试验

等级：中级/高级

<table>
<tr><td>编 号</td><td>C43B045</td><td>行为领域</td><td>e</td><td>鉴定范围</td><td colspan="2">1/2</td></tr>
<tr><td>考核时限</td><td>30min</td><td>题 型</td><td>B</td><td>题 分</td><td colspan="2">30</td></tr>
<tr><td>试题正文</td><td colspan="6">中频位移传感器校验</td></tr>
<tr><td>需要说明的问题和要求</td><td colspan="6">1. 要求独立完成操作
2. 选用 TDZ 型传感器</td></tr>
<tr><td>工具、材料、设备场地</td><td colspan="6">传感器、校验台等</td></tr>
<tr><td rowspan="7">评分标准</td><td>序号</td><td>项 目 名 称</td><td>质量要求</td><td>满分</td><td colspan="2">得分与扣分</td></tr>
<tr><td>1</td><td>准备工作（工具及校验设备，外观检查）</td><td rowspan="6">传感线最好用专用电缆，普通电缆应做好屏蔽
发送头筒体不能与强磁场或强电流导线接近</td><td>5</td><td colspan="2" rowspan="6">未达到校验方法的要求，每项扣 1～5 分</td></tr>
<tr><td>2</td><td>按要求连接好传感器、测量仪表和校验台</td><td>5</td></tr>
<tr><td>3</td><td>通电做零点调整，将衔铁放在零位置，调整零电位器使输出为零</td><td>5</td></tr>
<tr><td>4</td><td>满度调整，将衔铁放在满量程位置调整满度电位器，使输出为满度</td><td>5</td></tr>
<tr><td>5</td><td>反复调整零点和量程直到满足要求</td><td>5</td></tr>
<tr><td>6</td><td>做好校验记录</td><td>5</td></tr>
</table>

行业：电力工程　工种：热工仪表及控制装置试验

等级：中级/高级

<table>
<tr><td>编　　号</td><td>C43B046</td><td>行为领域</td><td>e</td><td>鉴定范围</td><td>1/2</td></tr>
<tr><td>考核时限</td><td>40min</td><td>题　　型</td><td>B</td><td>题　　分</td><td>30</td></tr>
<tr><td>试题正文</td><td colspan="5">转速表校验</td></tr>
<tr><td>需要说明的问题和要求</td><td colspan="5">要求独立完成校验</td></tr>
<tr><td>工具、材料、设备场地</td><td colspan="5">绝缘电阻表、传感器、转速校验台</td></tr>
<tr><td rowspan="7">评分标准</td><td>序号</td><td>项　目　名　称</td><td>质量要求</td><td>满分</td><td>得分与扣分</td></tr>
<tr><td>1</td><td>准备工作（工具及校验设备）</td><td rowspan="6">需符合规程和规范的要求</td><td>5</td><td rowspan="6">未达到质量要求，每项扣1～5分</td></tr>
<tr><td>2</td><td>仪表外观检查电气线路绝缘检查</td><td>5</td></tr>
<tr><td>3</td><td>按要求连接好仪表、传感器和转速校验台，检查被检表工作位置</td><td>5</td></tr>
<tr><td>4</td><td>仪表通电，通过转速校验台，升降转速至各校验点，记录读数做好记录。若误差超差须调整仪表内相应的调整电位器使之符合要求</td><td>5</td></tr>
<tr><td>5</td><td>对转速表有输出报警和模拟量输出的应进行报警设定和模拟量输出检查调整</td><td>5</td></tr>
<tr><td>6</td><td>做好校验记录，计算基本误差示值变动性、回程误差、指针摆幅率等，填写检定报告</td><td>5</td></tr>
</table>

行业：电力工程　工种：热工仪表及控制装置试验　　等级：中级

<table>
<tr><td>编　号</td><td>C04B047</td><td>行为领域</td><td>e</td><td colspan="2">鉴定范围</td><td>1</td></tr>
<tr><td>考核时限</td><td>1h</td><td>题　型</td><td>B</td><td colspan="2">题　分</td><td>30</td></tr>
<tr><td>试题正文</td><td colspan="6">电接点水位表的调试投入</td></tr>
<tr><td>需要说明的问题和要求</td><td colspan="6">1. 要求独立完成
2. 现场投运时应征得运行人员同意</td></tr>
<tr><td>工具、材料、设备场地</td><td colspan="6">绝缘电阻表、电阻、电源</td></tr>
<tr><td rowspan="7">评分标准</td><td>序号</td><td>项目名称</td><td>质量要求</td><td>满分</td><td colspan="2">得分与扣分</td></tr>
<tr><td>1</td><td>准备工作</td><td>查线时，多芯电缆应远离动力线</td><td>5</td><td colspan="2" rowspan="6">未达到调试方法的要求，每项扣1～5分</td></tr>
<tr><td>2</td><td>根据说明书，用电阻模拟液体电阻进行校验</td><td rowspan="5">对电极污染或腐蚀严重的应及时清理或更换</td><td>5</td></tr>
<tr><td>3</td><td>检查仪表电气绝缘应符合要求，并按要求接线</td><td>5</td></tr>
<tr><td>4</td><td>通上电源，开机依次校验各点，并对高低报警点进行性能检查</td><td>5</td></tr>
<tr><td>5</td><td>现场投入前，应先保证接线正确，电气绝缘符合要求</td><td>5</td></tr>
<tr><td>6</td><td>对测量电极筒进行排污投运</td><td>5</td></tr>
</table>

行业：电力工程　工种：热工仪表及控制装置试验　等级：中级

<table>
<tr><td>编　　号</td><td>C04B048</td><td>行为领域</td><td>e</td><td>鉴定范围</td><td>1</td></tr>
<tr><td>考核时限</td><td>2h</td><td>题　　型</td><td>B</td><td>题　　分</td><td>30</td></tr>
<tr><td>试题正文</td><td colspan="5">温度开关校验</td></tr>
<tr><td>需要说明的问题和要求</td><td colspan="5">要求独立完成校验</td></tr>
<tr><td>工具、材料、设备场地</td><td colspan="5">绝缘电阻表、标准温度计</td></tr>
</table>

<table>
<tr><td rowspan="7">评分标准</td><td>序号</td><td>项　目　名　称</td><td>质量要求</td><td>满分</td><td>得分与扣分</td></tr>
<tr><td>1</td><td>准备工作（工具及加热设备）</td><td rowspan="6">满足规程及规范要求</td><td>5</td><td rowspan="6">未达到质量要求的，每项扣1～5分</td></tr>
<tr><td>2</td><td>仪表外观检查及开关接点电气绝缘检查</td><td>5</td></tr>
<tr><td>3</td><td>将开关测量端与标准温度计放在同一水平面（如水浴、油浴）</td><td>5</td></tr>
<tr><td>4</td><td>加热到设定点，调节开关调整螺钉使开关动作，并检查接点动作情况</td><td>5</td></tr>
<tr><td>5</td><td>反复升温、降温使设定点符合要求，切换差也应符合开关设计要求。若切换差可调，对特殊要求的应调整切换差</td><td>5</td></tr>
<tr><td>6</td><td>做好开关校验记录，填写校验报告</td><td>5</td></tr>
</table>

4.2.3 综合操作

行业：电力工程 工种：热工仪表及控制装置试验 等级：高级

编号	C03C049	行为领域	e	鉴定范围	2
考核时限	1h	题型	C	题分	50
试题正文	工业电导仪的校验				
需要说明的问题和要求	1. 要求独立完成操作 2. DDG-9100 型工业电导仪				
工具、材料、设备场地	标准电阻箱、数字万用表				
评分标准	序号	项目名称	质量要求	满分	得分与扣分
	1	准备工作	满足厂家说明书及规范的要求	5	1.（1～5 项）未达到要求，每项扣 1～5 分 2. 校验不正确，扣 1～10 分 3. 设定不正确，扣 1～10 分 4. 记录不全，扣 1～5 分
	2	外观检查		5	
	3	连好线路，检查面板电源及信号连接正确无误，电气绝缘符合要求		5	
	4	接通电源，量程开关指向校准，预热 0.5h		5	
	5	调节校验电位器，按所配电极的标称值调节电导仪，显示相应的数值		5	
	6	将量程开关分别拨到各挡进行校零及精度校验（用标准电阻箱加阻值校验）		10	
	7	设定报警值，将切换开关切到报警设定，调节报警设定电位器到所需报警值，并检查报警输出情况		10	
	8	做好校验记录，填写校验报告		5	

行业：电力工程　工种：热工仪表及控制装置试验　等级：高级

<table>
<tr><td>编　　号</td><td>C03C050</td><td>行为领域</td><td colspan="2">e</td><td>鉴定范围</td><td>2</td></tr>
<tr><td>考核时限</td><td>2h</td><td>题　　型</td><td colspan="2">C</td><td>题　　分</td><td>50</td></tr>
<tr><td>试题正文</td><td colspan="6">电子式指示记录仪表校验</td></tr>
<tr><td>需要说明的问题和要求</td><td colspan="6">要求独立完成校验</td></tr>
<tr><td>工具、材料、设备场地</td><td colspan="6">绝缘电阻表、导线、标准仪器仪表</td></tr>
<tr><td rowspan="8">评分标准</td><td>序号</td><td>项　目　名　称</td><td>质量要求</td><td>满分</td><td colspan="2">得分与扣分</td></tr>
<tr><td>1</td><td>准备工作（工具、材料及标准仪器仪表）</td><td rowspan="2">绝缘测试时，应按仪表绝缘测试要求进行，满足要求后，才能进行校验工作</td><td>5</td><td colspan="2">1. 未准备，扣5分</td></tr>
<tr><td>2</td><td>外观检查及绝缘测试</td><td>5</td><td colspan="2">2. 未检查，扣5分</td></tr>
<tr><td>3</td><td>连接校验用的仪器仪表线路</td><td rowspan="2">送电前必须检查线路连接的正确性</td><td>5</td><td colspan="2">3. 连接不正确，扣5分</td></tr>
<tr><td>4</td><td>接通电源预热</td><td>5</td><td colspan="2">4. 未预热，扣5分</td></tr>
<tr><td>5</td><td>加装记录纸及墨水</td><td rowspan="2">记录纸或打印点，应与指示值相符</td><td>5</td><td colspan="2">5. 未进行，扣5分</td></tr>
<tr><td>6</td><td>按校验项目加信号进行校验</td><td>20</td><td colspan="2">6. 校验项目不全，扣5～20分</td></tr>
<tr><td>7</td><td>填写校验记录报告单</td><td>注意仪表要放置平整，防止重心前倾翻倒损伤仪表</td><td>5</td><td colspan="2">7. 校验记录填写不正确，扣1～5分</td></tr>
</table>

行业：电力工程　工种：热工仪表及控制装置试验　　等级：技师

<table>
<tr><td>编　　号</td><td colspan="2">C02C051</td><td>行为领域</td><td>e</td><td>鉴定范围</td><td>1</td></tr>
<tr><td>考核时限</td><td colspan="2">4h</td><td>题　　型</td><td>C</td><td>题　　分</td><td>50</td></tr>
<tr><td>试题正文</td><td colspan="6">热电偶的校验</td></tr>
<tr><td>需要说明的问题和要求</td><td colspan="6">1. 要求独立完成校验
2. 注意安全</td></tr>
<tr><td>工具、材料、设备场地</td><td colspan="6">直流电位差计、多点转换开关、管式检定炉、冰点恒温器、精密水银温度计、控温设备等</td></tr>
<tr><td rowspan="6">评分标准</td><td>序号</td><td colspan="2">项　目　名　称</td><td>质量要求</td><td>满分</td><td>得分与扣分</td></tr>
<tr><td>1</td><td colspan="2">热电偶的外观检查</td><td rowspan="5">检定时捆扎成一束的热电偶总数，包括标准在内不应超过6支
捆扎时应使标准与被检热电偶的测量端处于同一个温度点
每支热电偶测量时间间隔应相近，测量次数不应少于2次，在测量时间内检定炉内温度变化不得超过0.5℃</td><td rowspan="5">50</td><td>1. 未检查，扣5分</td></tr>
<tr><td>2</td><td colspan="2">外观检查合格的热电偶，示值检定前应在检定炉中最高检定点温度下退火2h。使用中的热电偶可不退火</td><td>2. 未退火，扣1～5分</td></tr>
<tr><td>3</td><td colspan="2">在检定炉中与标准热电偶进行比较鉴定。热电偶与补偿导线连接后的参比端，直接与铜导线连接，接触应良好，然后插入装有变压器油或酒精的玻璃试管或塑料管中，再插入冰点恒温器内</td><td>3. 不符合要求，扣1～10分</td></tr>
<tr><td>4</td><td colspan="2">先由低温向高温，再由高温到低温逐点检定。当炉温升（降）到检定点温度，待恒定后，自标准热电偶开始，依次顺序测量各被检热电偶的热电势</td><td>4. 不符合要求，扣1～20分</td></tr>
<tr><td>5</td><td colspan="2">测量时将所有测量数据，填写在检定记录表上</td><td>5. 校验记录填写不正确，扣1～10分</td></tr>
</table>

行业：电力工程　工种：热工仪表及控制装置试验　等级：技师

<table>
<tr><td colspan="2">编　　号</td><td>C21C052</td><td>行为领域</td><td>e</td><td>鉴定范围</td><td>2</td></tr>
<tr><td colspan="2">考核时限</td><td>3h</td><td>题　　型</td><td>C</td><td>题　　分</td><td>50</td></tr>
<tr><td colspan="2">试题正文</td><td colspan="5">位移测量装置校验</td></tr>
<tr><td colspan="2">需要说明的问题和要求</td><td colspan="5">1. 要求独立完成校验
2. RMS700 或 BN3300 系列的位移测量装置</td></tr>
<tr><td colspan="2">工具、材料、设备场地</td><td colspan="5">绝缘电阻表、传感器、校验台</td></tr>
<tr><td rowspan="10">评分标准</td><td>序号</td><td colspan="2">项　目　名　称</td><td>质量要求</td><td>满分</td><td>得分与扣分</td></tr>
<tr><td>1</td><td colspan="2">准备工作（工具及校验设备）</td><td rowspan="9">符合厂家说明书及设计要求</td><td>2</td><td>1. 准备不全，扣1～2分</td></tr>
<tr><td>2</td><td colspan="2">仪表外观检查</td><td>2</td><td>2. 未检查，扣2分</td></tr>
<tr><td>3</td><td colspan="2">电气线路绝缘检查</td><td>3</td><td>3. 未检查，扣3分</td></tr>
<tr><td>4</td><td colspan="2">按要求连接好传感器、前置器、测量仪表和标准仪表</td><td>5</td><td>4. 连接不正确，扣5分</td></tr>
<tr><td>5</td><td colspan="2">将传感器安装在位移校验台上，用磁力表座架上合适量程的百分表</td><td>3</td><td>5. 安装不正确，扣3分</td></tr>
<tr><td>6</td><td colspan="2">接通仪表电源，在校验台上改变位移量，校验表计的零点和量程</td><td>10</td><td>6. 校验不正确，扣1～10分</td></tr>
<tr><td>7</td><td colspan="2">对有报警要求的应设定报警点，最好以百分表实际测量值进行设定</td><td>10</td><td>7. 设定不正确，扣1～10分</td></tr>
<tr><td>8</td><td colspan="2">对模拟量输出做调整直至满足要求</td><td>10</td><td>8. 达不到要求，扣1～10分</td></tr>
<tr><td>9</td><td colspan="2">做好校验记录</td><td>5</td><td>9. 未正确填写校验记录，扣1～5分</td></tr>
</table>

行业：电力工程　工种：热工仪表及控制装置试验　　等级：技师

<table>
<tr><td colspan="2">编　　号</td><td>C02C053</td><td>行为领域</td><td>e</td><td>鉴定范围</td><td>1</td></tr>
<tr><td colspan="2">考核时限</td><td>1h</td><td>题　　型</td><td>C</td><td>题　　分</td><td>50</td></tr>
<tr><td colspan="2">试题正文</td><td colspan="5">电容式料位计校验</td></tr>
<tr><td colspan="2">需要说明的问题和要求</td><td colspan="5">1. 要求独立完成操作
2. RF9000 型料位计</td></tr>
<tr><td colspan="2">工具、材料、设备场地</td><td colspan="5">绝缘电阻表、料位计、通灯</td></tr>
<tr><td rowspan="8">评分标准</td><td>序号</td><td>项　目　名　称</td><td>质量要求</td><td>满分</td><td colspan="2">得分与扣分</td></tr>
<tr><td>1</td><td>准备工作（工具及校验仪器）</td><td>满足厂家说明书及规范的要求</td><td>5</td><td colspan="2">1. 准备不全，扣1～5分</td></tr>
<tr><td>2</td><td>外观检查完好无损</td><td></td><td>5</td><td colspan="2">2. 未检查，扣5分</td></tr>
<tr><td>3</td><td>电气绝缘符合要求</td><td></td><td>5</td><td colspan="2">3. 未检查，扣5分</td></tr>
<tr><td>4</td><td>通电，物料低于探头，按标准按钮直至校准指示灯亮，然后放开按钮，这时校准指示灯应熄灭</td><td></td><td>10</td><td colspan="2">4. 未达到要求，扣1～10分</td></tr>
<tr><td>5</td><td>当料位升高到限值时，探头报警，继电器动作状态，指示灯熄灭。如无反应，必须提高灵敏度；如料位下降后指示灯仍无反应，则应降低灵敏度</td><td></td><td>10</td><td colspan="2">5. 未达到要求，扣1～10分</td></tr>
<tr><td>6</td><td>当被测介质的导电性特别高时，必须在料位下降到低于探头后，重新进行校准，以消除黏附层的影响</td><td></td><td>10</td><td colspan="2">6. 未达到要求，扣1～10分</td></tr>
<tr><td>7</td><td>填好校验记录</td><td></td><td>5</td><td colspan="2">7. 未正确填写校验记录，扣1～5分</td></tr>
</table>

行业：电力工程　工种：热工仪表及控制装置试验　　等级：技师

编　　号	C04C054	行为领域	e	鉴定范围	2
考核时间	60min	题　　型	C	题　　分	50
试题正文	电涡流探头安装				
需要说明的问题和要求	1. 要求单独完成 2. 需要协助时可向考评员申请，由考评员安排指定协助人员 3. 要求安全文明生产				
工具、材料、设备、场地	1. 万用表、大扳手、12in 扳手、6in 扳手 2. 生料带、铅丝				
操作步骤	1. 将电涡流探头拧到探头支架上，再将探头支架大致固定在轴承座支架上，调整角度使探头端面与转子被测面平行，用 12in 扳手先固定好，再用大扳手固定牢固 2. 旋入探头粗略调整在安装位置，将探头与引伸电缆连接，用万用表测试探头前置器输出电压，判断是否在安装电压附近，若相差较大，松开引伸电缆，重新调整 3. 若测出电压负向偏大，则将探头向被测面方向旋转；若偏小，则将探头向被测面反方向旋转，再连上引伸电缆，测试前置器输出电压，使其在安装电压附近 4. 略微旋动探头，使前置器输出电压略大于安装电压，用 6in 扳手将探头固定螺母 5. 用万用表测试前置器的输出电压，判断是否基本满足安装电压，若有出入，用 6in 扳手松开探头固定螺母，略做调整后再拧紧螺母 6. 用 12in 扳手将探头支架固定牢靠，用生料带缠紧引伸电缆接头，用铅丝将探头及引伸电缆固定以防被转子擦破				

评分标准	项 目 名 称	质 量 要 求	满分	扣　分
	1. 安装前的安全技术措施	开好工作票	3	1. 工作票没开扣 3 分
		做好安全技术措施	3	无技术措施扣 3 分
	2. 安装质量	探头支架固定牢固	5	2. 不牢固扣 5 分
		探头固定牢固	5	不牢固扣 5 分
		探头端面与被测面平行	8	不平行扣 1～8 分
		引伸电缆接头密封性好	6	密封性不好扣 1～6 分
	3. 安装后测试	电涡流探头安装电压满足要求	10	3. 不满足要求扣 1～10 分
	4. 使用工具及操作	工具使用正确	5	4. 不正确扣 5 分
		操作熟练	5	不熟练扣 1～5 分

行业：电力工程　工种：热工仪表及控制装置试验

等级：高级技师

<table>
<tr><td>编　　号</td><td>C01C055</td><td>行为领域</td><td>e</td><td>鉴定范围</td><td colspan="2">1</td></tr>
<tr><td>考核时限</td><td>2h</td><td>题　　型</td><td>C</td><td>题　　分</td><td colspan="2">50</td></tr>
<tr><td>试题正文</td><td colspan="6">磨煤机程控油系统“运行正常”条件下的模拟操作</td></tr>
<tr><td>需要说明的问题和要求</td><td colspan="6">1. 要求独立进行操作
2. 现场模拟操作，不得触及运行设备
3. 注意人身和设备安全</td></tr>
<tr><td>工具、材料、设备场地</td><td colspan="6">现场磨煤机程控装置、导线、电阻箱</td></tr>
<tr><td rowspan="8">评分标准</td><td>序号</td><td>项　目　名　称</td><td>质量要求</td><td>满分</td><td colspan="2">得分与扣分</td></tr>
<tr><td>1</td><td>模拟短接油泵低速运行，加热器启动</td><td>分析、处理准确</td><td>6</td><td colspan="2">1. 模拟不正确，扣6分</td></tr>
<tr><td>2</td><td>模拟（加电阻箱）输入齿轮箱油池油温≥25℃信号，油泵高速运行启动</td><td>操作顺序正确</td><td>6</td><td colspan="2">2. 模拟不正确，扣6分</td></tr>
<tr><td>3</td><td>模拟（加电阻箱）输入推力瓦油槽油温≤50℃信号，对应的电阻值≤119.70Ω</td><td></td><td>10</td><td colspan="2">3. 模拟不正确，扣10分</td></tr>
<tr><td>4</td><td>模拟（短接）输入稀油站润滑油油压≥0.15MPa，在端子上短接输入接点</td><td></td><td>6</td><td colspan="2">4. 模拟不正确，扣6分</td></tr>
<tr><td>5</td><td>模拟（短接）输入盘车装置已脱开信号（BW），在端子短接</td><td></td><td>6</td><td colspan="2">5. 模拟不正确，扣6分</td></tr>
<tr><td>6</td><td>断开稀油站油压≤0.145MPa，在端子上处理</td><td></td><td>6</td><td colspan="2">6. 模拟不正确，扣6分</td></tr>
<tr><td>7</td><td>全部条件满足后“运行正常”灯亮</td><td></td><td>10</td><td colspan="2">7. 运行正常灯不亮，扣10分</td></tr>
</table>

行业：电力工程　工种：热工仪表及控制装置试验

等级：高级技师

<table>
<tr><td>编　　号</td><td>C01C056</td><td>行为领域</td><td>e</td><td>鉴定范围</td><td colspan="2">1</td></tr>
<tr><td>考核时限</td><td>2h</td><td>题　　型</td><td>C</td><td>题　　分</td><td colspan="2">50</td></tr>
<tr><td>试题正文</td><td colspan="6">锅炉吹灰程控的单体调试</td></tr>
<tr><td>需要说明的问题和要求</td><td colspan="6">1. 要求独立进行调试
2. 现场模拟操作，不得触及运行设备
3. 注意人身和设备安全</td></tr>
<tr><td>工具、材料、设备场地</td><td colspan="6">万用表、螺丝刀、施工现场</td></tr>
<tr><td rowspan="6">评分标准</td><td>序号</td><td colspan="2">项　目　名　称</td><td>质量要求</td><td>满分</td><td>得分与扣分</td></tr>
<tr><td>1</td><td colspan="2">检查试验室调校压力开关、温度开关、流量开关</td><td rowspan="5">分析、处理准确</td><td>10</td><td rowspan="5">未达到调试方法的要求，每项扣1～10分</td></tr>
<tr><td>2</td><td colspan="2">通电调试各疏水阀，使其动作可靠</td><td>10</td></tr>
<tr><td>3</td><td colspan="2">对各吹灰器进行单体调试，吹灰器进到位或退到位时，相关继电器能正常吸合或释放</td><td>10</td></tr>
<tr><td>4</td><td colspan="2">启动吹灰程序，吹灰蒸汽门打开，温度开关动作后看是否满足吹灰条件</td><td>10</td></tr>
<tr><td>5</td><td colspan="2">按步序进行吹灰</td><td>10</td></tr>
</table>

行业：电力工程　工种：热工仪表及控制装置试验

等级：技师/高级技师

<table>
<tr><td>编　　号</td><td>C21C057</td><td>行为领域</td><td colspan="2">e</td><td>鉴定范围</td><td>1</td></tr>
<tr><td>考核时限</td><td>3h</td><td>题　　型</td><td colspan="2">C</td><td>题　　分</td><td>50</td></tr>
<tr><td>试题正文</td><td colspan="6">利用电容法消除现场电气电缆回路的干扰电压</td></tr>
<tr><td>需要说明的问题和要求</td><td colspan="6">要求独立完成</td></tr>
<tr><td>工具、材料、设备场地</td><td colspan="6">万用表、螺丝刀、电容</td></tr>
<tr><td rowspan="4">评分标准</td><td>序号</td><td>项　目　名　称</td><td>质量要求</td><td>满分</td><td colspan="2">得分与扣分</td></tr>
<tr><td>1</td><td>用万用表检查干扰电压的大小，判断干扰信号的来源</td><td rowspan="3">判断、分析、处理准确</td><td>15</td><td colspan="2">1. 未能正确查找，扣1～15分</td></tr>
<tr><td>2</td><td>依据现场干扰电压的大小计算所需电容的理论值</td><td>15</td><td colspan="2">2. 电容容量选择不正确，扣1～15分</td></tr>
<tr><td>3</td><td>加入电容后，再利用万用表检查干扰电压的大小，依据现场实际情况更换电容直至符合要求为止</td><td>20</td><td colspan="2">3. 干扰信号未消除，扣1～20分</td></tr>
</table>

行业：电力工程　工种：热工仪表及控制装置试验

等级：高级技师

编　　号	C02C058	行为领域	e	鉴定范围	2
考核时限	30min	题　　型	C	题　　分	50
试题正文	将下列电气原理图改为PLC梯形图 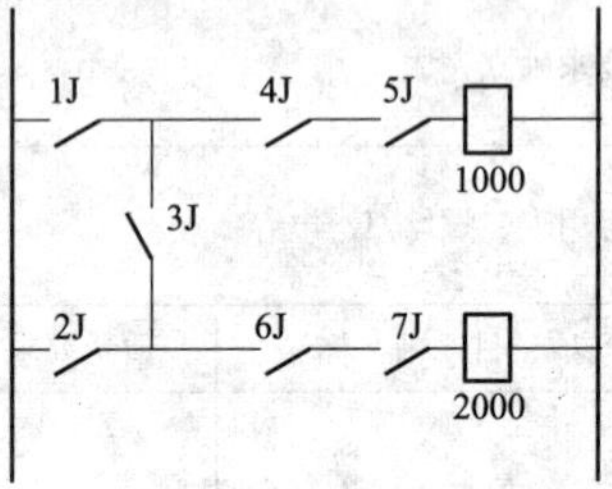 1J 4J 5J 1000 3J 2J 6J 7J 2000				
需要说明的问题和要求	要求独立进行				
工具、材料、设备场地	试验室				

评分标准	序号	项　目　名　称	质量要求	满分	得分与扣分
		PLC梯形图 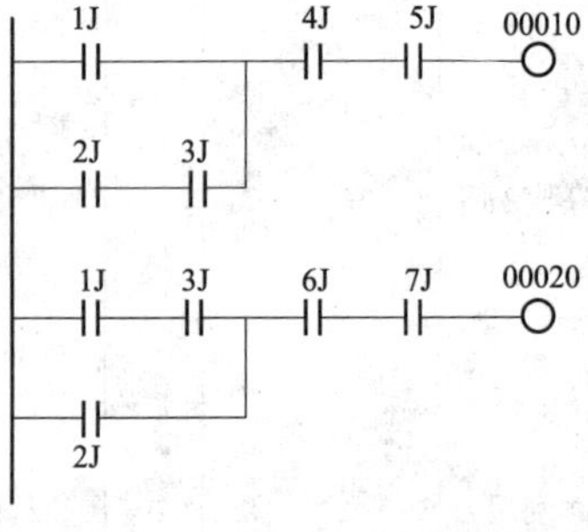 1J 4J 5J 00010 2J 3J 1J 3J 6J 7J 00020 2J	逻辑正确、设计规范	50	1. 画图不规范，扣1～20分 2. 逻辑不清楚，全题不得分

行业：电力工程　工种：热工仪表及控制装置试验

等级：技师/高技

<table>
<tr><td>编　号</td><td>C21C059</td><td>行为领域</td><td>e</td><td>鉴定范围</td><td>1</td></tr>
<tr><td>考核时限</td><td>30min</td><td>题　型</td><td>C</td><td>题　分</td><td>50</td></tr>
<tr><td>试题正文</td><td colspan="5">画出机炉电大连锁保护系统框图（300MW）</td></tr>
<tr><td>需要说明的问题和要求</td><td colspan="5">要求独立进行</td></tr>
<tr><td>工具、材料、设备场地</td><td colspan="5">试验室评</td></tr>
<tr><td rowspan="2">评分标准</td><td>序号</td><td>项 目 名 称</td><td>质量要求</td><td>满分</td><td>得分与扣分</td></tr>
<tr><td></td><td> 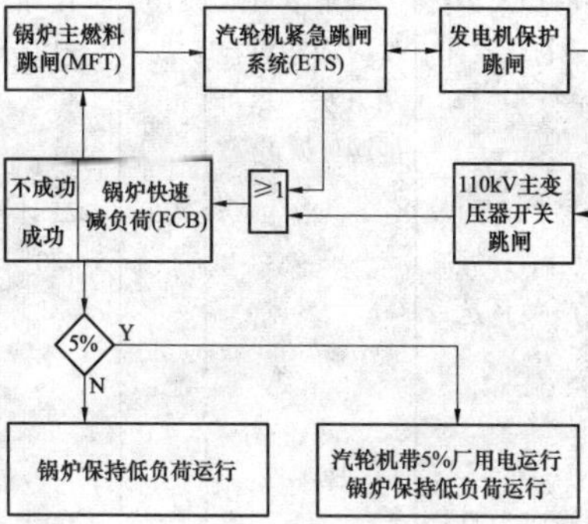锅炉主燃料跳闸(MFT)
汽轮机紧急跳闸系统(ETS)
发电机保护跳闸
不成功
成功
锅炉快速减负荷(FCB)
≥1
110kV主变压器开关跳闸
5%
Y
N
锅炉保持低负荷运行
汽轮机带5%厂用电运行
锅炉保持低负荷运行
图 CC-3</td><td>条理清楚、书写规范</td><td>50</td><td>1. 指示错误，扣1～20分
2. 方框项目不全，扣1～30分</td></tr>
</table>

行业：电力工程　工种：热工仪表及控制装置试验

等级：高级/技师

<table>
<tr><td>编　号</td><td>C32C060</td><td>行为领域</td><td>e</td><td colspan="2">鉴定范围</td><td>4/2</td></tr>
<tr><td>考核时限</td><td>40min</td><td>题　型</td><td>C</td><td colspan="2">题　分</td><td>50</td></tr>
<tr><td>试题正义</td><td colspan="6">标准孔板安装前的检查</td></tr>
<tr><td>需要说明的问题和要求</td><td colspan="6">1. 要求独立进行
2. 提供有关α、β值</td></tr>
<tr><td>工具、材料、设备场地</td><td colspan="6">卷尺、内径千分尺、游标卡尺、计算器等</td></tr>
<tr><td rowspan="5">评分标准</td><td>序号</td><td>项　目　名　称</td><td>质量要求</td><td>满分</td><td colspan="2">得分与扣分</td></tr>
<tr><td>1</td><td>核对节流件的形式、材料及有关尺寸应符合设计</td><td rowspan="4">测量节流元件时应注意检测方法，尽可能避免误差</td><td>10</td><td colspan="2">1. 未正确核对，扣5～10分</td></tr>
<tr><td>2</td><td>按照“计算书”上的数据复查d、D尺寸，计算流量与差压的对应关系是否符合设计</td><td>20</td><td colspan="2">2. 计算不正确，扣5～20分</td></tr>
<tr><td>3</td><td>孔板入口边缘应尖锐、无伤痕。当孔板孔径大于150mm时，其入口边缘不应有肉眼能辨别的钝口。孔板孔径小于150mm时，光线落在入口边缘上不应有反射</td><td>10</td><td colspan="2">3. 未正确检查，扣5～10分</td></tr>
<tr><td>4</td><td>核对节流装置安装上下游尺寸，应符合施工规范要求</td><td>10</td><td colspan="2">4. 未核对，扣10分</td></tr>
</table>

5 试卷样例

中级热工仪表及自动装置试验工知识要求试卷

一、选择题（每题 1 分，共 25 分）

下列每题都有 4 个答案，其中只有一个是正确的，将正确答案的序号填入括号内。

1. 配有热电阻的动圈仪表，在测量某一温度时，电阻体断路后仪表指针（　　）。

（A）跳向最大；（B）跳向最小；（C）停在断路前的位置处；（D）来回摆动。

2. 如图 1 所示，由热电偶、补偿导线及动圈表组成的测温系统，当 $t_n < t_0$，且补偿导线正负极接错时，仪表指示值与被测温度 T 相比（　　）。

（A）偏高；（B）偏低；（C）相同；（D）不能确定。

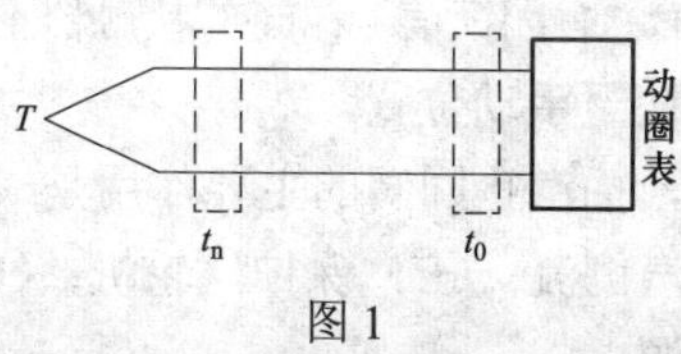

图 1

3. 角速度与旋转频率的关系是（　　）。

（A）$\omega=2\pi f$；（B）$\omega=2f$；（C）$\omega=\pi f$；（D）$\omega=\pi f/2$。

4. 转速表系数（即转速比）就是（　　）。

（A）转速表输入轴的转速与表盘指示转速之比；

（B）被测对象的实际转速与转速表输入轴转速之比；

（C）表盘指示转速与输入轴的转速之比；

（D）转速表输入轴转速与被测对象实际转速之比。

5. 试验室校验伺服放大器，当放大器输出产生振荡时，可通过调整（　　）电位器来使其平衡。

（A）量程；（B）调稳；（C）零位；（D）线性。

6. 如图 2 所示，A 点的电位为（　　）。

（A）140V；（B）90V；（C）60V；（D）50V。

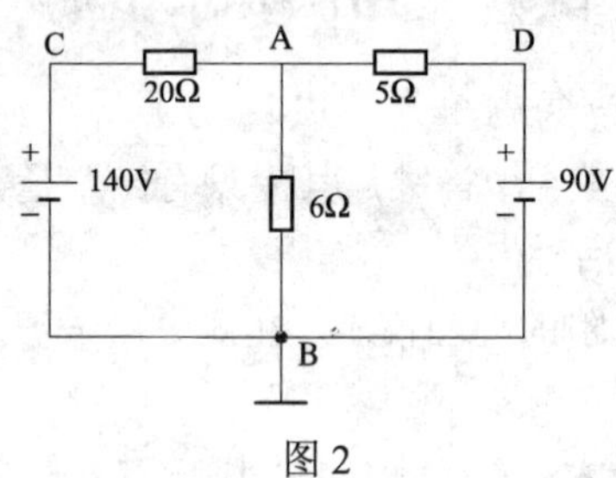

图 2

7. 电动差压变送器输出开路影响的检定，应在输入量程（　　）的压力信号下进行。

（A）30%；（B）50%；（C）70%；（D）90%。

8. 一台 DKJ 型电动调节门，在运行过程中突然远方操作不动，不可能出现的原因是（　　）。

（A）失电；（B）有闭锁信号；（C）接触器不吸合；（D）电动机手动/电动开关切至手动位置。

9. 火电厂中，抽汽止回阀的主要作用是（　　）。

（A）阻止蒸汽倒流；（B）保护汽轮机；（C）保护加热器；（D）快速切断汽源。

10. 在汽轮机保护项目中，不包括（　　）保护。

（A）轴承振动大；（B）低真空；（C）进汽温度高；（D）低油压。

11. 标准热电偶检定炉，温度最高区域偏离炉中心距离不应超过（　　）。

（A）10mm；（B）15mm；（C）20mm；（D）25mm。

12. 如图 3 所示为一（　　）电路。

（A）加法；（B）减法；（C）积分；（D）微分。

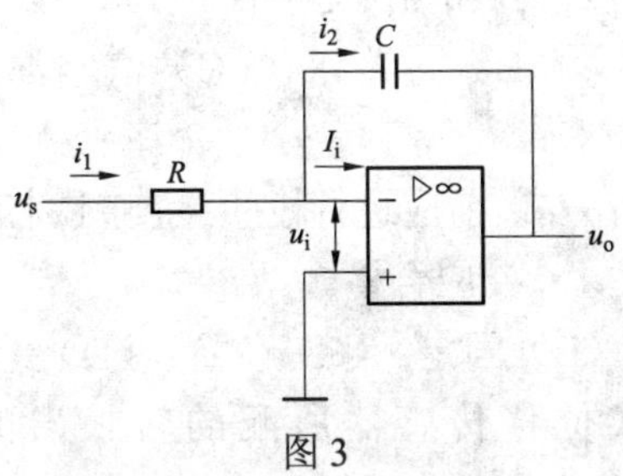

图 3

13. GZJY-3 型转速表检定装置按无级调速方式升到某一值后，只要再按（　　）键，装置便进入锁定状态，转速就会稳定在该值。

（A）运行；（B）无级；（C）限速；（D）清除。

14. 汽轮机监视仪表一次传感器在汽轮机油循环开始前要完成（　　）。

（A）正式安装；（B）正式安装调试；（C）系统调试；（D）试装。

15. 在电厂锅炉安全门保护控制系统中，饱和蒸汽安全门动作的超压脉冲信号取自（　　）。

（A）汽包；（B）主蒸汽联箱；（C）给水；（D）过热器。

16. 运算放大器实质上是一种具有（　　）的多级直流放大器。

（A）正反馈高增益；（B）深度正反馈低增益；（C）深度负反馈低增益；（D）深度负反馈高增益。

17. 在自动调节系统中，电动执行机构可近似地看成一个（　　）环节。

（A）积分；（B）比例；（C）微分；（D）比例积分。

18. 交流电的有效值；就是与它的热效应相等的直流值。

对于正弦交流电来说，有效值和最大值的关系为（　　）。

（A）$I_m=\sqrt{2}I$、$U_m=\sqrt{3}U$；（B）$I_m=\sqrt{3}I$、$U_m=\sqrt{3}U$；

（C）$I_m=\sqrt{3}I$、$U_m=\sqrt{2}U$；（D）$I_m=\sqrt{2}I$、$U_m=\sqrt{2}U$。

19. 锅炉省煤器内加热的是（　　）。

（A）饱和水；（B）过冷水；（C）汽水混合物；（D）过热蒸汽。

20. 电磁阀在安装前应进行校验检查，铁芯应无卡涩现象，线圈与阀间的（　　）应合格。

（A）间隙；（B）固定；（C）位置；（D）绝缘电阻。

21. 涡流式位移传感器所配的转换器的输出信号为（　　）。

（A）0～10mA；（B）4～20mA；（C）0～10V；（D）–4～–20V。

22. 检查真空系统的严密性，在工作状态下关闭取源阀门，（　　）内其指示值降低应不大于3%。

（A）5min；（B）10min；（C）15min；（D）3min。

23. 油区内一切电气设备的维修，都必须（　　）进行。

（A）经领导同意；（B）由熟悉人员；（C）办理工作票；（D）停电。

24. 电动执行器伺服电动机两绕组间接有一电容C的作用是（　　）。

（A）滤波；（B）分相；（C）组成LC振荡；（D）抗干扰。

25. 使用输出信号为4～20mA的差压变送器作为汽包水位变送器时，当汽包水位为零时，变送器的输出为（　　）。

（A）0mA；（B）4mA；（C）12mA；（D）20mA。

二、判断题（每题1分，共25分）

判断下列描述是否正确，正确的在括号内打“√”，错误的在括号内打“×”。

1. 差动式放大器的功能就是放大两个输出信号之差，理想的差动放大器为线性放大器。（　　）

2. 电路中 3 个或 3 个以上的支路连接的点称为节点。（　）

3. 电子电位差计是根据电压平衡原理进行工作的。（　）

4. 用配有热电偶的 XCZ 型动圈表测量某点温度时，补偿导线的长度对测量结果没有影响。（　）

5. 开方器一般由电流/电压转换器、间歇振荡器、乘法器及小信号切除电路组成。（　）

6. 在安全门保护回路中，为保证动作可靠，一般采用两个压力开关的动合触点串联接法。（　）

7. 汽轮机监视仪表一次传感器的安装必须在汽轮机冷态下进行。（　）

8. 汽轮机轴承润滑油压力低连锁保护压力开关的取样，一般在润滑油泵的出口处。（　）

9. 气动执行机构现场调整前，应先检查压缩空气是否干燥、洁净。（　）

10. 电接点水位计是利用汽、水介质的电阻率相差极大的性质来测量水位的。（　）

11. 开方器输入信号的小信号切除范围是 0.2～0.5mA。（　）

12. 热工保护装置应按系统进行分项和整套联动试验，且动作应正确、可靠。（　）

13. 汽轮机监视传感器、轴承温度元件及推力瓦温度元件安装时，所用工器具应有防脱落措施，并应穿专用工作服。（　）

14. 火电厂中，采用蒸汽中间再热、给水回热和供热循环都能提高电厂的热效率。（　）

15. 执行机构的全关至全开行程，一定是调节机构的全关至全开行程。（　）

16. 热工控制图纸中安装接线图是用来指导安装接线的施工图。（　）

17. 热工信号系统一般只需具有灯光和音响报警功能。

（　　）

18. 电气原理图中所示的继电器触点的状态为其线圈通电时的状态。（　　）

19. 锅炉停止运行后，必须首先进行炉膛清扫，然后才能解除锅炉跳闸信息并重新点火。（　　）

20. 差压式流量计是利用节流件前后静压差与流量的对应关系，间接测出流体流量的。（　　）

21. 电磁阀是用电磁铁来推动阀门的开启与关闭动作的电动执行器。（　　）

22. DKJ 型电动执行器由磁放大器和执行机构两部分组成。（　　）

23. 电容式压力（差压）变送器测量部分所感受压力与高、低压侧极板与测量膜片之间的电容之差成正比。（　　）

24. 单元控制室或集中控制室，严禁引入以蒸汽、水、油及氢气等作为介质的导压管路。（　　）

25. 执行器电动机送电前，用 500V 绝缘电阻表进行绝缘检查，绝缘电阻应不小于 0.5MΩ。（　　）

三、简答题（每题 5 分，共 15 分）

1. 简述自动平衡电桥的组成及其测温原理。

2. 简述数字温度表的检定项目。

3. 简述测量蒸汽流量的双波纹差压计初次投入运行的操作程序。

四、计算题（每题 5 分，共 15 分）

1. 某单位，用 0～1500Pa 二等补偿式微压计，在 20℃环境条件下检定 0～1500Pa 微压表，试求 1000Pa 检定点上微压计的液柱高度。已知当地重力加速度 $g=9.7944\text{m/s}^2$，20℃时，$\rho_w=998.2\text{kg/m}^3$。

2. 用镍铬–镍硅热电偶测量主蒸汽温度时，测得的热电势为 20.930mV，已知热电偶参考端温度 t_n=30℃，查该热电偶分度表得：E（30，0）=1.202mV，求主蒸汽实际温度。

3. 过热器管道下方 38.5m 处安装一只过热蒸汽压力表，其指示值为 13.5MPa，问过热蒸汽的绝对压力为多少?修正值为多少?示值相对误差为多少?（1 个标准大气压下）

五、绘图题（每题 5 分，共 10 分）

1. 说明接线图 4 中所用的导线表示方法及各文字符号的含义，并说明导线的连接关系。

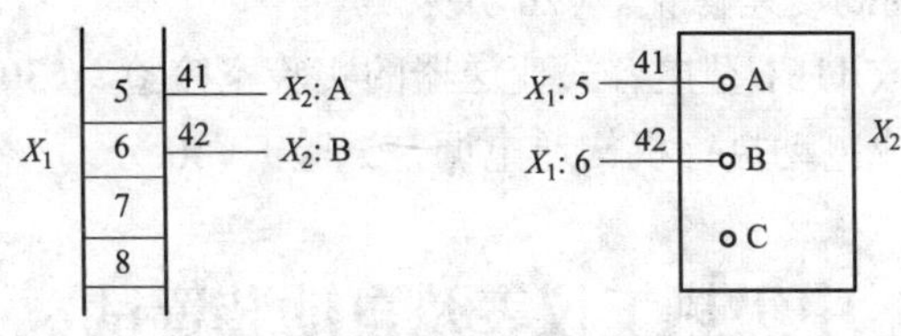

图 4

2. 说出下列示意图是属于什么测量及各部件和名称。

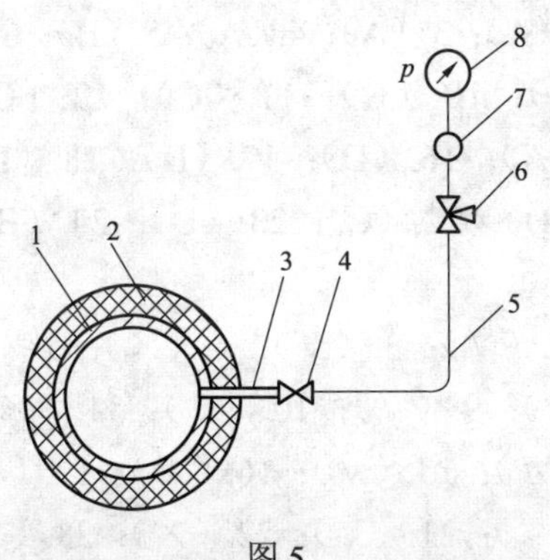

图 5

六、论述题（每题 10 分，共 10 分）

试述热工仪表在正式投入前应检查哪些项目。

中级热工仪表及控制装置试验工技能要求试卷

实际操作题

1. 选择检定 1151 型电容式压力变送器所用的标准仪器。（20 分）

2. 根据测点与变送器的安装高度差完成 1151 型电容式压力变送器的高度差修正。（20 分）

3. 完成 1151 型电容式变送器的实验室校验。（30 分）

4. 完成电动执行机构通电调整试验。（30 分）

中级热工仪表及自动装置试验工知识要求试卷答案

一、选择题

1.（A）；2.（A）；3.（A）；4.（A）；5.（B）；6.（C）；7.（B）；8.（D）；9.（B）；10.（C）；11.（C）；12.（C）；13.（B）；14.（D）；15.（A）；16.（D）；17.（B）；18.（D）；19.（B）；20.（D）；21.（D）；22.（C）；23.（D）；24.（B）；25.（C）。

二、判断题

1.（×）；2.（√）；3.（√）；4.（×）；5.（√）；6.（×）；7.（√）；8.（×）；9.（√）；10.（√）；11.（×）；12.（√）；13.（√）；14.（√）；15.（√）；16.（√）；17.（×）；18.（×）；19.（√）；20.（√）；21.（√）；22.（×）；23.（×）；24.（√）；25.（√）。

三、简答题

1. 答：自动平衡电桥是由测量桥路、放大器、可逆电动机、同步电动机、指示和记录机构等主要部分组成的。（1 分）自动平衡电桥有直流和交流两种，都是利用电桥的平衡原理工作的。

（1 分）热电阻测温元件 R_t 作为桥路的一个桥臂，当 R_t 处于下限温度时，电桥处于平衡状态，桥路输出为零。（1 分）当温度增加时，R_t 的电阻值增加，桥路平衡被破坏，输出一不平衡电压信号，经放大器放大后，输出足够大功率以驱动可逆电动机转动，带动滑线电阻上的滑动触点移动，改变支路两个桥臂电阻的比值，从而使桥路达到新的平衡。（1 分）可逆电动机同时带动指示记录机构指示和记录出相应的温度值。在整个测量范围内，热电阻在不同温度下的 R_t 值，在滑线电阻上都有一个对应的位置，可指示出被测温度的大小。（1 分）

2. 答：数字温度表的检定项目有：外观检查，通电检查（包括数码管显示、符号及小数点位检查），（1 分）基本误差检定，分辨力检定，（1 分）稳定性检定，连续运行试验，（1 分）绝缘电阻测量，绝缘强度的测量。（2 分）

3. 答：操作程序如下：

（1）检查取样装置，阀门接头，一次、二次阀门，排污阀门应连接牢固、严密。

（2）检查一次、二次阀门，排污阀门应在关闭位置，平衡阀门应处于开启位置。（1 分）

（3）稍开一次阀门，检查导压管、阀门和接头等处是否有渗漏，若严密无漏应全开一次阀门。（1 分）

（4）打开排污阀门，冲洗导压管，排除管内积污和空气，然后关闭排污阀门；（1 分）

（5）导压管内充满凝结水并且冷却后，方可投入流量计。（1 分）

（6）操作顺序为：开启正压侧二次阀门，分别拧松正、负压侧排汽丝堵，待排出凝结水后可再拧紧丝堵，关闭平衡门，打开负压侧二次阀门。（1 分）

四、计算题（每题 5 分，共 15 分）

1. 解：由题意知，当地重力加速度 g=9.7944m/s^2，20℃时纯水的密度 ρ_{H_2O}=98.2kg/m^3，p=1000Pa。（1 分）

则由公式：$H=p\times1000/(\rho g)$（2 分）得 1000Pa 检定点上补偿式微压计的液柱高度为

H=1000×1000/(998.2×9.7944)=102.283（mm） （2 分）

答：1000Pa 检定点上微压计的液柱高度为 102.283mm。

2. 解：当热电偶参考端温度不为 0℃时，由公式 $E(t,0)=E(t,t_n)+E(t_n,0)$，得（2 分）

$E(t,0)=E(t,30)+E(30,0)$=20.930+1.202

=22.132（mV） （2 分）

从 K 型热电偶分度表查得

$E(t,0)$=22.132mV 所对应的温度为 535℃。 （1 分）

答：主蒸汽实际温度为 535℃。

3. 解：$p=p_e'-\rho gh+p_{amb}$

$=13.5-38.5\times1\times9.806\ 65\times10^{-3}+0.098\ 066\ 5$

=13.221（MPa） （2 分）

C=13.5−13.221=0.279（MPa） （1 分）

$\delta=\dfrac{13.5-13.221}{13.221}\times100\%=2.1\%$ （2 分）

答：绝对压力为 13.221MPa，修正值为 0.279MPa，示值相对误差为 2.1%。

五、绘图题

1. 答：该图采用的导线表示方法为中断线表示方法。（1 分）

X_1、X_2：端子排的项目代号；（1 分）

41、42：导线编号；（1 分）

5、6、7、8 和 A、B、C：端子号。（1 分）

该图采用远端标记系统，X_1 端子排端子 5 上的线 41 接 X_2 端子排上的端子 A；X_1 端子排上端子 6 上的线 42 接 X_2 端子排上的端子 B。（1 分）

2. 答：属于就地压力测量示意图。（1 分）

1 为测介质管道；2 为管道保温层；（1 分）3 为取压插座（短管）；4 为取压一次门；（1 分）5 为连接仪表管路；6 为三通二

次门；（1 分）7 为环行圈；8 为压力指示表。（1 分）

六、论述题

答：热工仪表在正式投入前应进行如下检查：

（1）各热工仪表的标牌、编号应正确、清楚、齐全。（1 分）

（2）各断器的熔丝熔断温度应符合仪表或设备的要求，并检查其通断情况，各电源开关应在“断开”位置。（2 分）

（3）仪表的电气接线正确，如具有线路调整电阻的测量系统应按规程装配完整。（1 分）

（4）热工仪表在送电前，应检查线路及其设备的绝缘，绝缘电阻一般应不小于 1MΩ。用绝缘电阻表检查绝缘时，应将晶体管元件设备上的端子拆下检查。（2 分）

（5）当双回路供电时，并列前应检查对电的项序是否正确。（1 分）

（6）投入各种电源后，检查其电源，应符合各使用设备的要求。（1 分）

（7）仪表、阀门、管件和管路接头处的垫圈应合适无损，接头牢固。有隔离容器的应加好隔离液。所有一次、二次门均处于关闭位置（差压仪表的中间平衡门应处于开启位置）。（2 分）

中级热工仪表及控制装置试验工技能要求试卷答案

实际操作题

1. 答：1151 型电容式压力变送器的准确度等级为 0.5 级，标准器允许基本误差的绝对值不大于被检表允许基本误差绝对值的 1/3。以 0～400kPa、0.5 级压力变送器为例，应选用下列标准器：

（1）压力标准器。二等标准活塞式压力计，0.1 级、0～

600kPa 标准数字压力表或准确度能满足要求的其他压力标准器。（10 分）

（2）电流标准器。0.1 级、0～20mA 数字毫安表或准确度能满足要求的其他电流标准器。（10 分）

2. 答：操作步骤：准备工具及标准器；（4 分）测量变送器取样点到变送器的水平高度差；（4 分）根据测量介质的密度计算修正值 $p=\pm\rho hg$；（4 分）按设计量程范围校好变送器，再依据修正值调整变送器零位电位器使变送器输出 4mA 为修正压力；（4 分）做好记录并用漆封电位器。（4 分）

3. 答：操作步骤：准备工具及标准仪表；（5 分）根据说明书及技术规范连接线路和表计；（5 分）对变送器做耐压试验；（5 分）加压进行量程和零位调整（对要求量程迁移的要做迁移）；（5 分）阻尼调整（对要求阻尼时间的要做）；（5 分）做好校验记录。（5 分）

4. 答：操作步骤：准备工具及调试仪器；（3 分）校对电气线路接线，检查电气线路及电动机绝缘电阻；（3 分）核对调节机构开关方向，调整执行机构与调节机构的连杆长度；（3 分）就地手动操作，检查执行机构有无空行程、调节机构能否达到全开全关，在全行程范围内有无卡涩，动作是否灵活；（3 分）将调节机构开到 50%的开度投入电源，在盘上手动操作，核对全系统开、关方向；（3 分）调整电动机制动器；（3 分）调整位置发送器使位置指示与阀门开度一致；（3 分）调整机械位置限制器，并进行紧固，有行程开关者一并调整；（3 分）标明执行机构对应调节机构的开、关方向；（3 分）调整完毕后切断电源。（3 分）

6 组卷方案

6.1 理论知识考试组卷方案

技能鉴定理论知识试卷每卷不应少于五种题型，其题量不少于 50 题，每题分值不超过 5 分。试卷的题型与题量分配见下表：

试卷的题型与题量分配表

题 型	鉴定工种等级		配 分	
	初、中级工	高级工、技师	初、中级工	高级工、技师
选择题	25～30 题（1 分/题）	25 题（1 分/题）	25～30	25
判断题	25～30 题（1 分/题）	25 题（1 分/题）	25～30	25
简答题	6～4 题（5 分/题）	4 题（5 分/题）	30～20	20
计算题	2 题（5 分/题）	2 题（5 分/题）	10	10
识绘图	2 题（5 分/题）	2 题（5 分/题）	10	10
论述题		2 题（5 分/题）		10
总 计	50～68	60	100	100

高级技师组卷参照技师试卷命题，但要加大难度，以综合性、论述性内容为主。

6.2 技能操作考核方案

对于技能操作试卷，库内每一个工种的各技术等级下，应最少保证有 5 套试卷（考核方案），每套试卷应由 2～3 项典型操作或标准化作业组成，其选项内容互为补充，不得重复。

技能操作考核由实际操作与口试或技术答辩两项内容组成，初、中级工实际操作加口试进行，技术答辩一般只在高级工、技师、高级技师中进行，并根据实际情况确定其组织方式和答辩内容。